Vorwort

Die Statik ist ein einfach und logisch aufgebautes Lehrgebiet, das dem Studenten nicht nur Wissen vermittelt, sondern auch sein Denken schulen kann. Statische Probleme, die auf den ersten Blick völlig verschiedenartig erscheinen, können mit Hilfe relativ weniger Begriffe und Grundtatsachen (Axiome) gelöst werden. Ich habe mich bemüht, dies dem Studenten bewußt zu machen. Die Newtonschen Axiome wurden daher auf engem Raum in Abschn. 2.2 zusammengestellt; in den weiteren Abschnitten wird dann gezeigt, daß alle Verfahren der Statik nur auf ihnen begründet sind.

Die Gleichgewichtsbedingungen nehmen sowohl in der Statik als auch in anderen Gebieten der Technischen Mechanik, die in den Teilen 2 und 3 des Werkes behandelt werden (s. S. II), eine zentrale Stellung ein; mit ihrer Hilfe werden die meisten Probleme der Statik gelöst. Daher hielt ich es für wichtig, das Freimachen eines mechanischen Systems und die konsequente Anwendung der Gleichgewichtsbedingungen deutlich herauszustellen. Bei der rechnerischen Behandlung wird eine klare Trennung zwischen den beiden Lösungsabschnitten — Aufstellen des aus den Gleichgewichtsbedingungen folgenden Gleichungssystems und Lösen dieses Gleichungssystems — gemacht.

Wie in jedem technischen Lehrgebiet, möchte man auch in der Statik möglichst bald zu angewandten Beispielen kommen, denn erst durch Üben an Hand von praktischen Aufgaben kann man die Statik beherrschen lernen. Bei diesem Bestreben stößt man auf die Schwierigkeit, daß schon für das Lösen und vollständige Begründen des Lösungsweges relativ einfacher praktischer Probleme fast alle Begriffe und Sätze der Statik benötigt werden. Diese Schwierigkeit habe ich dadurch zu überwinden versucht, daß nach der Zusammenstellung der physikalischen Grundlagen (Abschn. 2.1 und 2.2) sofort über das zentrale Problem der technischen Statik — die Untersuchung des Gleichgewichts — das Wichtigste gesagt wird (Abschn. 2.3). Hierdurch wird der Student in die Lage versetzt, schon recht bald praktische Aufgaben zu rechnen und den Lösungsweg vollständig zu begründen, obwohl ihm noch nicht das gesamte Rüstzeug der Statik zur Verfügung steht. In den nachfolgenden Abschnitten werden dann systematische Untersuchungen durchgeführt und spezielle Verfahren hergeleitet. Bei der Auswahl der Beispiele und Aufgaben wurde nicht nur auf ihre Verbindung mit der praktischen Ingenieurarbeit, sondern ganz besonders auch auf ihren didaktischen Wert geachtet. Die Schnittgrößen des Balkens werden in den einschlägigen Lehrbüchern oft erst in der Festigkeitslehre eingeführt. Da ihre Bestimmung jedoch ein Problem der Statik ist, sind sie bereits in diesem Teil des Werkes der Technischen Mechanik behandelt.

Die technische Statik fußt wie die gesamte Technische Mechanik auf den Erkenntnissen der Physik und benutzt zur Beschreibung und Lösung ihrer Probleme Sprache und Methoden der Mathematik. In der Darstellung des Stoffes war ich stets darum bemüht, die Verbindung zu diesen beiden Lehrgebieten zu halten, d.h. die physikalischen Grundlagen zu betonen und die Mathematik nicht nur formal anzuwenden. So werden

z. B. Differentialquotienten und Integrale nicht einfach als Tatsache hingestellt und als Werkzeug gebraucht, sondern sie werden durch Grenzwertbetrachtungen entwickelt. Ich habe mich auch nicht bemüht, die Heranziehung mathematischer Hilfsmittel einzuschränken. Sicher wäre dies in manchen Fällen möglich; jedoch wird heute vom Ingenieur immer mehr Mathematik verlangt, da, nicht zuletzt gefördert durch die Entwicklung der digitalen Rechenanlagen, in der Praxis immer kompliziertere Probleme in Angriff genommen werden. Daher ist es nützlich, wenn der Student bereits bei einfachen Problemen die im Mathematikstudium erworbenen Kenntnisse anzuwenden lernt, sich an die mathematischen Begriffe gewöhnt und mit mathematischen Hilfsmitteln vertraut wird. Dadurch wird ein kontinuierlicher Übergang zu jenen Problemen geschaffen, bei denen die Anwendung dieser mathematischen Hilfsmittel nicht mehr entbehrlich ist.

So kann man z. B. in der ebenen Statik auf die Anwendung der Vektorrechnung durchaus verzichten; in der räumlichen Statik führt die Anwendung der Vektorrechnung jedoch zu wesentlichen Vereinfachungen. Daher habe ich bereits in der ebenen Statik (Abschn. 3, 4 und 5) von der übersichtlichen Vektorschreibweise und den einfachsten Vektoroperationen (Addition, Subtraktion) Gebrauch gemacht und in der Einführung in die räumliche Statik (Abschn. 6) weitere Anwendungen der Vektorrechnung gezeigt. Hierbei wird die Kenntnis der Vektorrechnung nicht vorausgesetzt, sondern es werden alle vorkommenden Begriffe (ausgenommen die Determinantenschreibweise des vektoriellen Produktes in Abschn. 6) erklärt. Auch im Hinblick auf die Anwendung der Vektorrechnung in Teil 2, Kinematik und Kinetik, erscheint es zweckmäßig, daß der Lernende bereits in Teil 1 mit der elementaren Vektorrechnung vertraut gemacht wird.

Nach dem Inkrafttreten des Gesetzes über Einheiten im Meßwesen und den Ausführungsbestimmungen zu diesem Gesetz werden in Beispielen und Aufgaben nur noch SI-Einheiten verwendet, insbesondere für Kräfte die Einheit Newton (N). Der Wahl der Formelzeichen ist DIN 1304 zu Grunde gelegt.

Herr Prof. Dr.-Ing. H.-J. Dreyer, Hamburg, hat den Abschnitt 10, Reibung, verfaßt, das gesamte Manuskript lektoriert und die Korrekturen gelesen. Ihm und Herrn Prof. Dr.-Ing. H. Meyer, Osnabrück, danke ich herzlich für die nunmehr langjährige enge und fruchtbare Zusammenarbeit an diesem Buch und die wertvollen Anregungen bei seiner Entstehung und Weiterführung. Mein besonderer Dank gilt auch allen Kollegen, bei denen ich mir Rat geholt habe. Schließlich ist es mir ein Bedürfnis, der Redaktion und der Herstellungsabteilung des Verlages für die tätige Mitwirkung bei der Gestaltung des Buches Dank zu sagen.

In der vorliegenden 8. Auflage wurden die bekannt gewordenen Druckfehler beseitigt und an einigen Stellen sachliche Verbesserungen vorgenommen.

Allen Benutzern des Buches, von denen ich Verbesserungsvorschläge und Hinweise auf Druckfehler erhielt, danke ich herzlich. Auch für weitere Anregungen zur Weiterentwicklung des Buches bin ich stets dankbar.

Hannover, im Herbst 1989   Georg Schumpich

Inhalt

Formelzeichen VIII

1. Einführung

1.1. Aufgabe und Einteilung der Mechanik 1
1.2. Einheiten 2
1.3. Darstellung physikalischer Größen 4

2. Grundbegriffe und Axiome der Statik starrer Körper

2.1. Kraft und ihre Darstellung 6
2.2. Axiome der Statik starrer Körper 8
    2.2.1. Trägheitsaxiom. 8
    2.2.2. Verschiebungsaxiom 9
    2.2.3. Parallelogrammaxiom. 10
    2.2.4. Reaktionsaxiom 11
2.3. Untersuchung des Gleichgewichts 11
    2.3.1. Kräfteübertragung 12
    2.3.2. Auflagerreaktionen. Äußere und innere Kräfte. Freimachen 14
    2.3.3. Vorgehen beim Lösen von Gleichgewichtsaufgaben 16
    2.3.4. Zwei wichtige Beispiele: Pendelstütze und Seil 17

3. Ebenes Kräftesystem mit einem gemeinsamen Angriffspunkt

3.1. Zeichnerische Behandlung. 20
    3.1.1. Zusammensetzen von zwei Kräften 20
    3.1.2. Zusammensetzen von mehr als zwei Kräften 22
    3.1.3. Gleichgewichtsbedingung 23
    3.1.4. Zerlegen in Teilkräfte 26
3.2. Rechnerische Behandlung. 26
3.3. Aufgaben zu Abschnitt 3 31

4. Allgemeines ebenes Kräftesystem

4.1. Zeichnerische Behandlung. 34
    4.1.1. Zwei Kräfte. Kräftepaar. 34
    4.1.2. Zusammensetzen von mehr als zwei Kräften. Seileckverfahren . . . 37
    4.1.3. Zerlegen in Teilkräfte 41
    4.1.4. Gleichgewichtsbedingungen 42

4.2. Rechnerische Behandlung 46
    4.2.1. Statisches Moment einer Kraft 46
    4.2.2. Momentensatz. Statisches Moment eines Kräftepaares 48
    4.2.3. Reduktion eines ebenen Kräftesystems auf eine Resultierende oder
        ein Kräftepaar 51
    4.2.4. Reduktion in bezug auf einen Punkt. Versatzmoment und Dyname . 53
    4.2.5. Gleichgewichtsbedingungen 54
4.3. Überlagerungssatz 58
4.4. Aufgaben zu Abschnitt 4 60

5. Systeme aus starren Scheiben

5.1. Zwischen- und Auflagerreaktionen. Auflager 63
5.2. Statisch bestimmte und statisch unbestimmte Systeme 64
5.3. Zeichnerische Bestimmung der Auflager- und Zwischenreaktionen 67
5.4. Rechnerische Behandlung 72
5.5. Aufgaben zu Abschnitt 5 77

6. Einführung in die räumliche Statik

6.1. Kraft im Raum 81
6.2. Kräftepaar im Raum 82
6.3. Reduktion eines räumlichen Kräftesystems in bezug auf einen Punkt . . . 84
6.4. Gleichgewichtsbedingungen 88
6.5. Aufgaben zu Abschnitt 6 93

7. Schwerpunkt

7.1. Mittelpunkt paralleler Kräfte 96
7.2. Schwerpunkt eines Körpers 98
7.3. Schwerpunkte von Flächen und Linien 101
7.4. Schwerpunkte zusammengesetzter Gebilde 102
7.5. Bestimmung von Schwerpunkten 103
    7.5.1. Gebilde mit Symmetrieachsen und Symmetrieebenen 103
    7.5.2. Einige einfache Gebilde 103
    7.5.3. Zusammengesetzte Gebilde 106
    7.5.4. Experimentelle und andere Verfahren 108
7.6. Aufgaben zu Abschnitt 7 108

8. Schnittgrößen des Balkens

8.1. Normalkraft, Querkraft, Biegemoment 110
8.2. Beziehungen zwischen Belastung, Querkraft und Biegemoment 117
8.3. Zeichnerische und tabellarische Bestimmung des Schnittgrößenverlaufs . . 123
8.4. Ebene Tragwerke aus Balken 129
8.5. Schnittgrößen eines räumlich beanspruchten Balkens 132
8.6. Aufgaben zu Abschnitt 8 135

9. Ebene Fachwerke

9.1. Definitionen, Annahmen und Voraussetzungen 137

9.2. Zeichnerische Behandlung 139

9.3. Rechnerische Behandlung 144

9.4. Aufgaben zu Abschnitt 9 148

10. Reibung

10.1. Allgemeines 149

10.2. Haftung 150

10.3. Reibung 156

    10.3.1. Reibung zwischen ebenen Flächen 156

    10.3.2. Schraubenreibung 161

    10.3.3. Zapfenreibung 163

10.4. Seilreibung 167

10.5. Rollwiderstand 169

10.6. Aufgaben zu Abschnitt 10 171

Anhang

Lösungen zu den Aufgaben 173

Weiterführendes Schrifttum 178

Sachverzeichnis 179

Hinweise auf DIN-Normen in diesem Werk entsprechen dem Stande der Normung bei Abschluß des Manuskriptes. Maßgebend sind die jeweils neuesten Ausgaben der Normblätter des DIN Deutsches Institut für Normung e.V. im Format A 4, die durch den Beuth-Verlag GmbH, Berlin und Köln, zu beziehen sind. – Sinngemäß gilt das gleiche für alle in diesem Buche angezogenen amtlichen Bestimmungen, Richtlinien, Verordnungen usw.

Formelzeichen (Auswahl)

A — Fläche

b — Breite, Abstand, insbesondere Abstand zwischen den Wirkungslinien eine Kräftepaares

c — Federkonstante

d — Durchmesser

$\vec{e}_x, \vec{e}_y, \vec{e}_z$ — Einsvektoren

$\vec{F}$ — Kraft (Kraftvektor)

$F = |\vec{F}|$ — Betrag der Kraft

$\vec{F}_x, \vec{F}_y, \vec{F}_z$ — vektorielle Komponenten des Kraftvektors im x, y, z-Koordinatensystem

F_x, F_y, F_z — a) allgemein: skalare Komponenten (Koordinaten) der Kraft
b) speziell: Beträge der Kraftkomponenten in Zahlenbeispielen

F_G — Gewichtskraft

F_h — Haftkraft, Culmannsche Hilfskraft

F_n — Normalkraft

F_q — Querkraft

F_R — resultierende Kraft (Resultierende)

F_r — Reibungskraft

F_S — Schnittkraft

F_s — Stabkraft, Seilkraft

f — Hebelarm des Rollwiderstandes

g — Fallbeschleunigung

L — Länge

l — Länge, insbesondere Hebelarm des statischen Momentes und Länge eines Balkenfeldes

$M, \vec{M}$ — Moment (statisches Moment oder Moment eines Kräftepaares)

M_r — Reibungsmoment

$M_R, \vec{M}_R$ — resultierendes Moment

$M_S, \vec{M}_S$ — Schnittmoment

M_b — Biegemoment

M_t — Torsionsmoment

m — Masse

m_F — Kräftemaßstabsfaktor

m_L — Längenmaßstabsfaktor

m_M — Momentenmaßstabsfaktor

q — Belastungsintensität

r — Radius

$r, \vec{r}$ — Ortsvektor

S_F — Strecke, durch die eine Kraft F in der Zeichnung dargestellt ist

S_L — Strecke, durch die eine Länge L in der Zeichnung dargestellt ist

s — Bogenlänge

t — Dicke einer Schale

V — Volumen

α, β, γ — Winkel

μ — Reibungszahl

μ_r — Roll- bzw. Fahrwiderstandszahl

μ_z — Zapfenreibungszahl

μ_0 — Haftzahl

ϱ — Dichte, Reibungswinkel

ϱ_0 — Haftwinkel

φ — Winkel

1. Statik

1. Einführung

1.1. Aufgabe und Einteilung der Mechanik

Die Mechanik ist ein Teil der Physik. Man untersucht in der Mechanik Bewegungen und Zustände von Körpern unter dem Einfluß von Kräften. Dabei werden auch die Grenzfälle betrachtet, daß auf einen Körper keine Kräfte wirken oder daß er sich im Zustand relativer Ruhe befindet.

Man unterscheidet

1. feste Körper (starre, elastische, plastische)
2. flüssige Körper
3. gasförmige Körper

In diesem Buch betrachten wir feste Körper. Bei der Belastung durch Kräfte wird ein fester Körper verformt. Gehen nach der Entlastung die Formänderungen vollständig zurück, so daß der Körper seine ursprüngliche Gestalt wiedererlangt, so heißt er elastisch, gehen die Formänderungen nicht zurück, so heißt er plastisch. In Wirklichkeit gibt es keine ideal elastischen und ideal plastischen Körper, jedoch überwiegt meistens eine dieser Eigenschaften: Gummi zeigt überwiegend elastisches, feuchter Ton überwiegend plastisches Verhalten.

Je nach Größe der Belastung und der damit verbundenen Formänderungen und bei unterschiedlichen äußeren Bedingungen wie Temperatur, Druck usw. kann derselbe Körper sich verschieden verhalten. Der wichtigste Werkstoff der Technik — Stahl — kann bei normalen Bedingungen und nicht zu großen Formänderungen als elastisch angesehen werden. Bei großen Verformungen oder bei hohen Temperaturen verhält er sich plastisch.

In sehr vielen praktischen Fällen sind die Formänderungen verglichen mit den Abmessungen des Körpers gering, und ihre Vernachlässigung beeinflußt bei gewissen Fragestellungen das Ergebnis nicht oder nur unwesentlich. In solchen Fällen darf man annehmen, daß der Körper seine Gestalt unter Wirkung der Kräfte nicht ändert, man nennt ihn dann starr. Die Vorstellung eines starren Körpers ist eine Idealisierung, durch die die Behandlung verschiedener praktischer Probleme entscheidend vereinfacht wird. In diesem Band werden fast ausnahmslos solche Probleme behandelt.

Als Bewegung eines Körpers bezeichnet man die Änderung seiner Lage gegenüber anderen Körpern im Raum mit der Zeit. Bewegungen werden durch Kräfte beeinflußt. Die Mechanik benutzt bei ihren Untersuchungen die Grundbegriffe

Länge   Zeit   Kraft

und setzt diese Begriffe in Beziehung zueinander. Durch den Grundbegriff Länge wird der Begriff Raum erfaßt.

Das Gebiet der Mechanik kann man nach verschiedenen Ordnungsprinzipien unterteilen. Geht man von dem Aggregatzustand der betrachteten Körper aus, so unterscheidet man die Mechanik starrer Körper (auch Stereomechanik genannt), die Elasto-, die Plasto-, die Hydro- und die Gas- oder Aeromechanik. Jedes dieser Gebiete wird weiterhin in Kinematik, Kinetik und Statik unterteilt.

Kinematik. Sie beschäftigt sich mit der Beschreibung des räumlichen und zeitlichen Ablaufs der Bewegung von Körpern, ohne den Einfluß der wirkenden Kräfte auf den Bewegungsablauf zu beachten. Der Kraftbegriff wird in der Kinematik nicht gebraucht.

Kinetik. Die Kinetik untersucht Bewegungen von Körpern im Zusammenahng mit den an ihnen angreifenden Kräften. Kräfte nehmen in der Kinetik eine zentrale Stellung ein.

Statik. Die Statik untersucht Bedingungen, die erfüllt sein müssen, damit ein Körper sich im Zustand der (relativen) Ruhe, d.h. im Gleichgewicht befindet. Auch hier spielt der Kraftbegriff eine entscheidende Rolle. Dagegen benötigt die Statik nicht den Zeitbegriff. Kinetik und Statik, d.h. die Teilgebiete, in denen der Kraftbegriff gebraucht wird, kann man zur Dynamik zusammenfassen ($\delta\acute{\upsilon}\nu\alpha\mu\iota\varsigma$, griechisch: Kraft). Dann ergibt sich das folgende Schema:

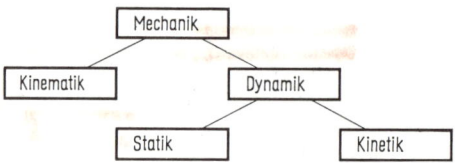

	Kraft	Länge	Zeit
Statik	+	+	−
Kinematik	−	+	+
Kinetik	+	+	+

In der nebenstehenden Tabelle ist nochmals hervorgehoben, welche Grundbegriffe in dem jeweiligen Teilgebiet der Mechanik gebraucht werden.

Festigkeitslehre. Ein besonderes Teilgebiet der technischen Mechanik bildet die Festigkeitslehre. Sie läßt sich nicht streng in die obige Gliederung einordnen. Ihre wesentlichen Bestandteile bilden die Elastostatik und die Werkstoffkunde. Jedoch spielt in der Festigkeitslehre auch das plastische und kinetische Verhalten von Körpern eine Rolle.

Die Festigkeitslehre behandelt die durch Einwirk. der Kräfte entstehenden Form- u. Spannungsänder. fester, nicht starrer Körper

1.2. Einheiten

Zur quantitativen Erfassung der Grundbegriffe Länge, Zeit und Kraft (s. Abschn. 1.1) werden folgende Einheiten benutzt:

Begriff (physikalische Größe)	Name der Einheit	Abkürzung der Einheit	Definition
Länge	Meter	m	Abstand zwischen zwei Marken auf dem in Paris aufbewahrten Stab — dem Urmeter — bei 0 °C
Zeit	Sekunde	s	$60 \times 60 \times 24$ste $= 86\,400$ste Teil des mittleren Sonnentages (Bezugsjahr 1900)[1]
Kraft	Newton	N	Kraft, die einem bestimmten in Paris aufbewahrten Normalkörper — dem Urkilogramm — die Beschleunigung $1\ \mathrm{ms^{-2}}$ erteilt[2]

Oft ist es übersichtlicher, Vielfache oder Teile der angegebenen Einheiten zu benutzen. In der Technik verwendet man neben den obengenannten Einheiten häufig für die Länge den Kilometer (km), den Zentimeter (cm) und den Millimeter (mm), $1\ \mathrm{km} = 1000\ \mathrm{m}$, $1\ \mathrm{cm} = 0,01\ \mathrm{m}$, $1\ \mathrm{mm} = 0,001\ \mathrm{m}$; für die Zeit die Stunde (h) und die Minute (min), $1\ \mathrm{h} = 60\ \mathrm{min} = 3600\ \mathrm{s}$; für die Kraft das Kilonewton (kN), $1\ \mathrm{kN} = 1000\ \mathrm{N}$.

Die Einheit Newton (N) für die Kraft wurde durch das „Gesetz über Einheiten im Meßwesen" vom 2. 7. 1969 verbindlich eingeführt. Sie löste die bis dahin in der Technik verwendete Krafteinheit Kilopond (kp) ab. Das Kilopond ist definiert als Gewichtskraft, die auf den obengenannten Normalkörper am Normort (dem Ort der Aufbewahrung des Normalkörpers) wirkt, d. h., als diejenige Kraft, mit der der Normalkörper am Normort von der Erde angezogen wird. Zwischen den beiden Krafteinheiten besteht die Beziehung

$$1\ \mathrm{kp} = 9{,}80665\ \mathrm{N}$$

deren Herleitung erst in Teil 2 erfolgen kann. Die Vorteile der Einheit Newton gegenüber der Einheit Kilopond können ebenfalls erst in Teil 2 gezeigt werden (s. Teil 2, Abschn. 2.1.1).

Die in der obigen Zusammenstellung gegebenen Definitionen der Einheiten galten bis vor kurzem. Sie haben den Vorzug der Anschaulichkeit, sind aber insofern unbefriedigend, als sie sich auf speziell angefertigte Körper beziehen, die sich mit der Zeit durch äußere Einflüsse ändern können bzw. wird in der Definition der Einheit für die Zeit die Erdrotation verwendet, die sich mit der Zeit ändert[1]. Um jederzeit die Einheiten reproduzieren zu können, verwendet man für sie neuerdings gemäß dem „Gesetz über Einheiten im Meßwesen" andere Definitionen (s. DIN 1301 oder Dobrinski, P.; Krakau, G.; Vogel, A.: Physik für Ingenieure. 6. Aufl. Stuttgart 1984), in denen der Meter als Vielfaches einer bestimmten Lichtwellenlänge und die Sekunde als Vielfaches der Schwingungsdauer einer bestimmten elektromagnetischen Strahlung ausgedrückt wird. Für den Praktiker ist die Art der Definition der Einheiten nicht von besonderem Interesse, da er sich i. a. darauf verläßt, daß die Meßinstrumente (Bandmaße, Schublehren, Uhren, Kraftmesser usw.) richtig messen.

[1] Die Angabe des Bezugsjahres und seine genaue Definition (s. DIN 1301) ist notwendig. Die Forschung hat nämlich ergeben, daß die Geschwindigkeit der Erdrotation sich verlangsamt. So betrug im Kambrium (Geologische Formation etwa vor 500 Millionen Jahren) das Jahr (Dauer eines vollen Umlaufs der Erde um die Sonne) nach den Forschungsergebnissen etwa 425 Tage.

[2] Bezüglich der Definition des Begriffes Beschleunigung s. Teil 2, Abschn. 1.1.1. und 1.2.3.

1.3. Darstellung physikalischer Größen

Eine skalare[1]) physikalische Größe x, z. B. Zeit, Länge, Masse, wird festgelegt durch die Angabe der Einheit E, mit der sie verglichen (gemessen) wird, und des Zahlenwertes Z, der angibt, wievielmal die Einheit in der Größe enthalten ist. Man gibt skalare Größen in der Form eines Produktes an[2])

skalare physikalische Größe = Zahlenwert mal Einheit

$$x = ZE$$

Beispiel 1. Länge $l = 12$ m, Zeit $t = 7,3$ s, Betrag der Kraft $F = 5$ N.

Beim Rechnen mit physikalischen Größen müssen die Einheiten stets mitgeschrieben werden, denn ohne sie ist die Angabe der physikalischen Größen nicht vollständig. Wird nur mit Zahlenwerten gerechnet, so entstehen leicht Fehler.

Man darf mit den Symbolen für Einheiten genauso wie mit Zahlen rechnen, man darf sie multiplizieren, dividieren, kürzen usw. Dadurch wird auch die Umrechnung auf andere Einheiten sehr einfach.

Beispiel 2. Ein Draht mit Kreisquerschnitt hat den Durchmesser $d = 3$ mm und die Länge $s = 53$ m. Sein Volumen V soll berechnet und in cm^3 angegeben werden. Wir erhalten

$$V = \frac{\pi d^2}{4} s = \frac{\pi}{4} (3 \text{ mm})^2 \cdot 53 \text{ m}$$

und, da 1 mm $= 10^{-1}$ cm und 1 m $= 100$ cm $= 10^2$ cm ist

$$V = \frac{\pi}{4} 3^2 \cdot 10^{-2} \text{ cm}^2 \cdot 53 \cdot 10^2 \text{ cm} = 375 \text{ cm}^3$$

Beispiel 3. Der Betrag der Geschwindigkeit eines Zuges $v = 72$ km/h soll in den Einheiten m/s angegeben werden.

Mit 1 km $= 10^3$ m und 1 h $= 3,6 \cdot 10^3$ s berechnet man

$$v = 72 \frac{\text{km}}{\text{h}} = 72 \frac{10^3 \text{ m}}{3,6 \cdot 10^3 \text{ s}} = 20 \frac{\text{m}}{\text{s}}$$

Bei zeichnerischen Verfahren und in Schaubildern versinnbildlicht man physikalische Größen durch Strecken. Werden innerhalb eines Problems (in einer Zeichnung) mehrere gleichartige physikalische Größen (z. B. Kräfte) durch Strecken dargestellt, so wählt man in der Regel diese Strecken proportional zu den darzustellenden Größen, einer n-fachen Größe entspricht dann auch eine n-mal so lange Strecke. Das Gesetz, nach dem auf diese Weise den gleichartigen Größen x Strecken S_x zugeordnet werden, kann in der Form einer Gleichung angegeben werden

$$x = m_x S_x \tag{4.1}$$

Der Proportionalitätsfaktor m_x in Gl. (4.1) wird Maßstabsfaktor genannt. Seine Einheit ist gleich der Einheit der Größe x (z. B. N) dividiert durch die Zeicheneinheit (z. B. cm), und sein Zahlenwert gibt an, wieviele Einheiten der Größe durch eine Zeicheneinheit dargestellt werden.

---

[1]) Über skalare und vektorielle physikalische Größen s. Abschn. 2.1.

[2]) Für die Schreibweise physikalischer Größen gilt DIN 1313.

Wird eine Kraft $F_1 = 20\,\mathrm{N}$ durch eine Strecke $S_{F1} = 5\,\mathrm{cm}$ dargestellt, so folgt für den Maßstabsfaktor m_F nach Gl. (4.1)

$$20\,\mathrm{N} = m_F \cdot 5\,\mathrm{cm}$$

$$m_F = \frac{20\,\mathrm{N}}{5\,\mathrm{cm}} = 4\,\frac{\mathrm{N}}{\mathrm{cm}}$$

Eine Kraft $F_2 = 36\,\mathrm{N}$ wird mit diesem Maßstabsfaktor als eine Strecke von

$$S_{F2} = \frac{36\,\mathrm{N}}{4\,\mathrm{N/cm}} = 9\,\mathrm{cm}$$

dargestellt, und einer aus der Zeichnung abgegriffenen Strecke $S_{F3} = 7\,\mathrm{cm}$ entspricht die Kraft

$$F_3 = 4\,\frac{\mathrm{N}}{\mathrm{cm}}\,7\,\mathrm{cm} = 28\,\mathrm{N}$$

Ist die darzustellende physikalische Größe eine Länge, so hat der Maßstabsfaktor die Einheit m/cm oder mm/m oder cm/cm = 1, d. h., der Maßstabsfaktor ist in diesen Fällen einheitenlos. Deshalb wird seine Schreibweise unübersichtlich. Um Mißverständnisse zu vermeiden, wollen wir im folgenden das Symbol für die Zeicheneinheit mit dem Index z versehen. So schreiben wir z. B.

$$m_F = 4\,\mathrm{N/cm_z} \quad \text{(gelesen: 4 Newton je Zentimeter Zeichnung)}$$

$$m_t = 50\,\mathrm{s/cm_z} \quad \text{(50 Sekunden je Zentimeter Zeichnung)}$$

$$m_L = 1\,\mathrm{km/cm_z} \quad \text{(1 Kilometer je Zentimeter Zeichnung)}$$

Im letzten Beispiel ist die Angabe des Maßstabsfaktors

$$m_L = 1\,\mathrm{km/cm_z} \text{ anschaulicher als die des sog. Maßstabes } 1:100\,000.$$

Die Gl. (4.1) kann man ebenso gut auch in der Form

$$S_x = l_x\, x \qquad \text{mit} \qquad l_x = \frac{1}{m_x}$$

schreiben. l_x wird Einheitslänge genannt. Ob man bei einem gegebenen Problem den Maßstabsfaktor oder die Einheitslänge verwendet, ist eine Frage der Zweckmäßigkeit.

Der Vorteil der Beschreibung der Maßstabsverhältnisse durch den Maßstabsfaktor und nicht etwa durch eine Angabe wie $20\,\mathrm{N} \triangleq 5\,\mathrm{cm}$ (20 Newton entsprechen 5 Zentimeter in der Zeichnung) besteht darin, daß man die Beziehung zwischen der physikalischen Größe und der zugehörigen Strecke in der Form einer Gleichung, der Gl. (4.1), hat. Dadurch gestalten sich alle Umrechnungen schematischer und sicherer. Die Zweckmäßigkeit der konsequenten Verwendung von Maßstabsfaktoren zeigt sich besonders in Fällen, in denen Maßstabsumrechnungen mehrmals vorgenommen werden müssen, oder wenn mehrere als Strecken dargestellte Größen in einer Gleichung verknüpft sind.

2. Grundbegriffe und Axiome der Statik starrer Körper *)

2.1. Kraft und ihre Darstellung

Aus Erfahrung wissen wir, was eine Gewichtskraft ist. Die Gewichtskraft vermag Körper in Bewegung zu versetzen, ihre Bewegung zu ändern oder sie an einer Bewegung zu hindern. Körper können durch den Einfluß der Gewichtskraft verformt werden.

Physikalische Größen, die die Wirkung einer Gewichtskraft zu ersetzen vermögen, d.h. mit einer Gewichtskraft vergleichbar sind, nennen wir Kräfte.

Kräfte sind Ursachen für die Bewegungsänderung und Formänderung von Körpern.

Die auf den Körper K in Bild **6.1**a wirkende Gewichtskraft hält den aufgehängten Balken in der gezeichneten horizontalen Lage. Diese Wirkung (Halten des Balkens in horizontaler Lage) kann aber auch mit Hilfe einer Feder (**6.1**b) oder eines Magneten (**6.1**c) erreicht werden, oder einfach dadurch, daß man den Balken an seinem Ende mit der Hand festhält (**6.1**d). Dementsprechend spricht man von einer Federkraft, Magnetkraft oder Muskelkraft. Weitere Beispiele für Kräfte sind: Dampfkraft, Windkraft, elektrische Kräfte usw.

Wir erkennen Kräfte an ihren Wirkungen. Kräfte, die gleiche Wirkung hervorrufen, nennen wir gleich. In Bild **6.1** sind Gewichtskraft, Federkraft, Magnetkraft und Muskelkraft einander gleich. Unbekannte Kräfte können wir durch Vergleich ihrer Wirkungen mit den Wirkungen bekannter Kräfte messen.

Wie die Erfahrung zeigt, hängt die Wirkung einer Kraft auf einen Körper davon ab, an welcher Stelle des Körpers sie angreift und in welcher Richtung sie wirkt.

6.1 Kräfte mit gleicher Wirkung
a) Gewichtskraft   b) Federkraft
c) Magnetkraft   d) Muskelkraft

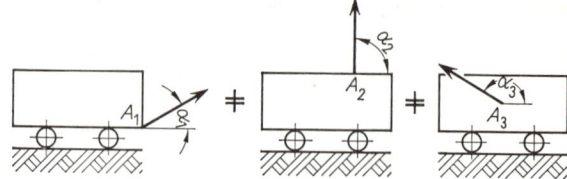

6.2
Gleichgroße Kräfte mit verschiedenen Angriffspunkten und Richtungen

Der Wagen (6.2) verhält sich verschieden, je nachdem in welchem Punkt A_1, A_2, A_3 man das Seil befestigt und unter welchem Winkel α_1, α_2, α_3 man an ihm mit gleichgroßer Kraft zieht. Die Wirkung der Gewichtskraft in Bild 6.1a hängt von der Lage des Körpers auf dem Balken ab.

Zur vollständigen Beschreibung der Kraft gehören die Angaben

1. Betrag
2. Angriffspunkt
3. Richtung und Richtungssinn

Die durch den Angriffspunkt und die Richtung der Kraft bestimmte Gerade bezeichnet man als Wirkungslinie der Kraft.

Gerichtete Größen, für deren Zusammensetzung das Gesetz der geometrischen Addition (Zusammensetzung durch Parallelogrammkonstruktion, s. Abschn. 2.2.3) gilt, nennt man Vektoren. Kräfte, Momente, Geschwindigkeiten usw. sind Vektoren. Physikalische Größen, die bereits durch die Angabe Zahlenwert mal Einheit vollständig beschrieben sind, wie z.B. Zeit, Temperatur, Masse, Abstand usw., bezeichnet man als Skalare.

Als zeichnerisches Symbol für die Kraft benutzt man einen Pfeil (7.1). Der Pfeil fällt mit der Wirkungslinie der Kraft zusammen, die Pfeilspitze definiert den Richtungssinn der Kraft, und die Länge des Pfeiles gibt unter Berücksichtigung des für die Darstellung gewählten Maßstabsfaktors den Betrag der Kraft an.

Das Formelzeichen für die Kraft ist nach DIN 1304 der große lateinische Buchstabe F (force, engl.: Kraft). Um die Kraft als vektorielle Größe zu kennzeichnen, wird über das Formelzeichen ein Pfeil gesetzt (s. DIN 1303), man schreibt also $\vec{F}$. Verschiedene Kräfte wollen wir durch Indizes unterscheiden. Als Indizes verwenden wir entweder Zahlen ($\vec{F}_1$, $\vec{F}_2$, $\vec{F}_3$, ...) oder Buchstaben ($\vec{F}_A$, $\vec{F}_G$, $\vec{F}_n$, ...). Dabei kann durch sinngemäße Wahl der Buchstaben als Indizes entweder auf den Angriffspunkt der Kraft

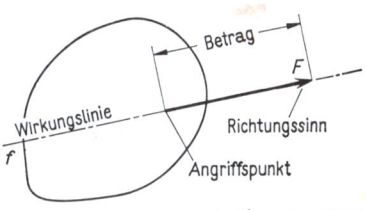

7.1 Darstellung der Kraft $|\vec{F}| = F = 50$ N; $m_F = 25$ N/cm$_z$

(z.B. $\vec{F}_A$ Kraft, die im Punkt A angreift) oder auf die Art der Kraft (z.B., $\vec{F}_G$ Gewichtskraft, $\vec{F}_n$ Normalkraft) hingewiesen werden. Ist der Betrag der Kraft gemeint, so lassen wir den Pfeil über dem Formelzeichen fort. Die Wirkungslinien der Kräfte bezeichnen wir mit kleinen lateinischen Buchstaben, die in Anlehnung an die Bezeichnung der Kräfte gewählt werden.

$\vec{F}$,	$\vec{F}_1$,	$\vec{F}_A$,	$\vec{F}_G$,	... Kräfte (Kraftvektoren)
$|\vec{F}| = F$,	$|\vec{F}_1| = F_1$,	$|\vec{F}_A| = F_A$,	$|\vec{F}_G| = F_G$,	... ihre Beträge,
f,	f_1,	a,	g,	... ihre Wirkungslinien.

In Zeichnungen kann auf den Pfeil über dem Formelzeichen verzichtet werden, da der Pfeil des Kraftvektors ohnehin den Vektorcharakter der Kraft erkennen läßt.

Die Vorstellung einer Einzelkraft, die in einem Punkt angreift und längs einer Wirkungslinie wirkt, wie dies in Bild 7.1 dargestellt ist, ist eine Idealisierung. In der Natur sind Kräfte entweder auf ein Volumen — Volumenkräfte — oder auf eine Fläche — Flächenkräfte — verteilt. Die Gewichtskraft ist eine Volumenkraft, sie wirkt an allen Teilchen eines räumlich ausgedehnten Körpers. Die Dampfkraft, die auf einen Kolben wirkt, ist eine Flächenkraft. Die Einzelkräfte sind die sogenannten resultierenden Kräfte, kurz Resultierende, der Flächen- bzw. Volumenkräfte, sie ersetzen die Wirkung der verteilten Kräfte. Die Wirkungslinie der auf einen Körper wirkenden resultierenden Gewichtskraft geht, wie in Abschn. 7 gezeigt wird, stets durch einen bezüglich dieses Körpers festen Punkt, den Schwerpunkt.

Bemerkung zur Bezeichnung der Gewichtskraft. Man bezeichnet die Gewichtskraft auch mit dem Wort Gewicht. Da aber das Wort Gewicht nach DIN 1305 sowohl für Gewichtskraft als auch für die Stoffmenge (d.h. für die Masse) verwendet werden darf, wollen wir der Eindeutigkeit halber die Bezeichnung Gewichtskraft bevorzugen. Auch das Wort Last wird nicht eindeutig gebraucht. Man bezeichnet mit diesem Wort sowohl den Körper selbst als auch die Gewichtskraft mit der er von der Erde angezogen wird, oder auch ganz allgemein eine andere Kraft (z.B. Windlast). Werden im folgenden die Worte Gewicht und Last trotzdem verwendet, so ist ihre Bedeutung aus dem Text deutlich zu erkennen. Insbesondere, wenn die Last oder das Gewicht in Krafteinheiten angegeben wird, ist keine Verwechslung möglich.

Es ist die Ausdrucksweise üblich: „Der Körper hat das Gewicht F_G" oder „Der Körper mit dem Gewicht F_G". Dadurch soll ausgesagt werden, daß der Körper die Eigenschaft besitzt, von der Erde mit der Gewichtskraft F_G angezogen zu werden. Diese Erklärung ist nötig, denn die obigen Aussagen geben den Sachverhalt nicht ganz richtig wieder: Ein Körper besitzt keine Gewichtskraft, sondern die Gewichtskraft wirkt auf ihn.

2.2. Axiome der Statik starrer Körper

Axiome sind Aussagen, die an den Anfang einer Theorie gestellt werden und die man als richtig annimmt, ohne daß ein Beweis für sie erforderlich ist. Aus ihnen werden alle weiteren Aussagen der Theorie durch logische Schlüsse hergeleitet. Das Fundament der Mechanik bilden Axiome, die in ihrer Gesamtheit zuerst von Newton (1643 bis 1727) angegeben wurden, nachdem verschiedene andere Forscher wie Galilei (1564 bis 1642) und Kepler (1571 bis 1630) Vorarbeiten geleistet hatten. Komplizierte Erscheinungen auf dem Gebiete der Mechanik können auf die wenigen Aussagen dieser Axiome zurückgeführt und dadurch beschrieben werden. Andererseits gelangt man durch logische Folgerungen aus den Axiomen zu Erkenntnissen, die im Einklang mit der beobachteten Wirklichkeit stehen. Die Newtonschen Axiome sind daher besonders geeignet, die zu dem Gebiete der Mechanik zählenden Vorgänge in der Natur und Technik zu beherrschen. Die Statik starrer Körper benötigt für ihren Aufbau vier Axiome, die in den folgenden Abschnitten zusammengestellt sind.

Zur Formulierung der Axiome brauchen wir den Begriff der Gleichwertigkeit zweier Kräftegruppen. Als Kräftegruppe oder Kräftesystem bezeichnet man mehrere Kräfte, die an einem Körper bzw. einem System von Körpern angreifen. Wir definieren:

Zwei Kräftegruppen heißen gleichwertig oder äquivalent, wenn sie auf einen starren Körper dieselbe Wirkung haben, ihn also in denselben Bewegungszustand versetzen oder im Gleichgewicht halten.

2.2.1. Trägheitsaxiom

Jeder Körper beharrt im Zustand der Ruhe oder der gleichförmigen geradlinigen Bewegung, solange er nicht durch einwirkende Kräfte gezwungen wird, diesen Zustand zu ändern.

Wir können nur von der Ruhe eines Körpers bezüglich eines anderen, d.h. nur von einer relativen Ruhe, sprechen. Falls nichts anderes gesagt wird, wollen wir im folgenden als Bezugskörper immer die Erde verstehen. Dann ist ein Körper in Ruhe, wenn er seine Lage gegenüber der Erdoberfläche nicht ändert. Der Zustand der relativen Ruhe wird in der Statik als Gleichgewichtszustand bezeichnet. Es ist bemerkenswert, daß das Trägheitsaxiom keinen Unterschied zwischen dem Zustand der Ruhe und dem Zustand der gleichförmigen, geradlinigen Bewegung macht.

Man könnte auf den Gedanken kommen, dieses Axiom durch Erfahrung zu belegen, indem man etwa folgendes anführt: ,,Auf ein Raumschiff im interstellaren Raum wirken keine Kräfte, es bewegt sich daher geradlinig und gleichförmig". Man bedenke aber, daß auf dessen Kräftefreiheit im interstellaren Raum nur dadurch geschlossen werden kann, daß man eben feststellt, daß es sich dort geradlinig und gleichförmig bewegt. Schließlich haben wir selbst die Kraft als Ursache für die Bewegungsänderung eingeführt! Das Trägheitsaxiom enthält also die Definition des Kraftbegriffs und kann daher weder bewiesen noch durch Erfahrung bestätigt werden.

Das Trägheitsaxiom bringt den Gleichgewichtszustand mit den Kräften in Beziehung. Wichtig für uns ist der folgende Sachverhalt: Wird festgestellt, daß das Kräftesystem, das auf den Körper wirkt, einer Nullkraft gleichwertig ist (damit wird gesagt, daß die Wirkung des Kräftesystems dieselbe ist, wie in dem Fall, daß am Körper keine Kräfte angreifen), so befindet sich der Körper im Gleichgewicht. Das Verschiebungsaxiom (Abschn. 2.2.2) und das Parallelogrammaxiom (Abschn. 2.2.3) erlauben es nun nachzuprüfen, ob ein Kräftesystem einer Nullkraft äquivalent ist.

2.2.2. Verschiebungsaxiom

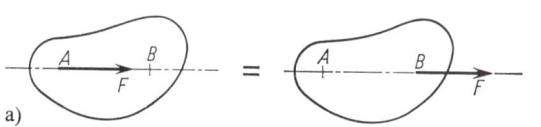

Zwei Kräfte, die den gleichen Betrag, die gleiche Wirkungslinie und den gleichen Richtungssinn, jedoch verschiedene Angriffspunkte haben, üben auf einen starren Körper die gleiche Wirkung aus, d.h. sie sind gleichwertig. Mit anderen Worten: Der Kraftvektor darf längs der Wirkungslinie verschoben werden (9.1 a).

Man sagt daher: Die Kraft ist ein linienflüchtiger Vektor.

Das Bild **9.1** b erläutert dieses Axiom. Ein Körper, auf den die Eigengewichtskraft F_G wirkt, wird auf den Balken gestellt oder an verschieden langen Drähten aufgehängt. In allen Fällen hat er auf den Balken dieselbe Wirkung: er hält ihn in waagrechter Lage.

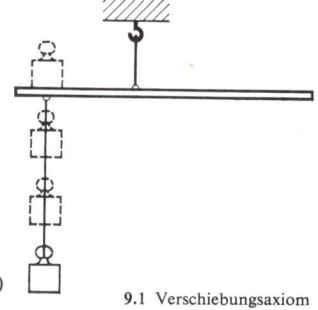

a)   =   b)

9.1 Verschiebungsaxiom

Es sei ausdrücklich darauf hingewiesen, daß das Verschiebungsaxiom nur dann gilt, wenn der Körper, an dem die Kraft angreift, starr ist oder, genauer gesagt — da es keine ideal starren Körper gibt —, wenn er als starr angenommen werden darf.

Fragt man z.B. nach der Kraft, die die Scheibe (z.B. aus Hartgummi oder Stahl) mit dem an ihr befestigten Körper (**10.1** a) auf den Haken ausübt, so kann die Scheibe als starr angenommen werden und es gilt das Verschiebungsaxiom: Man kann sich den Körper an den Stellen A_1, A_2 oder A_3 befestigt denken, die auf den Haken wirkende Kraft ändert sich dabei nicht. Interessiert dagegen die Verformung der Scheibe, so ist diese in den Belastungsfällen (**10.**1 b) und (**10.**1 c) verschieden, weil in dem Belastungsfall (**10.**1 c) der untere Teil der Scheibe mehr als im Belastungsfall (**10.**1 b) verformt wird, d.h. das Verschiebungsaxiom hat keine Gültigkeit.

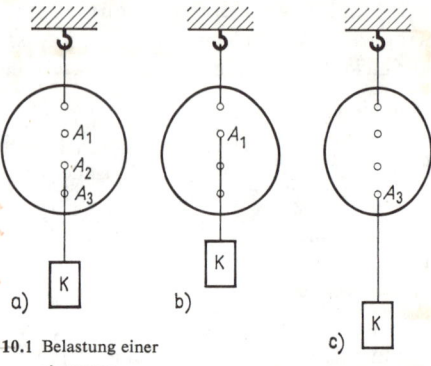

2.2.3. Parallelogrammaxiom

Die Wirkung zweier Kräfte $\vec{F}_1$ und $\vec{F}_2$ mit einem gemeinsamen Angriffspunkt ist gleichwertig der Wirkung einer einzigen Kraft $\vec{F}_R$, deren Vektor sich als Diagonale des mit den Vektoren $\vec{F}_1$ und $\vec{F}_2$ gebildeten Parallelogramms ergibt und die den gleichen Angriffspunkt wie $\vec{F}_1$ und $\vec{F}_2$ hat (10.2).

10.1 Belastung einer
a) starren
b, c) verformbaren Scheibe

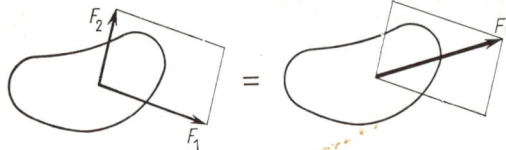

10.2 Parallelogrammaxiom

Man bezeichnet $\vec{F}_R$ als Resultierende, $\vec{F}_1$ und $\vec{F}_2$ als Teilkräfte oder vektorielle Komponenten der Resultierenden. Die Operation, die durch die Parallelogrammkonstruktion nach Bild **10.2** den Kraftvektoren $\vec{F}_1$ und $\vec{F}_2$ den Kraftvektor $\vec{F}_R$ zuordnet, wird in der Vektorrechnung als Addition bezeichnet. Man verwendet für ihre symbolische Darstellung das gewöhnliche Pluszeichen und schreibt

$$\vec{F}_1 + \vec{F}_2 = \vec{F}_R$$

Fallen die Wirkungslinien der Kräfte $\vec{F}_1$ und $\vec{F}_2$ zusammen, so wird das Kräfteparallelogramm, wie Bild **10.**3 zeigt, zum Geradenabschnitt. Um die Zeichnung übersichtlich zu

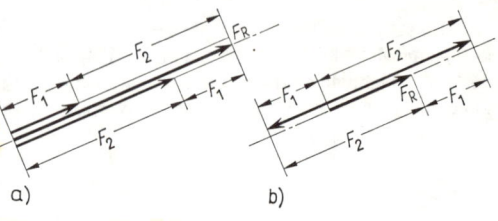

10.3
Resultierende von Kräften mit gleicher Wirkungslinie und mit
a) gleichem und
b) entgegengesetztem Richtungssinn

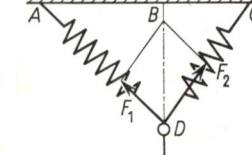
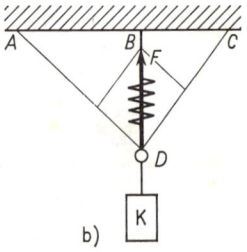
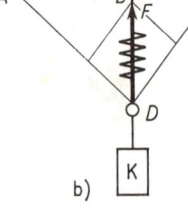

10.4 Experiment zum Prüfen des Parallelogrammaxioms

Folie 1

gestalten, sind in Bild **10**.3 die Seiten (Teilkräfte) und die Diagonale (Resultierende) des zusammengeklappten Parallelogramms parallel zur Wirkungslinie herausgezeichnet. Der Betrag der Resultierenden ergibt sich in diesem Sonderfall durch Addieren bzw. Subtrahieren der Beträge der Teilkräfte, je nachdem, ob diese den gleichen bzw. entgegengesetzten Richtungssinn haben.

Im Unterschied zum Trägheitsaxiom kann das Parallelogrammaxiom direkt an der Erfahrung geprüft werden, z. B. durch das in Bild **10**.4 dargestellte Experiment. Dort wird der Ring mit dem angehängten Körper K zuerst durch zwei Federn an der Stelle D gehalten, und man mißt die Federkräfte F_1 und F_2 (**10**.4 a). Dann wird derselbe Ring mit dem angehängten Körper nur durch eine Feder an derselben Stelle D gehalten (**10**.4 b), und man mißt die Federkraft F. Das Kräftesystem aus den Kräften $\vec{F}_1$ und $\vec{F}_2$ ist der einen Kraft $\vec{F}$ äquivalent, da in beiden Fällen der Ring im Gleichgewicht ist. Stellt man die Kräfte mit demselben Maßstabsfaktor m_F durch Kraftvektoren dar, so ergibt sich, daß der Kraftvektor $\vec{F}$ die Diagonale des aus den Kraftvektoren $\vec{F}_1$ und $\vec{F}_2$ gebildeten Parallelogramms bildet[1]).

2.2.4. Reaktionsaxiom

Das Reaktionsaxiom wird auch als Wechselwirkungsgesetz bezeichnet. Es besagt:

Wird von einem Körper auf einen zweiten eine Kraft ausgeübt (actio), so bedingt dies, daß der zweite Körper auf den ersten ebenfalls eine Kraft ausübt (reactio), die mit der ersten Kraft in Betrag und Wirkungslinie übereinstimmt, jedoch entgegengesetzt gerichtet ist. Kurz: actio = reactio (11.1).

Nach dem Reaktionsaxiom treten demnach Kräfte immer paarweise auf. Man beachte jedoch, daß sie stets an verschiedenen Körpern angreifen. Jede von ihnen bezeichnet man als Reaktionskraft der anderen.

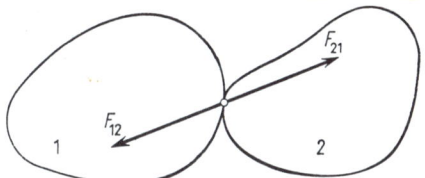

11.1 Reaktionsaxiom. F_{12} Kraft, die der Körper 2 auf den Körper 1 ausübt. F_{21} Kraft, die der Körper 1 auf den Körper 2 ausübt.

Der Draht, mit dem die Scheibe in Bild **10**.1 aufgehängt ist, „zieht" an dem Aufhängehaken mit einer Kraft. Der Haken wirkt seinerseits mit betragsmäßig gleicher, aber entgegengesetzt gerichteter Kraft am Aufhängedraht. Wäre diese Gegenkraft nicht vorhanden, so würde die Scheibe herunterfallen. Das Motorfahrzeug und der Anhänger eines Lastzuges üben aufeinander mittels der Zuggabel gleichgroße, jedoch entgegengesetzt gerichtete Kräfte aus, denn das Motorfahrzeug zieht den Anhänger, während der Anhänger das Motorfahrzeug belastet. Erde und Mond ziehen sich gegenseitig mit gleich großen Kräften an. Der Dampf wirkt auf den Kolben mit entgegengesetzt gleicher Kraft wie der Kolben auf den Dampf. Weitere Beispiele: Kräfte zwischen Magnet und Eisenstück, zwischen zwei elektrischen Ladungen, zwischen den Zähnen zweier Zahnräder usw.

2.3. Untersuchung des Gleichgewichts

In diesem Abschnitt werden die wichtigsten Begriffe und Tatsachen zusammengestellt, die zur Lösung von Aufgaben über das Gleichgewicht eines Körpers erforderlich sind,

---

[1]) Daß die Wirkungslinien der Kräfte $\vec{F}_1$, $\vec{F}_2$ und $\vec{F}$ mit den Federachsen zusammenfallen, erscheint wohl als selbstverständlich, muß aber bewiesen werden. Dies wird in Abschn. 2.3.4 gezeigt: Die Federn können als Pendelstützen angesehen werden.

und es wird das allgemeine Vorgehen beim Lösen solcher Aufgaben gezeigt. Die nachfolgenden Abschnitte sind dann mehr der systematischen Untersuchung und speziellen Verfahren gewidmet.

2.3.1. Kräfteübertragung

Aus den Beispielen zum Reaktionsaxiom (Abschn. 2.2.4) erkennen wir, daß Kräfte zwischen zwei Körpern entweder durch Fernwirkung (Anziehungskräfte zwischen Erde und Mond, zwischen Magnet und Eisenstück) oder durch direkte Kontaktwirkung ausgeübt werden. Im letzteren Fall unterscheiden wir:

Reine Berührung (12.1). Übt der Körper 1 auf den Körper 2 an der Berührungsstelle die Kraft $\vec{F}_{21}$ aus, so wirkt nach dem Reaktionsaxiom der Körper 2 auf den Körper 1 an derselben Stelle mit der entgegengesetzt gleichen Kraft $\vec{F}_{12}$. Es gilt: $\vec{F}_{12} = -\vec{F}_{21}$. Aufgrund des Parallelogrammaxioms läßt sich die Wirkung der Kraft $\vec{F}_{21}$ durch die Wirkung der beiden Teilkräfte $\vec{F}_{n21}$ und $\vec{F}_{t21}$ ersetzen (s. auch Abschn. 3.1.4), wobei die Wirkungslinie von $\vec{F}_{n21}$ mit der Berührungsnormale n zusammenfällt und die Wirkungslinie der Teilkraft $\vec{F}_{t21}$ in der Berührungstangentialebene liegt. Die entsprechende Zerlegung läßt sich für die Kraft $\vec{F}_{12}$ durchführen. Aus der Zerlegungskonstruktion in Bild **12.**1a folgt

$$\vec{F}_{t21} = -\vec{F}_{t12} \qquad \vec{F}_{n21} = -\vec{F}_{n12}$$

Die Tangentialkräfte $\vec{F}_{t21}, \vec{F}_{t12}$ nennt man Reibungskräfte. In vielen praktischen Fällen sind die Oberflächen der sich berührenden Körper so beschaffen, daß die Reibungskräfte im Vergleich zu den Normalkräften $\vec{F}_{n21}, \vec{F}_{n12}$ klein sind und gegenüber diesen vernachlässigt werden können. Man bezeichnet solche Oberflächen als glatt.

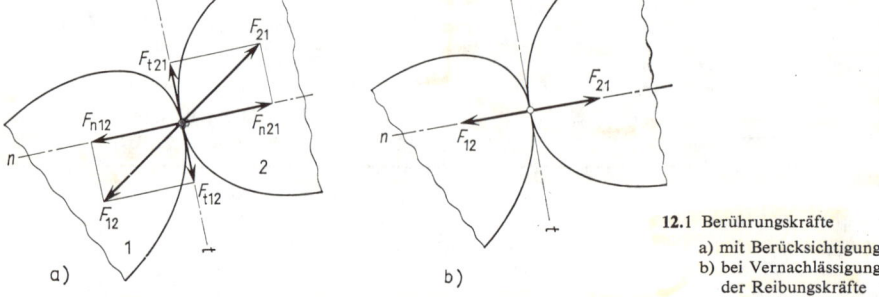

12.1 Berührungskräfte
a) mit Berücksichtigung
b) bei Vernachlässigung der Reibungskräfte

Wir fassen zusammen:

Bei Vernachlässigung der Reibungskräfte können zwei Körper durch reine Berührung nur Kräfte in Richtung der Berührungsnormale aufeinander ausüben (12.1 b). In einem solchen Fall ist die gemeinsame Wirkungslinie der Berührungskräfte als Normale an der Berührungsstelle bekannt.

Falls nichts Gegenteiliges gesagt wird, wollen wir in den folgenden Abschnitten die Reibungskräfte stets vernachlässigen. Probleme mit Berücksichtigung der Reibungskräfte werden in Abschn. 10 behandelt.

Bild **13.**1 zeigt die Wirkungslinien der Kräfte an den Berührungsstellen. In Bild **13.**1a sind ineinandergreifende Zähne zweier Zahnräder dargestellt, in Bild **13.**1b ein Wagen auf schiefer Ebene, der am Abrollen durch einen Prellbock gehindert wird.

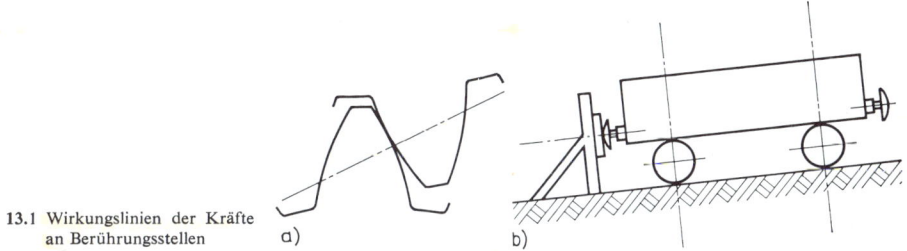

13.1 Wirkungslinien der Kräfte
an Berührungsstellen   a)   b)

Gelenkverbindung (13.2). In diesem Fall können die beiden Körper aufeinander Kräfte in beliebiger Richtung ausüben. Von vornherein liegt nur ein Punkt der gemeinsamen Wirkungslinie der Berührungskräfte (der Angriffspunkt) fest, nicht aber die Lage der Wirkungslinie.

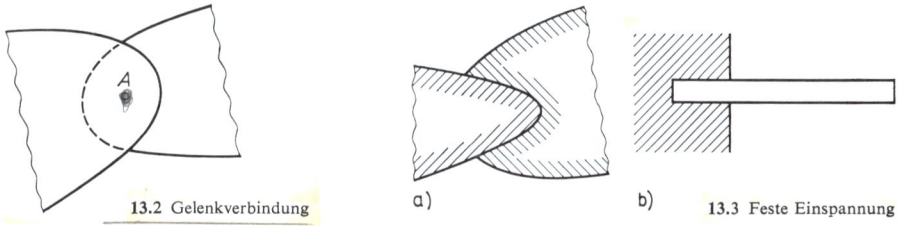

13.2 Gelenkverbindung   a)   b)   **13.**3 Feste Einspannung

Feste Einspannung (13.3). Die Wirkung des einen Körpers auf den anderen läßt sich in diesem Fall nicht durch eine einzige Kraft beschreiben. Die Idealisierung wie in den Fällen der reinen Berührung und der Gelenkverbindung — die Körper berühren sich nur in einem Punkt — ist hier nicht ohne weiteres möglich. Beide Körper zusammen können als ein starrer Körper aufgefaßt werden. Beispiel: Eingemauerter Träger (**13.**3b).

Die Entscheidung, welcher Fall der Berührung zweier Körper vorliegt und wie im Fall reiner Berührung die Wirkungslinie verläuft, bereitet dem Anfänger erfahrungsgemäß Schwierigkeiten. Dies liegt oft daran, daß die Skizze die Wirklichkeit nur schematisch und ungenügend wiedergibt.

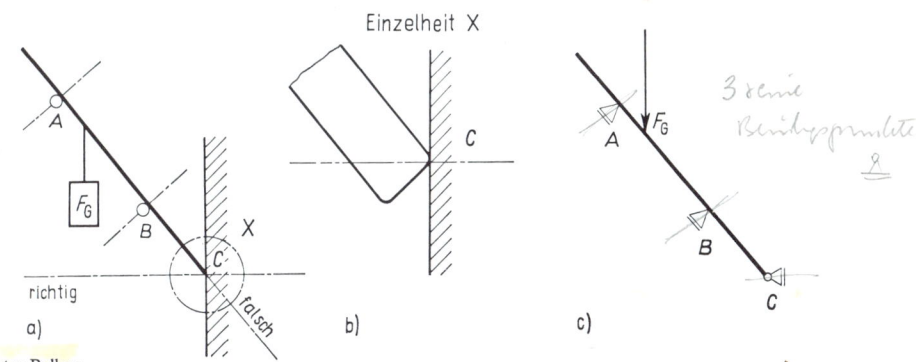

13.4 Abgestützter Balken

Beispiel 1. In Bild **13.**4 a ist ein mit der Gewichtskraft F_G belasteter Balken, der sich auf die Bolzen A und B sowie eine Wand stützt, vereinfacht durch eine gerade Linie dargestellt. Der Anfänger ist geneigt, für die Wirkungslinie der Kraft, mit der der Balken auf die Wand wirkt, die den Balken darstellende Gerade anzunehmen. Zeichnet man jedoch die Berührungsstelle in C vergrößert heraus (13.4 b), so erkennt man sofort, daß die Wirkungslinie der Kräfte zwischen Wand und Balken senkrecht zur Wand verlaufen muß.

Beispiel 2. In Bild **14.**1 a ist schematisch eine angelehnte Leiter gezeichnet. Sie berührt an der Stelle A den Boden und an der Stelle B die Mauer. In den Bildern **14.**1 b und **14.**1 c sind die Berührungsstellen vergrößert dargestellt und die Wirkungslinien der Kräfte zwischen Leiter und Mauer (**14.**1 b) sowie Leiter und Boden (**14.**1 c) eingezeichnet. Da der Abstand der Berührungspunkte A_1 und A_2 gegenüber anderen Abmessungen vernachlässigbar klein ist, kann man sie als in einem Punkt A zusammenfallend annehmen. Da die Wirkungslinie der aus den Teilkräften F_{A1} und F_{A2} nach dem Parallelogrammaxiom resultierenden Kraft F_A zunächst nicht bekannt ist, entspricht die Berührungsstelle A (Eckenstützung) einer Gelenkverbindung.

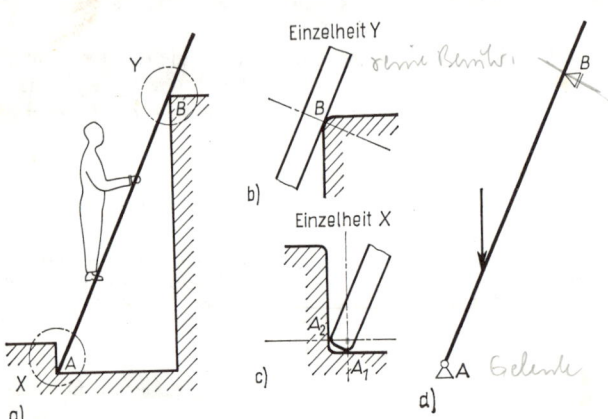

14.1 Angelehnte Leiter

2.3.2. Auflagerreaktionen. Äußere und innere Kräfte. Freimachen

Kräfte, die infolge der Belastung eines Körpers z.B. durch Gewichts-, Dampf- oder Windkräfte an den Berührungsstellen des Körpers mit anderen Körpern auftreten und dadurch das Gleichgewicht des Körpers aufrechterhalten, bezeichnet man als Auflagerkräfte oder Auflagerreaktionen. Da nach dem Reaktionsaxiom die Kräfte paarweise auftreten, sind Auflagerreaktionen — genauer gesagt — diejenigen Kräfte, die auf den betrachteten Körper wirken.

Für den Körper 1 in Bild **15.**1 a sind die Auflagerkräfte diejenigen Kräfte, mit denen die Körper 2 und 3 auf ihn wirken. (Nicht diejenigen, die der Körper 1 auf die Körper 2 und 3 ausübt!).

Man beachte, daß die Auflagerreaktionen keine Reaktionskräfte der Belastungskräfte (Aktionskräfte) im Sinne des Abschn. 2.2.4 sind. Während die Reaktionskräfte stets an verschiedenen Körpern angreifen, wirken Belastungskräfte und die durch sie hervorgerufenen Auflagerreaktionen an demselben Körper. Bei Untersuchung der Kräfte an einem Körper (Maschinenteil, Tragwerk) interessieren meistens nur die Arten der möglichen Kräfteübertragungen an den Berührungsstellen mit anderen Körpern, nicht aber diese Körper selbst. Daher gibt man gewöhnlich bei der zeichnerischen Darstellung des Sachverhaltes lediglich die Art der Berührungsstelle an.

Hierfür verwendet man die in Bild **15.2** angegebenen Symbole. Die Verwendung dieser Symbole läßt das Wesentliche deutlicher in Erscheinung treten und erhöht damit die Übersicht. Die Bilder **15.1 b**, **13.4 c** und **14.1 d** geben Beispiele dafür.

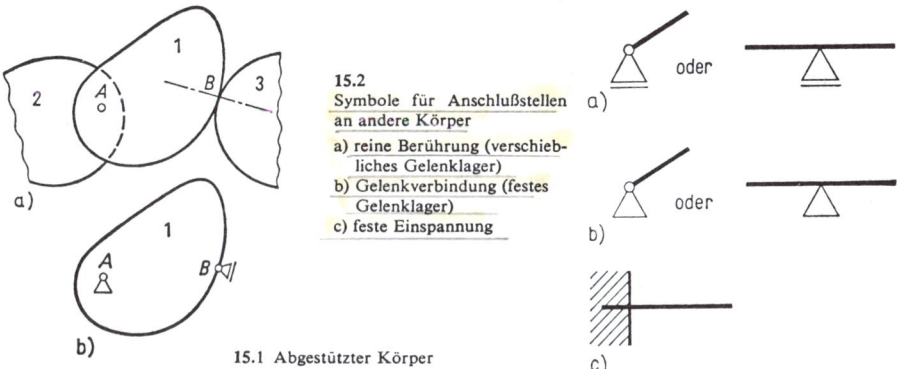

15.2
Symbole für Anschlußstellen
an andere Körper

a) reine Berührung (verschiebliches Gelenklager)
b) Gelenkverbindung (festes
Gelenklager)
c) feste Einspannung

15.1 Abgestützter Körper

Eine Maschine, ein Tragwerk oder eine andere technische Konstruktion bezeichnen wir als ein **mechanisches System**. Z.B. sind die hydraulische Bühne (**15.3 a**) und die Bagger, Kräne, Gelenkrahmen in Abschn. 5 mechanische Systeme. Ein mechanisches System besteht aus mehreren Teilen, Körpern, die unter gewissen Voraussetzungen als starr angesehen werden können und aufeinander Kräfte ausüben. Unter den Kräften, die an einem mechanischen System wirken, unterscheidet man:

Äußere Kräfte. Das sind solche Kräfte, die auf das mechanische System von außen einwirken, d.h. von Körpern ausgeübt werden, die nicht zum System gehören. Die Reaktionskräfte der äußeren Kräfte wirken nicht am betrachteten System, sondern an anderen Körpern. Auflagerkräfte sind stets äußere Kräfte. Gewichtskräfte treten in den technischen Anwendungen als äußere Kräfte auf.

Innere Kräfte wirken zwischen den einzelnen Teilen (innerhalb) des betrachteten mechanischen Systems. Sie treten stets paarweise auf; Kraft und Gegenkraft (Reaktionskraft) wirken an Körpern, die zum System gehören.

Die Unterteilung der Kräfte in äußere und innere ist relativ. Es kommt dabei darauf an, wie man das mechanische System abgrenzt. Wird z.B. die ganze hydraulische Verladebühne in Bild **15.3 a** als ein System betrachtet, so sind die Kraft $\vec{F}$, die auf die Bühne

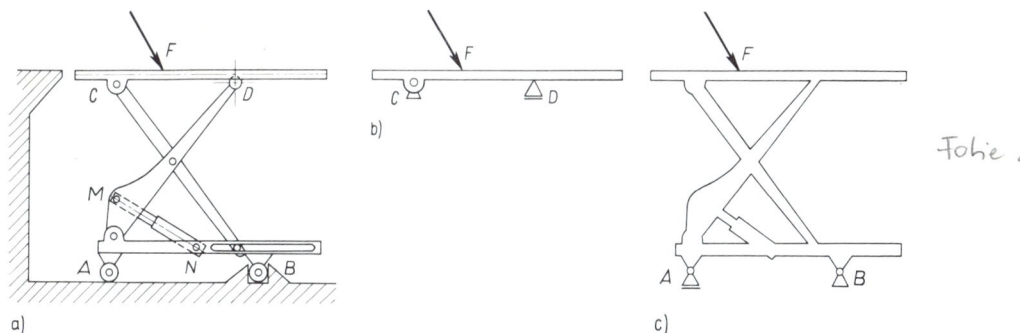

15.3 Verladebühne

wirkt, Eigengewichte einzelner Teile und die Auflagerkräfte an den Stellen *A* und *B* äußere Kräfte; die Kräfte an den Stellen *C* und *D* zwischen den Streben und der Plattform sind dagegen innere Kräfte. Betrachtet man aber die Plattform allein, so sind die Kräfte an den Stellen *C* und *D*, die von den Streben auf die Plattform ausgeübt werden, Auflagerkräfte und damit äußere Kräfte.

Nachstehend werden einige Begriffe erklärt, die im folgenden gebraucht werden.

Freimachen heißt, alle auf ein mechanisches System wirkenden äußeren Kräfte festzustellen. Man trennt das System von den Körpern, die auf das System wirken, und beschreibt ihre Wirkung durch Kräfte. Ist dabei eine Kraft nicht vollständig bekannt, so gibt man nur ihre bekannten Stücke an, z.B. ihren Angriffspunkt oder ihre Wirkungslinie In der zeichnerischen Darstellung eines freigemachten Körpers (mechanischen Systems) kann die Wirkung der anderen Körper auf ihn (bzw. die bekannten Bestandteile dieser Wirkung) entweder durch Einzeichnen von Kraftvektoren oder der Wirkungslinien und Angriffspunkte oder der Symbole für die Berührungsstellen (**15.2**)[1] angegeben werden.

Schnittmethode. Um innere Kräfte zu ermitteln, grenzt man das mechanische System so ab, daß ein gedachter Schnitt durch die Stelle geführt wird, an der die innere Kraft bestimmt werden soll. Dadurch wird die innere Kraft zur äußeren gemacht. Beim Freimachen eines mechanischen Systems spricht man auch von der Schnittmethode, wenn gedachte Schnitte durch Gelenke, Seile usw. geführt werden.

Um die Gelenkkraft im Punkt *C* der Verladebühne (**15.3**a) zu bestimmen, trennen wir durch gedachte Schnitte die Plattform ab (**15.3**b). Dadurch wird die Gelenkkraft zur Auflagerkraft, also einer äußeren Kraft.

Erstarrungsmethode. Gelegentlich ist es zweckmäßig, eine aus mehreren zusammenhängenden Teilen bestehende Konstruktion zur Bestimmung der an ihr wirkenden Kräfte als einen starren Körper aufzufassen. Dann spricht man von der Erstarrungsmethode.

Um die Auflagerkräfte der Verladebühne (**15.3**a) zu ermitteln, denkt man sie sich als einen starren Körper (**15.3**c).

2.3.3. Vorgehen beim Lösen von Gleichgewichtsaufgaben

Eine wichtige Aufgabe der Statik ist die Untersuchung des Gleichgewichts von mechanischen Systemen. Bei den meisten technischen Aufgaben ist von vornherein bekannt, daß das gegebene System im Gleichgewicht ist, jedoch sind die Bestimmungsstücke einiger Kräfte (Betrag, Wirkungslinie, Richtungssinn) entweder alle unbekannt oder nur zum Teil bekannt. Diese unbekannten Stücke werden mit Hilfe der Verfahren der Statik bestimmt. Meist handelt es sich dabei um die Ermittlung von Auflagerreaktionen. Bei der Lösung von solchen Aufgaben geht man zweckmäßigerweise wie folgt vor:

1. Schritt: Abgrenzen. Es wird festgelegt, welcher Körper oder welcher Teil eines mechanischen Systems betrachtet wird, z.B. die ganze Verladebühne (**15.3**), nur die Plattform, nur eine Strebe.

Dem Lernenden sei empfohlen, besonders anfangs die Konturen des zu betrachtenden Körpers (Systems) in der Zeichnung regelrecht mit einem Bleistift zu umfahren. Dadurch hat man eine

---

[1] Wird z.B. das Symbol für den Gelenkanschluß (**15.2**b) eingezeichnet, so bedeutet es doch, daß nur der Angriffspunkt der auf das System an dieser Stelle wirkenden Kraft bekannt ist.

Selbstkontrolle, und es werden nicht so leicht Berührungs- bzw. Verbindungsstellen mit anderen Körpern übersehen.

2. Schritt: Freimachen. Das in Schritt 1 abgegrenzte mechanische System wird freigemacht (s. Abschn. 2.3.2), d. h. es werden alle am System angreifenden äußeren Kräfte festgestellt (insbesondere an Stellen, an denen das System von benachbarten Körpern getrennt wird) und angegeben, was von diesen Kräften bekannt ist: vollständig bekannt, nur die Wirkungslinie bekannt, nur der Angriffspunkt bekannt usw.

Betrachtet man die ganze Verladebühne in Bild **15**.3 a (1. Schritt) so wird in Schritt 2 festgestellt, daß auf die Bühne bei Vernachlässigung der Eigengewichtskräfte drei Kräfte wirken:

1. Belastungskraft $\vec{F}$:   vollständig bekannt
2. Auflagerkraft $\vec{F}_A$:   nur die Wirkungslinie bekannt (reine Berührung)
3. Auflagerkraft $\vec{F}_B$:   nur der Angriffspunkt bekannt (Gelenkverbindung, da das Rad blockiert ist).

3. Schritt: Lösen. Die unbekannten und nicht vollständig bekannten äußeren Kräfte werden ermittelt. Da das betrachtete mechanische System im Gleichgewicht ist, muß nach dem Trägheitsaxiom (Abschn. 2.2.1) das im Schritt 2 festgestellte System von äußeren Kräften einer Nullkraft äquivalent sein. Diese Forderung reicht oft allein dazu aus, alle am System angreifenden Kräfte zu bestimmen.

In den ersten beiden Schritten wird die vorgelegte Aufgabe mechanisch formuliert, im dritten Schritt wird sie gelöst. Die folgenden Abschnitte (besonders der Abschn. 2.3.4) enthalten Beispiele für dieses Vorgehen.

S. TH 1.3 Kontrolle.

2.3.4. Zwei wichtige Beispiele: Pendelstütze und Seil

Pendelstütze. Als Pendelstütze bezeichnet man ein Konstruktionsteil, an dem nur zwei Kräfte mit voneinander verschiedenen Angriffspunkten angreifen (Bild **18**.1a, Kraftangriffspunkte in A und B). Sie dient zur Verbindung verschiedener Teile eines mechanischen Systems. Der hydraulische Zylinder der Verladebühne (**15**.3a) ist eine Pendelstütze, denn an ihm greifen nur zwei äußere Kräfte an den Gelenkstellen M und N an. Wir fragen: Was kann man über die Kräfte an einer Pendelstütze aussagen?

1. Schritt. Betrachtet wird die sich im Gleichgewicht befindende Pendelstütze (**18**.1a).

2. Schritt. An der Pendelstütze greifen zwei äußere Kräfte an, von denen lediglich die Angriffspunkte A und B bekannt sind. Bild **18**.1b zeigt die freigemachte Pendelstütze.

3. Schritt. Zwei Kräfte können sich nur dann in ihrer Wirkung aufheben, d. h. sie sind nur dann einer Nullkraft gleichwertig, wenn sie eine gemeinsame Wirkungslinie, gleiche Beträge und entgegengesetzten Richtungssinn haben. Nur in diesem Fall ergibt die Zusammensetzung der beiden Kräfte nach dem Parallelogrammaxiom eine Nullkraft als Resultierende (s. auch die systematische Untersuchung in Abschn. 3 und 4). Die gemeinsame Wirkungslinie der Kräfte an der Pendelstütze in Bild **18**.1b muß demnach von A nach B verlaufen. Es ergeben sich die beiden in den Bildern **18**.1c und **18**.1d dargestellten möglichen Fälle.

Bei Untersuchung von mechanischen Systemen ist es wichtig, die Pendelstützen zu erkennen, denn dadurch erkennt man auch Wirkungslinien von Kräften. Da eine Pendelstütze die Wirkungslinie von Kräften festlegt, wird sie auch als Symbol für reine Berührung statt des in Bild **15.**2 angegebenen Symbols verwendet (**18.**1e).

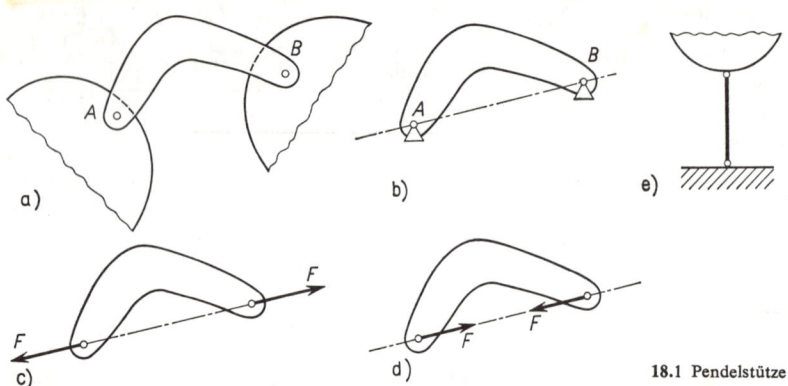

18.1 Pendelstütze

Seil. Ein Seil ist mit einem Ende an einer Wand befestigt, über eine feste Rolle geführt und am anderen Ende mit der Gewichtskraft F_G belastet (**18.**2a). Es sollen die Auflagerkraft an der Stelle 1 und die Seilkräfte an den Stellen 2 und 3 ermittelt werden.

Durch gedachte Schnitte an den Stellen 1, 2 und 3 (Schnittmethode) zerlegen wir das Seil in drei Teile und machen die einzelnen Seilstücke frei. Zuerst betrachten wir die beiden geraden Seilstücke. Sie können als auf Zug beanspruchte Pendelstützen angesehen werden (**18.**1c). Die Wirkungslinien der an ihnen angreifenden Kräfte fallen mit den Seilrichtungen zusammen (**18.**2b), und für die Beträge dieser Kräfte gilt

$$|\vec{F}_{s1}| = |\vec{F}_{s2}| \qquad |\vec{F}'_{s3}| = |\vec{F}_G| = F_G \qquad\qquad (18.1)$$

Wir untersuchen nun das mittlere Seilstück.

1. Schritt. Betrachtet wird das mittlere Seilstück, das sich im Gleichgewicht befindet.

2. Schritt. An dem Seilstück greifen folgende äußere Kräfte an:

1. Seilkraft $\vec{F}_{s3}$: vollständig bekannt als Reaktionskraft von $\vec{F}'_{s3}$. Es gilt

$$\vec{F}_{s3} = -\vec{F}'_{s3} = \vec{F}_G \qquad\qquad (18.2)$$

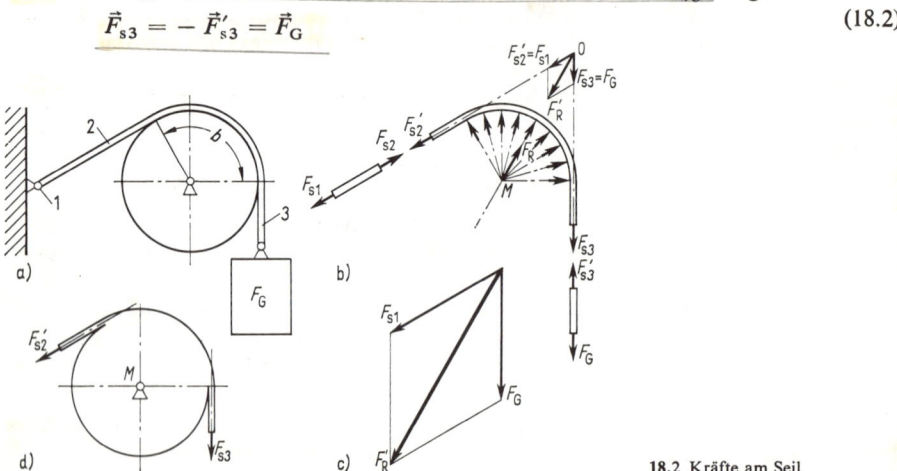

18.2 Kräfte am Seil

2. Seilkraft $\vec{F}'_{s2}$: Wirkungslinie bekannt, denn $\vec{F}'_{s2}$ ist die Reaktionskraft von $\vec{F}_{s2}$. Es gilt

$$\vec{F}'_{s2} = -\vec{F}_{s2} = \vec{F}_{s1} \tag{19.1}$$

3. die von der Rolle auf das Seil wirkenden, auf den Bogen b verteilten Auflagerkräfte. Da die Reibung vernachlässigt wird, wirken diese Kräfte in der Normalenrichtung (Abschn. 2.3.1). Ihre Wirkungslinien sind also bekannt und gehen alle durch den Rollenmittelpunkt M.

3. Schritt. Wir denken uns die Vektoren der auf den Bogen b verteilten Rollenkräfte in den Rollenmittelpunkt M verschoben (Verschiebungsaxiom) und dort zu einer einzigen resultierenden Rollenkraft $\vec{F}_R$ zusammengesetzt (Parallelogrammaxiom). Zunächst ist von $\vec{F}_R$ nur ein Punkt M der Wirkungslinie bekannt. Die Kräfte $\vec{F}'_{s2}$ und $\vec{F}_{s3}$ denken wir uns ebenfalls in den Schnittpunkt 0 ihrer Wirkungslinien verschoben (Verschiebungsaxiom) und zu einer Resultierenden $\vec{F}'_R$ zusammengesetzt (Parallelogrammaxiom). Damit ist das System der äußeren Kräfte am Seilstück auf ein gleichwertiges System zurückgeführt, das nur aus den beiden Kräften $\vec{F}_R$ und $\vec{F}'_R$ besteht. Da das Seilstück im Gleichgewicht ist, muß die Resultierende der Kräfte $\vec{F}_R$ und $\vec{F}'_R$ verschwinden (Trägheitsaxiom). Durch gleiche Überlegung wie bei der Pendelstütze folgt, daß die gemeinsame Wirkungslinie der Kräfte $\vec{F}_R$ und $\vec{F}'_R$ durch die Punkte M und 0 geht und daß diese Kräfte entgegengesezt gleich sind ($\vec{F}_R = -\vec{F}'_R$). Im Punkt 0 ist die Seilkraft $\vec{F}_{s3} = \vec{F}_G$ vollständig bekannt, von der Seilkraft $\vec{F}'_{s2}$ und von der Resultierenden $\vec{F}'_R$ ist jeweils die Wirkungslinie bekannt. Aus der Parallelogrammfigur (in Bild **18.**2c vergrößert gezeichnet) folgt

$$|\vec{F}'_{s2}| = |\vec{F}_{s3}| = |\vec{F}_G| \tag{19.2}$$

Ergebnis: Aus den Gl. (18.1), (18.2), (19.1) und (19.2) folgt, daß die Seilkraft an allen Stellen des Seiles den gleichen Betrag hat. Die Wirkungslinie der Seilkraft fällt stets mit der Richtung der Tangente an das Seil zusammen. Man sagt: Mit Seil und Rolle läßt sich die Wirkungslinie einer Kraft umlenken.

Dieses Ergebnis erhält man einfacher, wenn man das System anders abgrenzt. Man betrachtet im Schritt 1 nicht das Seilstück allein, sondern das Seilstück zusammen mit der als gewichtslos angenommenen Rolle als einen starren Körper (Erstarrungsmethode, Bild **18.**2d). Im Schritt 2 stellt man fest, daß an dem abgegrenzten System 3 Kräfte angreifen: Seilkraft $\vec{F}_{s3}$ (vollständig bekannt), Seilkraft $\vec{F}'_{s2}$ (Wirkungslinie bekannt) und die Kraft von der Achse auf die Rolle $\vec{F}_R$ (Angriffspunkt bekannt). Im Schritt 3 erübrigt sich die bei dem 1. Lösungsweg notwendige Zusammenfassung der auf den Bogen verteilten Kräfte, sonst wird die Lösung durch gleichen Gedankengang wie dort erhalten. Durch geschicktes Abgrenzen des Systems kann also die Lösung vereinfacht werden.

Man beachte, daß im Seilbeispiel das an sich biegsame Seil bei der gegebenen Fragestellung als starr angesehen werden konnte und ferner, daß zur Beantwortung der gestellten Fragen alle vier Axiome herangezogen werden mußten. Grundsätzlich lassen sich mechanische Aufgaben allein mit Hilfe der Axiome lösen, jedoch kann ein solches Vorgehen sehr umständlich und zeitraubend werden. Daher leitet man aus den Axiomen durch logisches Folgern allgemeine Sätze, Regeln und Verfahren her, deren unmittelbare Anwendung eine schnellere und einfachere Lösung der technischen Aufgaben ermöglicht. Die einmal gewonnenen Erkenntnisse wird man bei späteren Aufgaben auswerten, so z. B. die oben erhaltenen Ergebnisse über die Kräfte an einer Pendelstütze und die Seilkraft.

3. Ebenes Kräftesystem mit einem gemeinsamen Angriffspunkt

Man nennt ein System von Kräften ebenes Kräftesystem, wenn die Wirkungslinien aller zum System gehörenden Kräfte in einer Ebene liegen. Schneiden sich die Wirkungslinien aller Kräfte eines Kräftesystems in einem Punkt, so bezeichnet man ein solches System als Kräftesystem mit gemeinsamem Angriffspunkt oder als zentrales Kräftesystem. Alle Kraftvektoren eines zentralen Kräftesystems können nach dem Verschiebungsaxiom in den Schnittpunkt der Wirkungslinien verschoben werden und haben dann einen gemeinsamen Angriffspunkt.

3.1. Zeichnerische Behandlung

3.1.1. Zusammensetzen von zwei Kräften

Die Resultierende $\vec{F}_R$ zweier Kräfte $\vec{F}_1$ und $\vec{F}_2$ ergibt sich nach dem Parallelogrammaxiom (Abschn. 2.2.3) durch die Parallelogrammkonstruktion in Bild **10**.2. Um die gegebene Zeichnung − den Lageplan − nicht zu überladen, wird die Bestimmung der Resultierenden nach Betrag und Richtung in einer gesonderten Konstruktionszeichnung − dem Kräfteplan − vorgenommen und dann der Vektor der Resultierenden in den Lageplan eingezeichnet. Dabei kann man sich im Kräfteplan auf die Konstruktion einer Hälfte des Parallelogramms − des Kraftecks − beschränken, indem man die Kraftvektoren parallel zu den Wirkungslinien im Lageplan entsprechend Bild **20**.1 b oder c aneinandersetzt. Aus Genauigkeitsgründen soll man das Krafteck nicht zu klein zeichnen.

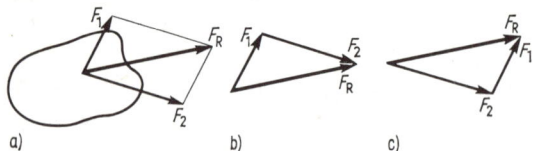

20.1 Zusammensetzen von zwei Kräften
a) Lageplan
b, c) Kräfteplan

Als Anhaltspunkt kann dienen: Kräfteplan und Lageplan sollen etwa gleich groß sein. Im Lageplan brauchen die Kraftvektoren nicht maßstäblich gezeichnet zu werden. Die Trennung in Lageplan und Kräfteplan bewährt sich besonders bei Behandlung von Kräftesystemen, die aus vielen Kräften bestehen.

Beispiel 1. Auf das Fundament der Verankerung eines abgespannten Mastes wirken zwei Seilkräfte (21.1 a). Ihre Beträge sind $F_{s1} = 120$ kN und $F_{s2} = 70$ kN. Wie groß ist die resultierende Kraft auf das Fundament?

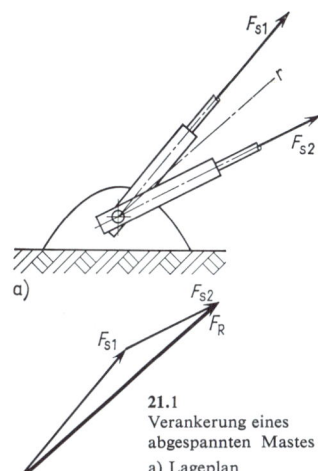

Für die Darstellung der Kräfte wählen wir den Maßstabsfaktor $m_F = 50$ kN/cm$_z$, dann werden die Seilkräfte F_{s1} und F_{s2} durch die Strecken

$$S_{Fs1} = \frac{120\ \text{kN}}{50\ \text{kN/cm}_z} = 2{,}4\ \text{cm}_z$$

und

$$S_{Fs2} = \frac{70\ \text{kN}}{50\ \text{kN/cm}_z} = 1{,}4\ \text{cm}_z$$

dargestellt (s. Abschn. 1.3). Die Krafteckkonstruktion ergibt Bild **21.1 b**. Durch Abmessen stellen wir fest, daß die Resultierende im Krafteck durch die Strecke $S_{FR} = 3{,}73$ cm$_z$ dargestellt wird.

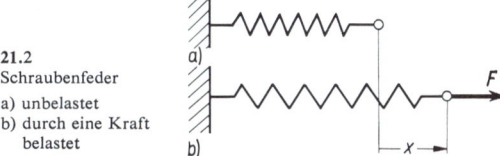

21.1
Verankerung eines
abgespannten Mastes

a) Lageplan
b) Krafteck;
   $m_F = 50$ kN/cm$_z$

21.2
Schraubenfeder

a) unbelastet
b) durch eine Kraft
   belastet

Sie hat also den Betrag $F_R = (50\ \text{kN/cm}_z) \cdot 3{,}73\ \text{cm}_z = 187$ kN. Ihre Wirkungslinie erhalten wir, indem wir im Lageplan durch den Schnittpunkt der Wirkungslinien der Seilkräfte eine zum Kraftvektor F_R im Kräfteplan parallele Gerade r zeichnen.

Federkonstante. Bei vielen Federarten, z.B. Schraubenfedern, ist die durch eine Kraft F hervorgerufene Verlängerung bzw. Verkürzung x der Feder der angreifenden Kraft proportional (**21.2**). Diese Abhängigkeit wird durch die Gleichung

$$F = c\,x \tag{21.1}$$

beschrieben. Den Proportionalitätsfaktor c nennt man Federkonstante. Werden Kräfte in N und Längen in cm gemessen, so hat die Federkonstante c die Maßeinheit N/cm. Ist z.B, $c = 120$ N/cm, so wird die Verlängerung $x_1 = 1{,}5$ cm durch die Kraft $F_1 = (120\ \text{N/cm}) \cdot 1{,}5$ cm $= 180$ N und die Verlängerung $x_2 = 2$ cm durch die Kraft $F_2 = (120\ \text{N/cm}) \cdot 2$ cm $= 240$ N hervorgerufen.

Beispiel 2. Wir betrachten das System von zwei hintereinander geschalteten gleichen Federn (**21.3 a**). Jede Feder hat die Federkonstante $c = 120$ N/cm und im unbelasteten Zustand die Länge 5 cm. Welche resultierende Federkraft wirkt auf den Mittelpunkt des Federsystems, wenn er aus der ursprünglichen Lage M in die Lage M' gebracht wird?

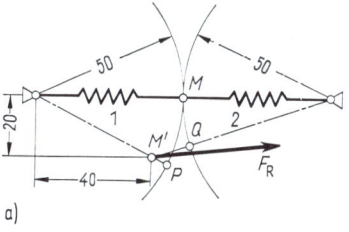

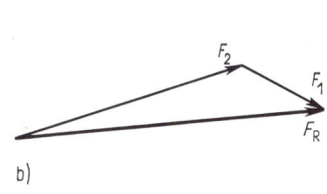

21.3 Resultierende Federkraft
   a) Lageplan; $m_L = 2{,}5$ cm/cm$_z$ b) Krafteck; $m_F = 50$ N/cm$_z$

Im Lageplan sind die Verkürzung der Feder 1 und die Verlängerung der Feder 2 durch die Strecken $\overline{M'P}$ und $\overline{M'Q}$ dargestellt. Zur genaueren Feststellung der Längenänderungen der Federn darf der Lageplan nicht zu klein gezeichnet werden. In Bild **21**.3a ist er nur mit Rücksicht auf den Buchdruck klein gehalten. Wählt man dagegen als Längenmaßstabsfaktor $m_L = 0,5$ cm/cm$_z$ (dann wird eine unbelastete Feder durch eine Strecke 10 cm$_z$ dargestellt), so mißt man: $\overline{M'Q} = 2,66$ cm$_z$, $\overline{M'P} = 1.06$ cm$_z$. Die wirkliche Verlängerung der Feder 2 und die wirkliche Verkürzung der Feder 1 sind dann

$$\Delta l_2 = 2,66 \text{ cm}_z \cdot 0,5 \text{ cm/cm}_z = 1,33 \text{ cm} \qquad \Delta l_1 = 1,06 \text{ cm}_z \cdot 0,5 \text{ cm/cm}_z = 0,53 \text{ cm}$$

Mit diesen Längenänderungen und der gegebenen Federkonstante berechnet man nach Gl. (21.1) die Federkräfte

$$F_2 = 160 \text{ N} \qquad F_1 = 64 \text{ N}$$

deren Richtung und Richtungssinn aus dem Lageplan ersichtlich sind. Wir wählen als Kräftemaßstabsfaktor $m_F = 50$ N/cm$_z$ und zeichnen das Krafteck (**21**.3b). Die gesuchte Resultierende ergibt sich im Krafteck als eine Strecke von 4,2 cm$_z$. Der Betrag der Resultierenden ist also

$$F_R = 4,2 \text{ cm}_z \cdot 50 \text{ N/cm}_z = 210 \text{ N}$$

Ihre Wirkungslinie findet man durch Parallelübertragung des Vektors $\vec{F}_R$ aus dem Kräfteplan in den Angriffspunkt M' im Lageplan[1]).

3.1.2. Zusammensetzen von mehr als zwei Kräften

Ein zentrales Kräftesystem, das aus mehr als zwei Kräften besteht, läßt sich durch wiederholtes Zusammenfassen von je zwei Kräften zu einer Kraft nach Abschn. 3.1.1 schließlich auf eine einzige Kraft — die Resultierende — zurückführen, die dem gegebenen Kräftesystem gleichwertig ist. Die Konstruktion der Resultierenden nach Betrag und Richtung erfolgt zweckmäßig in einem Kräfteplan (**22**.1), der durch Aneinanderfügung von Kräfteplänen für das Zusammensetzen von zwei Kräften (**20**.1) entsteht. Die Zwischenresultierenden $\vec{F}_{R12}$, $\vec{F}_{R123}$ werden im Kräfteplan gewöhnlich nicht gezeichnet, es sei denn, sie sind von besonderem Interesse. Praktisch erhält man die Resultierende als Schlußlinie des Kräftepolygons, das durch Aneinandersetzen der parallel zu den zugehörigen Wirkungslinien im Lageplan gezeichneten Kraftvektoren gewonnen wird.

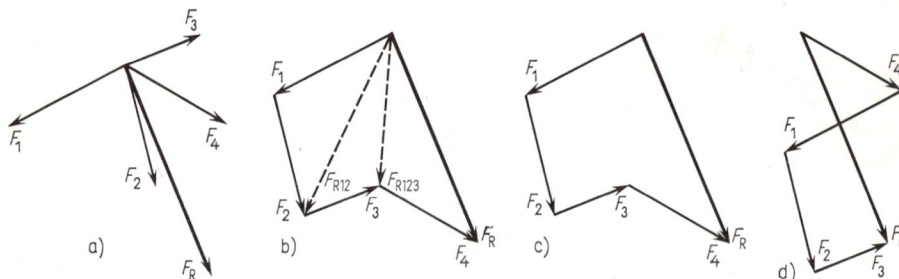

22.1 Resultierende mehrerer Kräfte
a) Lageplan   b, c, d) gleichwertige Kraftecke

[1]) Der in Mechanik Ungeschulte ist erfahrungsgemäß leicht geneigt, gefühlsmäßig anzunehmen, daß die resultierende Federkraft von M' nach M gerichtet ist. Dieses Beispiel zeigt, daß das Gefühl auch versagen kann.

Die Kraftvektoren im Krafteck dürfen eine beliebige Reihenfolge haben (z. B. Bild 22.1 c und d), müssen jedoch beim Umfahren des Kraftecks in einem fest gewählten Sinne alle denselben Pfeilsinn besitzen (zwei Pfeilspitzen dürfen nicht aneinander stoßen). Der Pfeilsinn der Resultierenden ist dem der anderen Kraftvektoren entgegengesetzt.

Beispiel 3. An einem Leitungsmast üben vier Drähte Kräfte in der horizontalen Ebene aus (23.1 a). Diese Kräfte haben die Beträge $F_1 = 400$ N, $F_2 = 350$ N, $F_3 = 500$ N, $F_4 = 300$ N, ihre Richtungen sind im Lageplan (23.1 a) angegeben. Es soll die resultierende Horizontalkraft auf den Mast ermittelt werden.

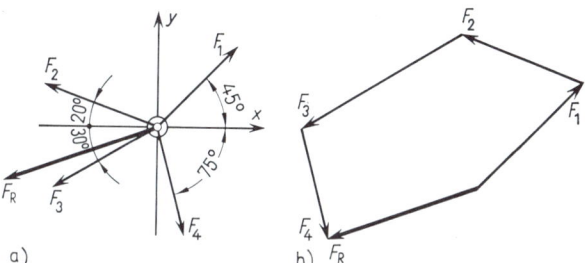

23.1 Kräfte am Leitungsmast
    a) Lageplan
    b) Krafteck; $m_F = 200$ N/cm$_z$

Wir wählen als Kräftemaßstabsfaktor $m_F = 200$ N/cm$_z$ (dann werden die gegebenen Kräfte durch die Strecken 2 cm$_z$, 1,75 cm$_z$, 2,5 cm$_z$ und 1,5 cm$_z$ dargestellt) und zeichnen das Krafteck (23.1 b). Die Schlußlinie im Krafteck hat die Länge 2,12 cm$_z$. Damit ergibt sich für den Betrag der Resultierenden

$$F_R = (200 \text{ N/cm}_z) \cdot 2,12 \text{ cm}_z = 424 \text{ N}$$

Die Richtung und der Richtungssinn der Resultierenden sind aus dem Krafteck zu entnehmen, ihr Angriffspunkt ist aus dem Lageplan bekannt.

3.1.3. Gleichgewichtsbedingung

Nach dem Trägheitsaxiom (Abschn. 2.2.1) befindet sich ein Kräftesystem (d. h. auch der Körper, an dem das Kräftesystem angreift) im Gleichgewicht, wenn es der Nullkraft gleichwertig ist, mit anderen Worten, wenn die Resultierende des Kräftesystems verschwindet. Wie wir gesehen haben, läßt sich ein zentrales Kräftesystem stets auf eine einzige resultierende äquivalente Kraft zurückführen. Ist diese gleich Null, so fällt im Krafteck der Endpunkt (Pfeilspitze) der letzten Kraft mit dem Anfangspunkt der ersten Kraft zusammen. Man sagt: das Krafteck ist geschlossen.

Gleichgewichtsbedingung: Das geschlossene Krafteck ist eine notwendige und hinreichende Bedingung für das Gleichgewicht eines zentralen Kräftesystems.

Aufgrund dieser Gleichgewichtsbedingung kann man nur solche Gleichgewichtsaufgaben lösen, d. h. alle Kräfte eines sich im Gleichgewicht befindenden zentralen Kräftesystems bestimmen, in denen nicht mehr als zwei Bestimmungsstücke der Kräfte (abgesehen vom Richtungssinn) unbekannt sind. Ist der gemeinsame Angriffspunkt und mindestens eine Kraft eines zentralen Kräftesystems bekannt, so ist die Lösung folgender Gleichgewichtsaufgaben möglich:

1. Die Beträge zweier Kräfte sind unbekannt (s. das folgende Beispiel 4).

2. Die Wirkungslinien zweier Kräfte sind unbekannt (Beispiel 5).

3. Der Betrag und die Wirkungslinie **einer** Kraft sind unbekannt (Beispiel 6).

4. Der Betrag einer Kraft und die Wirkungslinie einer weiteren Kraft sind unbekannt (s. Aufgabe 4 in Abschn. 3.3).

Meist kommen in den Anwendungen die unter 1. und 3. genannten Aufgaben vor.

Beispiel 4. Eine Walze mit dem Gewicht $F_G = 900$ N stützt sich auf zwei ebene Flächen ab (**24.**1a), die unter den Winkeln $\alpha = 60°$ und $\beta = 45°$ gegen die horizontale Ebene geneigt sind. Man ermittle die Auflagerkräfte.

1. Schritt. Betrachtet wird die sich im Gleichgewicht befindende Walze.

2. Schritt. Auf die Walze wirken drei Kräfte: Gewichtskraft $\vec{F}_G$ — vollständig bekannt; Auflagerkräfte $\vec{F}_A$ und $\vec{F}_B$ — Wirkungslinien bekannt, da es sich um reine Berührung handelt.

3. Schritt. Die drei Kräfte bilden ein zentrales Kräftesystem. Die notwendige und hinreichende Bedingung für das Gleichgewicht ist das geschlossene Krafteck. Die vorgelegte Aufgabe ist damit auf die geometrische Aufgabe zurückgeführt, ein Dreieck (Krafteck) aus einer Seite (Gewichtskraft $\vec{F}_G$) und zwei anliegenden Winkeln (zwei bekannte Wirkungslinien) zu konstruieren. Man wählt als Maßstabsfaktor z.B. $m_F = 300$ N/cm$_z$ und konstruiert das Krafteck (**24.**1b), aus dem Beträge und Richtungssinn der Auflagerkräfte abgelesen werden können.

Ergebnis: $F_A = 660$ N, $F_B = 810$ N.

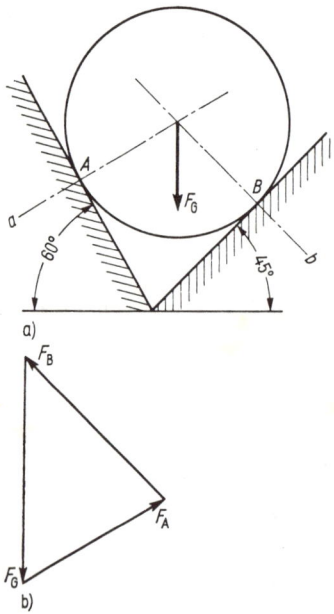

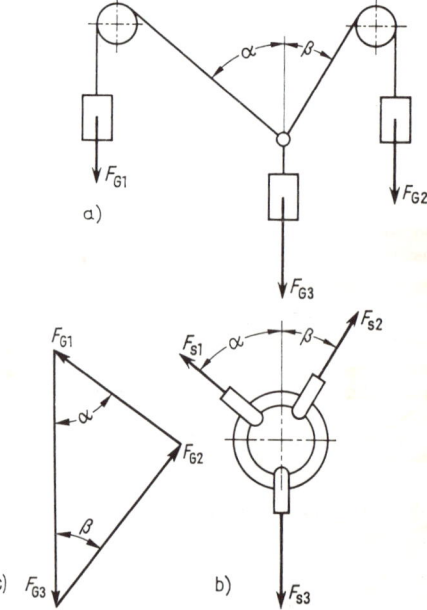

24.1 Kräfte an eine gestützten Walze; $m_F = 300$ N/cm$_z$

24.2 System aus drei Körpern; $m_F = 75$ N/cm$_z$

Beispiel 5. Wir betrachten das System von drei Körpern in Bild **24.**2a, die durch über Rollen geführte Seile miteinander verbunden sind und auf die die Gewichtskräfte $F_{G1} = 160$ N, $F_{G2} = 210$ N, $F_{G3} = 250$ N wirken. Die Gleichgewichtslage des Systems, die z.B. durch Angabe der Winkel α und β festlegt, soll ermittelt werden.

1. Schritt. Den Zusammenschluß der drei Seile können wir uns durch einen Ring verwirklicht denken (24.2b). Diesen Ring betrachten wir im Gleichgewichtszustand.

2. Schritt. Wir machen den Ring durch gedachte Schnitte durch die drei Seile frei (24.2b). Die Kraft $\vec{F}_{s3} = \vec{F}_{G3}$ ist vollständig bekannt. Von den beiden anderen Seilkräften sind nur die Beträge bekannt: $F_{s1} = F_{G1}$, $F_{s2} = F_{G2}$ (s. dazu die allgemeine Überlegung über Seilkräfte in Abschn. 2.3.4).

3. Schritt. Die drei Seilkräfte bilden ein zentrales Kräftesystem. Sie sind im Gleichgewicht, wenn ihr Krafteck geschlossen ist. Geometrisch ist damit die Aufgabe zurückgeführt auf die Konstruktion eines Dreiecks aus drei Seiten. Wir konstruieren das Krafteck (24.2c) und lesen ab: $\alpha = 56{,}7°$, $\beta = 39{,}5°$[1]).

Beispiel 6. Zum Halten einer Last mit Hilfe eines Flaschenzuges ist eine Kraft $F_{s1} = 400\ \mathrm{N}$ erforderlich (25.1a). Die feste Rolle des Flaschenzuges ist an einem Pendelstab befestigt. Die Lagerkraft im Aufhängepunkt A soll bestimmt werden.

1. Schritt. Wir betrachten die feste Rolle des Flaschenzuges im Gleichgewichtszustand.

2. Schritt. Wir machen die Rolle frei, indem wir durch das Seil in den Seilabschnitten 2 und 3 und den Pendelstab gedachte Schnitte führen (25.1b). An der Rolle greifen v i e r Kräfte an: Die drei vollständig bekannten Seilkräfte, die nach Abschn. 2.3.4 alle denselben Betrag haben, und die Pendelstabkraft $\vec{F}_A$, von der nur der Angriffspunkt (Rollenmittelpunkt) bekannt ist.

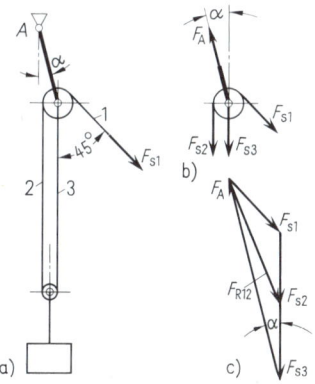

3. Schritt. Die Resultierende $\vec{F}_{R12}$ der Seilkräfte $\vec{F}_{s1}$ und $\vec{F}_{s2}$, die Seilkraft $\vec{F}_{s3}$ und die Pendelstabkraft $\vec{F}_A$ bilden ein zentrales Kräftesystem. Die notwendige und hinreichende Bedingung für ihr Gleichgewicht ist das geschlossene Krafteck. Da die Seilkräfte $\vec{F}_{s1}$, $\vec{F}_{s2}$ und $\vec{F}_{s3}$ festliegen, ergibt sich die Pendelstabkraft und damit auch die gesuchte Lagerkraft als Schlußlinie im Krafteck (25.1c). Aus dem Krafteck liest man ab: Für den Betrag der Pendelstützkraft $F_A = 1120\ \mathrm{N}$ und für den Winkel, den der Pendelstab in der Gleichgewichtslage mit der lotrechten Richtung bildet, $\alpha = 14{,}6°$.

Denkt man sich zuerst die Seilkräfte $\vec{F}_{s1}$ und $\vec{F}_{s2}$ zu der Resultierenden $\vec{F}_{R12}$ zusammengefaßt, so handelt es sich auch in diesem Beispiel bei der Zeichnung des Kraftecks geometrisch um die Konstruktion eines Dreiecks aus zwei Seiten (Kräfte $\vec{F}_{R12}$ und $\vec{F}_{s3}$) und dem von ihnen eingeschlossenen Winkels.

25.1 Flaschenzug; $m_E = 400\ \mathrm{N/cm}_z$

[1]) Man kann einen Winkel aus einer Zeichnung genauer als mit einem Winkelmesser ablesen, wenn man wie folgt vorgeht: Auf einem Schenkel trägt man die Strecke a (zweckmäßig $a = 10$ cm) ab, an deren Ende man das Lot nach Bild **25.2** bis zum Schnitt mit dem anderen Schenkel errichtet. Dann wird die Länge b des Abschnittes des Lotes zwischen den Schenkeln gemessen, und der Winkel φ mit Hilfe des Taschenrechners aus

$$\tan \varphi = b/a$$

berechnet. Entsprechend können Winkel konstruiert werden: Ablesen des Wertes $\tan \varphi$ auf dem Taschenrechner und Abtragen der Strecken a und b. Oft ist nicht der Wert φ sondern der Wert $\tan \varphi$ unmittelbar gegeben (z.B. die Reibungszahl $\mu = \tan \varrho$, s. Abschn. 10). In diesem Fall würde die Konstruktion des Winkels mit dem Winkelmesser einen Umweg bedeuten.

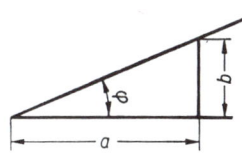

25.2 Ablesen und Konstruktion eines Winkels

3.1.4. Zerlegen in Teilkräfte

Wie Bild **26.**1 zeigt, läßt sich eine gegebene Kraft eindeutig mittels Parallelogramm-konstruktion durch zwei Teilkräfte ersetzen, deren Wirkungslinien voneinander verschieden sind und die sich in einem Punkt auf der Wirkungslinie der gegebenen Kraft schneiden, sonst aber beliebig vorgegeben werden dürfen. Nach dem Parallelogramm-axiom ist nämlich das Kräftesystem aus den gefundenen Teilkräften $\vec{F}_1$ und $\vec{F}_2$ der gegebenen Kraft $\vec{F}$ gleichwertig, und die Zerlegungskonstruktion ist eindeutig. Die Bestimmung der Teilkräfte nach Betrag und Richtungssinn (ihre Wirkungslinien sind vorgegeben) erfolgt zweckmäßig im Krafteck (**26.**1b). Dazu zeichnet man den Kraftvektor $\vec{F}$ in einem

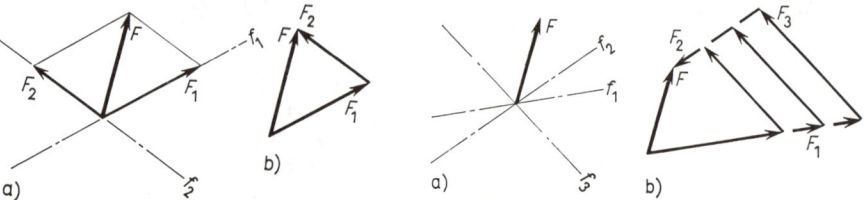

26.1 Zerlegung einer Kraft in zwei Teilkräfte   **26.**2 Zerlegung einer Kraft in drei Teilkräfte

gewählten Maßstab und zieht durch seine Endpunkte Parallelen zu den im Lageplan vorgegebenen Wirkungslinien. Der Umlaufsinn der Teilkräfte in dem so erhaltenen Krafteck (in diesem Fall einem Kraftdreieck) ist dem Umlaufsinn der gegebenen Kraft entgegengesetzt. Im Hinblick auf die rechnerische Behandlung von Kräftesystemen ist das Zerlegen einer Kraft in zwei aufeinander senkrechte Richtungen besonders wichtig. Das Zerlegen einer Kraft in drei und mehr Teilkräfte, deren Wirkungslinien vorgegeben sind und die sich alle in einem Punkt auf der Wirkungslinie der gegebenen Kraft schneiden, ist nicht eindeutig möglich. Dies veranschaulicht Bild **26.**2.

Beispiel 7. Die Aufgabe in Beispiel 4 (**24.**1) können wir auch dadurch lösen, daß wir die Gewichtskraft $\vec{F}_G$ in Teilkräfte in Richtung der beiden Wirkungslinien a und b der Kräfte an den Berührungsstellen zerlegen. Die gesuchten Auflagerkräfte sind dann die Reaktionskräfte dieser Teilkräfte. Bei beiden Lösungswegen wird formal, abgesehen von den Pfeilrichtungen der Kraftvektoren, dieselbe Krafteckfigur (ein Dreieck) konstruiert. Die Begründung der Konstruktionen ist aber verschieden.

3.2. Rechnerische Behandlung

Um die Resultierende eines zentralen Kräftesystems aus n Kräften auf rechnerischem Wege zu bestimmen, führt man zweckmäßig ein rechtwinkliges, rechtshändiges x, y-Koordinatensystem ein, dessen Ursprung man in den gemeinsamen Angriffspunkt der Kräfte legt. Jede der n Kräfte $\vec{F}_i$ wird in Teilkräfte $\vec{F}_{ix}$ und $\vec{F}_{iy}$ in die Richtungen der x-Achse und der y-Achse zerlegt (in Bild **28.**1a ist $n = 3$, $i = 1, 2, 3$ und die Zerlegung in Teilkräfte für die Kraft $\vec{F}_2$ durchgeführt). Man nennt die Teilkräfte

$\vec{F}_{1x}, \vec{F}_{1y}$ **vektorielle Komponenten der Kraft $\vec{F}_1$**

Bei rechnerischer Behandlung gibt man sie in der Form an

$$\vec{F}_{1x} = \vec{e}_x \, F_{1x} \qquad \vec{F}_{1y} = \vec{e}_y \, F_{1y} \tag{27.1}$$

In der Darstellung Gl. (27.1) sind

$\vec{e}_x$, $\vec{e}_y$ **Einsvektoren.** Es sind Vektoren mit dem Betrage Eins ($|\vec{e}_x| = |\vec{e}_y| = 1$), die in Richtungen der positiven x- und y-Achse weisen (**28.1** a). In Gl. (27.1) kennzeichnen sie die Richtungen der Teilkräfte.

F_{1x}, F_{1y} **skalare Komponenten (oder auch Koordinaten) der Kraft** $\vec{F}_1$. Sie haben ein positives oder negatives Vorzeichen, je nachdem ob die Teilkraft in Richtung der positiven oder negativen Koordinatenachse weist, und geben die Beträge der Teilkräfte an.

Z.B. bedeutet $\vec{e}_x \cdot 20\,\text{N}$ eine Kraft mit dem Betrage 20 N, die in Richtung der positiven x-Achse wirkt, und $\vec{e}_y \, (-15\,\text{N}) = -\vec{e}_y \cdot 15\,\text{N}$ eine Kraft mit dem Betrage 15 N, die in Richtung der negativen y-Achse wirkt.

Bezeichnet man mit

F_1 den **Betrag der Kraft** $\vec{F}_1$ und mit

φ_1 den **Richtungswinkel der Kraft** $\vec{F}_1$, d.h. den Winkel, den die Kraft $\vec{F}_1$ mit der positiven Richtung der x-Achse einschließt,

so gilt
$$F_{1x} = F_1 \cos \varphi_1 \qquad F_{1y} = F_1 \sin \varphi_1$$
$$F_1 = \sqrt{F_{1x}^2 + F_{1y}^2} \qquad \varphi_1 = \arctan \frac{F_{1y}}{F_{1x}} \tag{27.2}$$

Mit den eingeführten Bezeichnungen kann geschrieben werden

$$\vec{F}_1 = \vec{F}_{1x} + \vec{F}_{1y} = \vec{e}_x \, F_{1x} + \vec{e}_y \, F_{1y} \tag{27.3}$$

Meistens verwendet man für die Schreibweise der Kräfte statt Gl. (27.3) die Darstellung als **Zeilen-** oder **Spaltenvektoren**

$$\vec{F}_1 = (F_{1x}; F_{1y}) \qquad \text{oder} \qquad \vec{F}_1 = \begin{Bmatrix} F_{1x} \\ F_{1y} \end{Bmatrix} \tag{27.4}$$

So kann für eine Kraft mit den skalaren Komponenten $F_x = 20\,\text{N}$ und $F_y = -15\,\text{N}$ geschrieben werden

$$\vec{F} = \vec{e}_x \cdot 20\,\text{N} - \vec{e}_y \cdot 15\,\text{N} = (20\,\text{N}; -15\,\text{N}) = \begin{Bmatrix} 20\,\text{N} \\ -15\,\text{N} \end{Bmatrix}$$

oder auch

$$\vec{F} = 5\,\text{N} \, (4; -3) = 5\,\text{N} \begin{Bmatrix} 4 \\ -3 \end{Bmatrix}$$

wobei man verabredet, daß ein gemeinsamer Faktor der Komponenten vor die Klammern geschrieben werden kann.

Die Komponenten der Resultierenden eines zentralen Kräftesystems erhält man, indem man die x-Komponenten F_{1x} und die y-Komponenten F_{1y} jeweils für sich summiert (**28.1** b). Z.B. folgt für die x-Komponente der Resultierenden

$$\vec{F}_{Rx} = \vec{e}_x \, F_{Rx} = \vec{F}_{1x} + \vec{F}_{2x} + \cdots + \vec{F}_{nx}$$
$$= \vec{e}_x \, F_{1x} + \vec{e}_x \, F_{2x} + \cdots + \vec{e}_x \, F_{nx}$$
$$= \vec{e}_x \, (F_{1x} + F_{2x} + \cdots + F_{nx})$$

woraus sich unter Verwendung des Summenzeichens Σ für die Schreibweise einer Summe ergibt

$$F_{Rx} = F_{1x} + F_{2x} + \cdots + F_{nx} = \sum_{i=1}^{n} F_{ix}$$

Für die Berechnung der skalaren Komponenten F_{Rx} und F_{Ry}, des Betrages F_R und des Richtungswinkels Φ der Resultierenden erhält man zusammenfassend die nachstehenden Formeln (s. Bild **28.**1 b):

$$
\left.
\begin{array}{ll}
F_{Rx} = \displaystyle\sum_{i=1}^{n} F_{ix} & F_{Ry} = \displaystyle\sum_{i=1}^{n} F_{iy} \\[2mm]
\hline
F_R = \sqrt{F_{Rx}^2 + F_{Ry}^2} & \Phi = \arctan \dfrac{F_{Ry}}{F_{Rx}} \\[2mm]
\hline
F_{Rx} = F_R \cos \Phi & F_{Ry} = F_R \sin \Phi
\end{array}
\right\}
\qquad (28.1)
$$

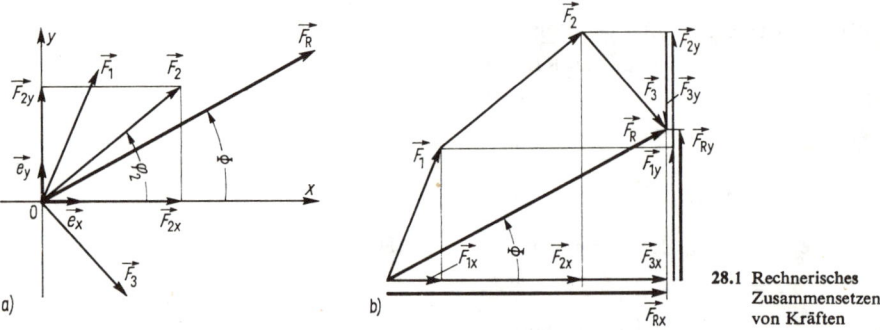

28.1 Rechnerisches Zusammensetzen von Kräften

Bei Berechnung des Winkels Φ beachte man die Mehrdeutigkeit der Arkustangensfunktion (s. Beispiel 8).

Der **einen** Gleichgewichtsbedingung in Vektorform

$$\vec{F}_R = \sum_{i=1}^{n} \vec{F}_i = 0 \qquad (28.2)$$

entsprechen bei Zerlegung der Kräfte in Komponenten **zwei** skalare Gleichgewichtsbedingungen

$$F_{Rx} = \sum_{i=1}^{n} F_{ix} = 0 \qquad\qquad F_{Ry} = \sum_{i=1}^{n} F_{iy} = 0 \qquad (28.3)$$

Sie besagen:

Für das Gleichgewicht eines zentralen Kräftesystems ist notwendig und hinreichend, daß bei Verwendung eines beliebigen x, y-Koordinatensystems die Summe der x-Komponenten aller Kräfte und die Summe der y-Komponenten aller Kräfte jede für sich verschwindet.

Beispiel 8. Berechnung der Resultierenden. Wir ermitteln die Resultierende in Beispiel 3 (23.1a) auf rechnerischem Wege. Zuerst werden die Komponenten F_{ix} und F_{iy} der Kräfte berechnet, dann Komponenten, Betrag und Richtungswinkel der Resultierenden nach Gl. (28.1) bestimmt. Die Rechnung erfolgt zweckmäßig in dem nachstehenden Rechenschema.

Kraft	$\dfrac{F_i}{N}$	$\dfrac{\varphi_i}{°}$	$\cos\varphi_i$	$\sin\varphi_i$	$\dfrac{F_{ix}}{N}$	$\dfrac{F_{iy}}{N}$
$\vec{F}_1$	400	45	0,707	0,707	283	283
$\vec{F}_2$	350	160	−0,940	0,342	−329	120
$\vec{F}_3$	500	210	−0,866	−0,5	−433	−250
$\vec{F}_4$	300	285	0,259	−0,966	78	−290
$\vec{F}_R$					−401	−137

$$F_R = \sqrt{401^2 + 137^2}\ \text{N}$$
$$= 424\ \text{N}$$

$\tan\Phi = (-137)/(-401) = 0,342$, woraus folgt $\Phi = 198,9°$, nicht $18,9°$, da wegen $F_{Rx} < 0$ und $F_{Ry} < 0$ der Vektor $\vec{F}_R$ im dritten Quadranten liegt.

Im allgemeinen kommt man bei rechnerischer Behandlung von Kräftesystemen mit einer groben Skizze des Lageplanes (eventuell auch des Kraftecks) aus. Trotzdem empfiehlt es sich, die Skizze möglichst maßstabsgetreu zu zeichnen, um die Ergebnisse überschläglich kontrollieren zu können.

Bei Behandlung von Gleichgewichtsaufgaben auf rechnerischem Wege wird für den Richtungssinn der unbekannten Kräfte ein Ansatz gemacht, d.h. es wird für sie ein Richtungssinn angenommen. Ergibt dann die Rechnung einen negativen Wert für den Betrag der betreffenden Kraft, so bedeutet dies, daß der wahre Richtungssinn der Kraft dem angenommenen entgegengesetzt ist. In einfachen Fällen, wie etwa in den folgenden Beispielen, kennt man den Richtungssinn aus Erfahrung und wird ihn sofort richtig ansetzen.

Beispiel 9. Wir lösen die Aufgabe in Beispiel 4, S. 24, rechnerisch. Für die Auflagerkräfte $\vec{F}_A$ und $\vec{F}_B$ nehmen wir den in Bild **29.**1 angegebenen Richtungssinn an und zerlegen alle Kräfte im eingeführten x, y-Koordinatensystem in Komponenten

$$\vec{F}_A = (\ F_A\cos 30°;\ \ F_A\sin 30°) = (\ \ 0,866\,F_A;\ 0,5\,F_A)$$
$$\vec{F}_B = (-F_B\cos 45°;\ \ F_B\sin 45°) = (-0,707\,F_B;\ 0,707\,F_B)$$
$$\vec{F}_G = \qquad\qquad\qquad\qquad\qquad (\quad 0\qquad ;\ -900\ \text{N})$$

Nach der Gleichgewichtsbedingung Gl. (28.2) muß gelten

$$\sum \vec{F}_i = 0 = \vec{F}_A + \vec{F}_B + \vec{F}_G$$

Diese Bedingung ergibt entsprechend Gl. (28.3) die zwei skalaren Gleichungen

$$\sum F_{ix} = 0 = 0,866\,F_A - 0,707\,F_B$$
$$\sum F_{iy} = 0 = 0,5\ \ \ F_A + 0,707\,F_B - 900\ \text{N}$$

Durch ihre Auflösung erhält man $F_A = 659$ N und $F_B = 807$ N.

Beispiel 10. Am Lastseil des Kranes wirkt eine Last $F_G = 21$ kN (**30.**1 a). Welche Kräfte ruft sie im Halteseil und im Gelenk A hervor?

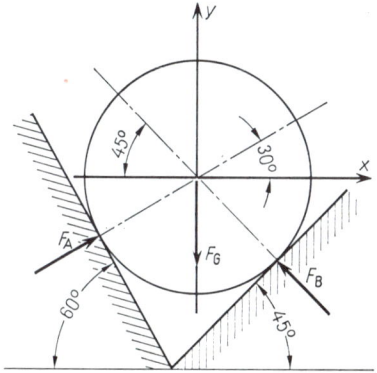

29.1 Abgestützte Walze

Wir machen die Rolle am Auslegerende frei[1]. An ihr wirken vier Kräfte, die im Gleichgewicht sind (**30.**1 b). Die Gewichtskraft $\vec{F}_G$ und die Lastseilkraft $\vec{F}_L$ sind vollständig bekannt ($|\vec{F}_L| = F_G$).

---

[1] Auf das Aufzählen der einzelnen Lösungsschritte (Schritt 1, 2 und 3, s. Abschn. 2.3.3), wie es in den bisher behandelten Beispielen geschehen ist, wollen wir in diesem und in den folgenden Beispielen verzichten. Der Leser wird sie jetzt auch so erkennen.

Von der Halteseilkraft $\vec{F}_H$ und der Kraft $\vec{F}_A$, mit der der Ausleger auf die Rolle wirkt, kennt man die Wirkungslinien. Die Wirkungslinie der Kraft $\vec{F}_A$ ist deswegen bekannt, weil der Ausleger eine Pendelstütze darstellt. Aus gleichem Grunde ist die Kraft $\vec{F}_A$ auch die gesuchte Gelenkkraft.

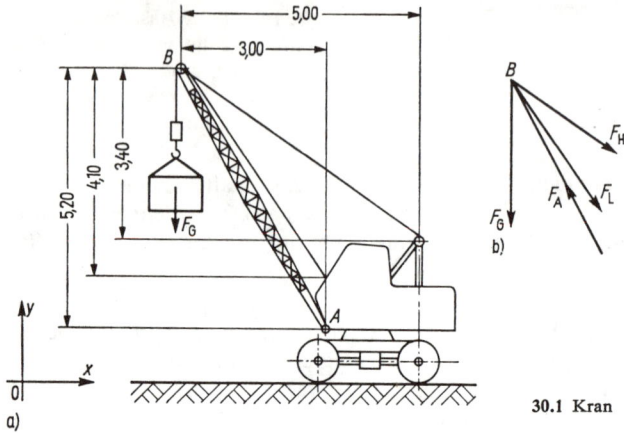

30.1 Kran

Alle Kräfte werden in Komponenten zerlegt. Dies geschieht zweckmäßig wie folgt. Der Kraftvektor $\vec{F}_A$ hat die Richtung der Strecke $\overline{AB}$. Aus dem Lageplan (30.1a) entnimmt man, daß das Verhältnis der Beträge seiner Komponenten $|F_{Ax}|/|F_{Ay}|$ gleich dem Verhältnis der Strecken 3,00 m/5,20 m ist. Daher setzt man die Komponentendarstellung der Kraft $\vec{F}_A$ in der Form an

$$\vec{F}_A = (-3,00\,A;\ 5,20\,A) \qquad A \text{ Proportionalitätsfaktor}$$

Entsprechend folgt für die Komponentendarstellung der Seilkraft $\vec{F}_H$

$$\vec{F}_H = (5,00\,H;\ -3,40\,H)$$

Setzt man zunächst auch für die Seilkraft $\vec{F}_L$ an

$$\vec{F}_L = (3,00\,L;\ -4,10\,L)$$

so läßt sich der Proportionalitätsfaktor L bestimmen, da der Betrag dieser Kraft bekannt ist. Nach Gl. (27.2) folgt

$$|\vec{F}_L| = 21\ \text{kN} = L \cdot \sqrt{3,00^2 + 4,10^2} = 5,08\,L \qquad L = 4,13\ \text{kN}$$

Zusammenfassend lauten die Komponentendarstellungen der vier an der Kranrolle angreifenden Kräfte

$$\vec{F}_A = \left\{ \begin{matrix} -3,00\,A \\ 5,20\,A \end{matrix} \right\} \quad \vec{F}_H = \left\{ \begin{matrix} 5,00\,H \\ -3,40\,H \end{matrix} \right\} \quad \vec{F}_L = \left\{ \begin{matrix} 12,39\ \text{kN} \\ -16,93\ \text{kN} \end{matrix} \right\} \quad \vec{F}_G = \left\{ \begin{matrix} 0 \\ -21\ \text{kN} \end{matrix} \right\}$$

Aus den Gleichgewichtsbedingungen Gl. (28.3) folgen die Gleichungen

$$\sum F_{ix} = 0 = -3,00\,A + 5,00\,H + 12,39\ \text{kN}$$

$$\sum F_{iy} = 0 = \quad 5,20\,A - 3,40\,H - 37,93\ \text{kN}$$

Daraus ergibt sich

$$A = 9,34\ \text{kN} \qquad H = 3,12\ \text{kN}$$

Mit diesen Werten berechnet man

$$\vec{F}_A = (-28,0;\quad 48,6)\ \text{kN} \qquad F_A = \sqrt{28,0^2 + 48,6^2}\ \text{kN} = 56,1\ \text{kN}$$

$$\vec{F}_H = (15,60;\quad -10,61)\ \text{kN} \qquad F_H = \sqrt{15,60^2 + 10,61^2}\ \text{kN} = 18,9\ \text{kN}$$

Da sich ein Krafteck aus Dreiecken zusammensetzt (s. z. B. Bild 22.1 b), ist es grundsätzlich möglich, die rechnerische Behandlung eines Kräftesystems auf Dreiecksberechnung unter Verwendung von trigonometrischen Formeln (Sinussatz, Cosinussatz) zurückzuführen. Die oben besprochene Komponentenmethode erweist sich jedoch aufgrund ihrer Übersichtlichkeit und weitgehenden Schematisierbarkeit meist als die zweckmäßigere. Dies gilt besonders für komplizierte Fälle und im Hinblick auf die Ausdehnung der Komponentenmethode auf allgemeine (nicht zentrale) Kräftesysteme. Nur in einfachen Fällen (drei Kräfte am Punkt) kann die trigonometrische Methode vorteilhafter sein. Beispiel 11 zeigt die Anwendung der trigonometrischen Methode. ✳

Beispiel 11. Die in Beispiel 5, S. 24, gesuchten Winkel ergeben sich unmittelbar nach dem Cosinussatz aus dem Krafteck in Bild **24.**2c wie folgt ($F_{G1} = 160$ N, $F_{G2} = 210$ N, $F_{G3} = 250$ N)

$$210^2 = 250^2 + 160^2 - 2 \cdot 250 \cdot 160 \cos \alpha \qquad \cos \alpha = 0,550 \qquad \alpha = 56,6°$$

$$160^2 = 250^2 + 210^2 - 2 \cdot 250 \cdot 210 \cos \beta \qquad \cos \beta = 0,771 \qquad \beta = 39,5°$$

Mit dem berechneten Winkel $\alpha = 56,6°$ könnte man den Winkel β auch nach dem Sinussatz aus

$$\frac{\sin \beta}{160} = \frac{\sin 56,6°}{210}$$

erhalten.

Siehe Leitseiten Übungsbeispiele ① bis ⑪

3.3. Aufgaben zu Abschnitt 3

1. Wie groß sind die Kräfte in den Stäben 1 und 2 des Wandkranes (**31.1**), wenn auf ihn eine Last mit der Gewichtskraft $F_G = 9,6$ kN wirkt?

2. Für die Kniehebelpresse (**31.2**) in der gezeichneten Lage bestimme man den Betrag der auf sie in waagrechter Richtung wirkenden Kraft $\vec{F}$, die eine Preßkraft $F_Q = 12$ kN hervorruft.

3. Man bestimme die Kräfte in den Stäben 1 und 2 der in Bild **32.**1 skizzierten Ladevorrichtung ($F_G = 4,5$ kN). Wie groß ist die Kraft F_A, die die Rolle auf ihr Lager ausübt?

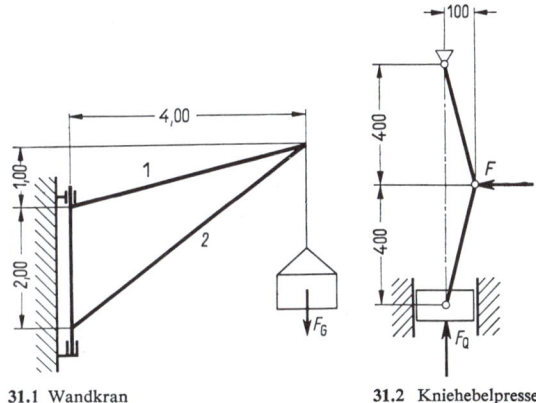

31.1 Wandkran   31.2 Kniehebelpresse

4. Ein in Punkt A gelenkig gelagerter Ladebaum (Bild **32.**2, $\overline{AB} = 8$ m) wird durch eine Seilwinde in der gezeichneten Lage gehalten und mit der Last $F_G = 4$ kN belastet. In welchem Mindestabstand a vom Punkt A muß die Winde aufgestellt werden, damit die Seilkraft F_{s1} im Seil 1 nicht größer als 3,5 kN ist?

5. Ein Seil mit der Länge 15 m ist an den Stellen A und B befestigt (**32.**3). Auf das Seil wird eine mit der Gewichtskraft $F_G = 700$ N belastete Rolle gesetzt. Welche Gleichgewichtslage stellt sich ein? ($x = ?$) Wie groß ist die Seilkraft F_s?

6. Die Spannrolle der Spannvorrichtung (**32.**4) ist mit einem Pendelstab im Punkt A gelagert. Auf sie wirkt die Eigengewichtskraft $F_{G2} = 150$ N, Wie groß muß die Gewichtskraft F_{G1} sein, damit die Riemenspannung im Ruhezustand $F_s = 400$ N beträgt? Welchen Betrag hat dann die Pendelstabkraft $\vec{F}_A$?

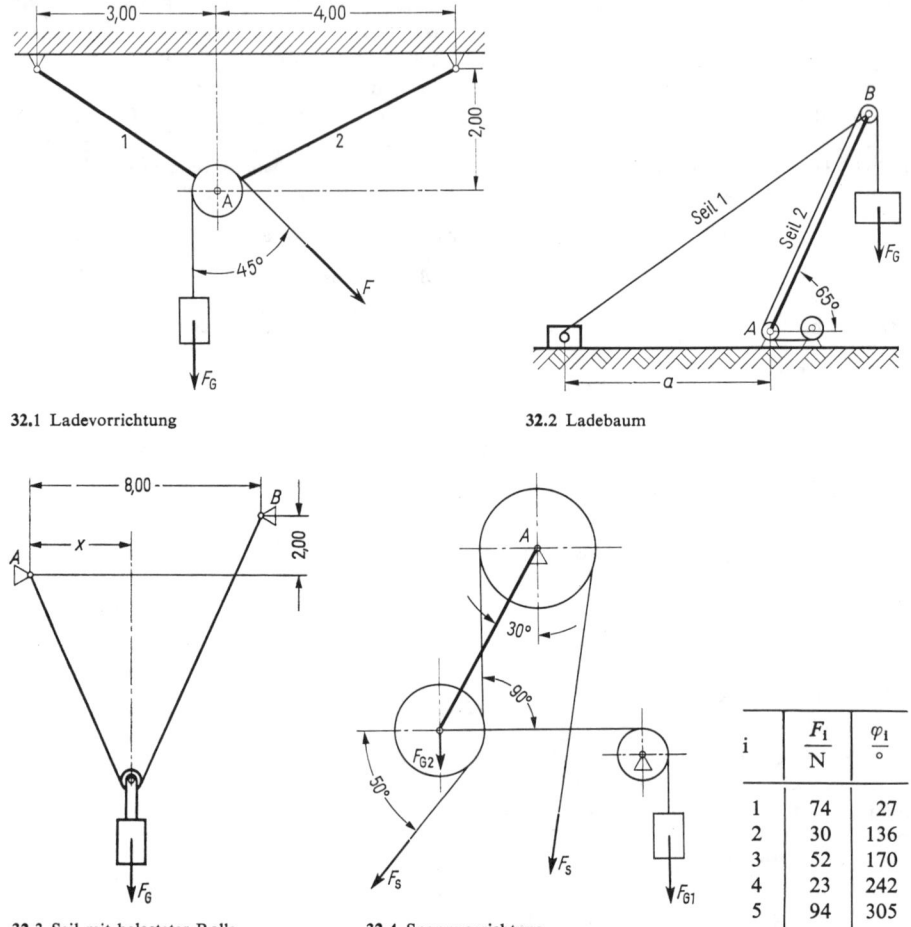

32.1 Ladevorrichtung

32.2 Ladebaum

32.3 Seil mit belasteter Rolle

32.4 Spannvorrichtung

i	$\dfrac{F_i}{\text{N}}$	$\dfrac{\varphi_i}{°}$
1	74	27
2	30	136
3	52	170
4	23	242
5	94	305

7. Man bestimme die Resultierende der 5 Kräfte mit gemeinsamem Angriffspunkt, deren Beträge F_i und Richtungswinkel φ_i bezüglich der x-Achse in der obenstehenden Tabelle angegeben sind.

8. Vier Federn mit den Federkonstanten $c_1 = 200$ N/cm, $c_2 = 400$ N/cm, $c_3 = 500$ N/cm und $c_4 = 600$ N/cm sind mit ihren Enden im Punkt M (**33.**1) gelenkig zusammengeschlossen. Ihre anderen Enden sind an den Ecken eines Quadrates mit der Seitenlänge $a = 100$ mm gelenkig befestigt. Bei symmetrischer Anordnung des Systems mit dem Mittelpunkt M sind die Federn entspannt. Der Mittelpunkt des Federsystems wird aus der Lage M in die Lage M' gebracht. Welche Kraft $\vec{F}$ ist erforderlich, um ihn in der ausgelenkten Lage festzuhalten?

9. Zwei Zylinder mit den Durchmessern $d_1 = 5$ cm, $d_2 = 3$ cm und den Gewichten $F_{G1} = 8$ N $F_{G2} = 3$ N liegen in einer Rinne, deren Seitenebenen mit der Horizontalebene die Winke $\alpha = 45°$ und $\beta = 30°$ einschließen (33.2). a) Man ermittle die Auflagerkräfte in den Punkten A, B und C und die Kräfte, die die Zylinder im Punkt D aufeinander ausüben. b) Wie groß müßte die Gewichtskraft F_{G2} mindestens sein, damit der Zylinder 1 angehoben wird?

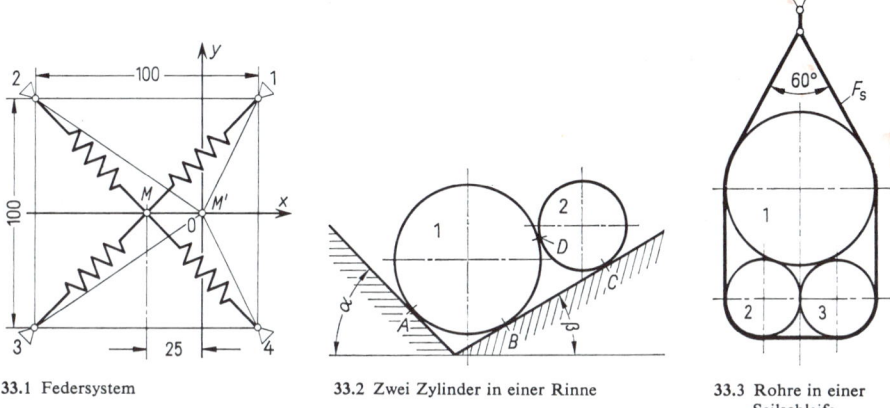

33.1 Federsystem   33.2 Zwei Zylinder in einer Rinne   33.3 Rohre in einer Seilschleife

10. Drei Rohre mit den Durchmessern $d_1 = 40$ cm, $d_2 = d_3 = 20$ cm und den Gewichten $F_{G1} = 1\,000$ N, $F_{G2} = F_{G3} = 250$ N hängen entsprechend Bild **33.3** in einer Seilschleife. Mit welchen Kräften werden sie aneinander gepreßt und wie groß ist die Seilkraft F_s?

4. Allgemeines ebenes Kräftesystem

4.1. Zeichnerische Behandlung

4.1.1. Zwei Kräfte. Kräftepaar

Die Resultierende zweier gegebener Kräfte soll bestimmt werden. Wir unterscheiden folgende vier Fälle:

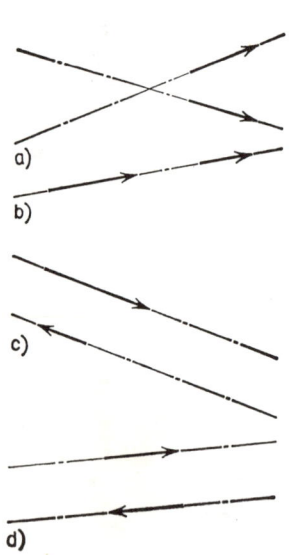

a)

b)

c)

d)

34.1 Kräftesysteme aus zwei Kräften

1. Die Wirkungslinien der Kräfte schneiden sich (**34.1** a).

2. Die Wirkungslinien der Kräfte fallen zusammen (**34.1** b).

3. Die Wirkungslinien verlaufen parallel, jedoch tritt nicht der Sonderfall 4 auf (**34.1** c).

4. Die Wirkungslinien verlaufen parallel und die Kräfte haben den gleichen Betrag, jedoch den entgegengesetzten Richtungssinn (**34.1** d).

Fall 1. Es liegt ein zentrales Kräftesystem vor, das wie in Abschn. 3.1.1 behandelt wird. Da wir die Beträge der beiden Kräfte von Null verschieden voraussetzen wollen, kann in diesem Fall die Resultierende niemals eine Nullkraft sein.

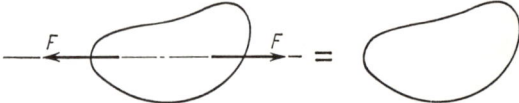

34.2 Kräftesystem aus zwei Kräften, das der Nullkraft gleichwertig ist

Fall 2. Auch solche Kräfte bilden ein zentrales Kräftesystem. Die Resultierende hat die gleiche Wirkungslinie wie die gegebenen Kräfte. Sie verschwindet, wenn die beiden Kräfte den gleichen Betrag und entgegengesetzten Richtungssinn haben. In diesem Fall sind die beiden Kräfte der Nullkraft äquivalent (**34.2**). Daraus folgt die Regel:

Man darf einem Kräftesystem zwei Kräfte gleichen Betrages mit gemeinsamer Wirkungslinie und von entgegengesetztem Richtungssinn hinzufügen oder wegnehmen, ohne die Wirkung des Kräftesystems im Sinne der Statik starrer Körper zu ändern.

Fall 3. Dieser Fall läßt sich auf den Fall 1 der nichtparallelen Kräfte dadurch zurückführen, daß man dem gegebenen Kräftesystem $\vec{F}_1, \vec{F}_2$ nach der unter Fall 2 aufgestellten

Regel zwei Kräfte mit gleicher Wirkungslinie, gleichem Betrag und entgegengesetztem Richtungssinn $\vec{F}$ und $-\vec{F}$ hinzufügt (**35.**1 a und b). Faßt man die Kräfte $\vec{F}_1$ und $\vec{F}$ zu der Zwischenresultierenden $\vec{F}_{R1}$ und die Kräfte $\vec{F}_2$ und $-\vec{F}$ zur Zwischenresultierenden $\vec{F}_{R2}$ zusammen, so ist das Kräftesystem aus den nichtparallelen Kräften $\vec{F}_{R1}$ und $\vec{F}_{R2}$ dem ursprünglichen Kräftesystem aus $\vec{F}_1$ und $\vec{F}_2$ gleichwertig. Seine Resultierende kann wie im Fall 1 bestimmt werden. Es ist jedoch im praktischen Fall vorteilhafter, parallele Kräfte nach dem aus diesen Überlegungen entwickelten Seileckverfahren zusammenzusetzen (Abschn. 4.1.2).

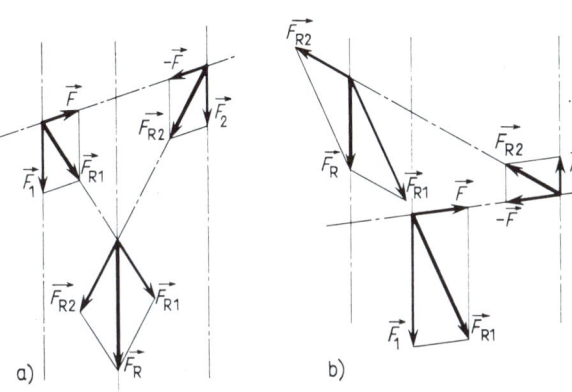

35.1 Zusammensetzen von Kräften
    mit parallelen Wirkungslinien
    mit
    a) gleichem
    b) entgegengesetztem Richtungssinn

Fall 4. Das unter Fall 3 geschilderte Verfahren versagt im Falle paralleler Kräfte gleichen Betrages und entgegengesetzten Richtungssinnes $\vec{F}_1$ und $-\vec{F}_1$. Die Hinzufügung von zwei Kräften $\vec{F}$, $-\vec{F}$ führt hier wieder auf ein gleichwertiges System von parallelen Kräften $\vec{F}_2$ und $-\vec{F}_2$ (**35.**2).

weiter S. 37

Zwei parallele Kräfte gleichen Betrages und entgegengesetzten Richtungssinnes bezeichnet man als Kräftepaar.

Nach den obigen Ausführungen läßt sich ein Kräftepaar nicht auf eine Einzelkraft reduzieren. Es muß daher genau wie die Einzelkraft als ein selbständiges Grundelement des Kräftesystems angesehen werden. Das aus den Kräften des Kräftepaares gebildete Krafteck ist geschlossen. Man sagt daher:

Die Resultierende eines Kräftepaares ist gleich Null.

35.2 Kräftepaar

Während eine Einzelkraft, die an einem Körper angreift, das Bestreben hat, den Körper zu verschieben, übt ein an einem starren Körper angreifendes Kräftepaar auf diesen eine Drehwirkung aus.

Auf das Lenkrad eines Autos übt man mit den Händen ein Kräftepaar aus, wenn man es verdrehen will (**36.**1 a). Lenkt man nur mit einer Hand (**36.**1 b), so ist die zweite Kraft des Kräftepaares die Auflagerkraft in der Lenkradsäule.

Wegen der Flächengleichheit der in Bild **35.2** schraffierten Figuren (Rechteck und Parallelogramm) gilt

$$b_1 F_1 = b_2 F_2$$

Unter Berücksichtigung dieser Beziehung und der Tatsache, daß Einzelkräfte auf ihren Wirkungslinien beliebig verschoben werden dürfen (Verschiebungsaxiom), folgt aus der Gleichwertigkeit der Kräftepaare $\vec{F}_1$, $-\vec{F}_1$ und $\vec{F}_2$, $-\vec{F}_2$ die Regel:

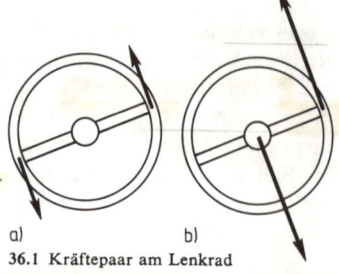

36.1 Kräftepaar am Lenkrad

Ein Kräftepaar darf in seiner Ebene beliebig verschoben und gedreht werden. Ferner dürfen die Beträge seiner beiden Kräfte und gleichzeitig der Abstand zwischen ihren Wirkungslinien beliebig geändert werden, sofern der Drehsinn und das Produkt

Betrag F einer Kraft mal Abstand b zwischen den Wirkungslinien der Kräfte

beim abgeänderten Kräftepaar erhalten bleiben.

Man bezeichnet das Produkt $Fb = M$ als Betrag des Kräftepaares. Ein Kräftepaar ist eindeutig festgelegt durch die zwei Angaben

1. Betrag $M = Fb$ 2. Drehsinn (Richtung)

Wie auch andere gerichtete physikalische Größen wird das Kräftepaar durch einen Pfeil veranschaulicht. Der Pfeil des Kräftepaares steht senkrecht auf der Kräfteebene (**36.2**), seine Länge gibt in einem Maßstab den Betrag des Kräftepaares an und seine Spitze definiert den Drehsinn des Kräftepaares nach der Rechtsschraubenregel. Diese lautet:

Die Pfeilspitze weist in die Richtung, in die sich eine Rechtsschraube unter der Wirkung des Kräftepaares bewegen würde.

Zur Unterscheidung von den Kraftvektoren wollen wir den Pfeil eines Kräftepaares mit zwei Spitzen versehen.

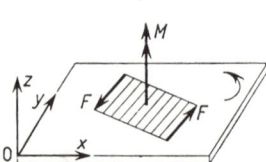

36.2 Darstellung des Kräftepaares durch einen Pfeil

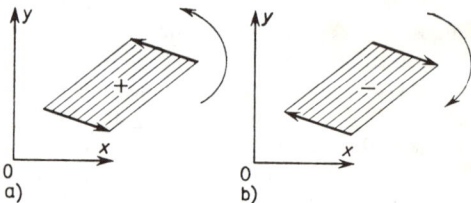

36.3 Richtungssinn des Kräftepaares
a) positiv   b) negativ

Macht man die Kräfteebene zur x, y-Ebene eines x, y, z-Koordinatensystems (**36.2**), so unterscheidet man Kräftepaare mit positivem und negativem Drehsinn (Richtungssinn), je nachdem der Kräftepaarpfeil in Richtung der positiven oder der negativen z-Achse weist (**36.3**).

Zwei Kräftepaare können zu einem zusammengesetzt werden, indem man sie zuerst aufgrund der oben genannten Regel in die in Bild **37.1**a gezeichnete gegenseitige Lage bringt (hierbei gilt $F_1 b_1 = F_1^* b_2$) und dann durch Addition von je zwei Kräften ein einziges Kräftepaar erhält. Man findet also das resultierende Kräftepaar dadurch, daß man die

Kräftepaarpfeile geometrisch addiert (37.1b)[1]. Gerichtete physikalische Größen, die nach dem Gesetz der geometrischen Addition (Parallelogrammregel) zusammengesetzt werden, bezeichnet man als vektorielle Größen oder einfach als Vektoren. Das Kräftepaar ist ein Vektor.

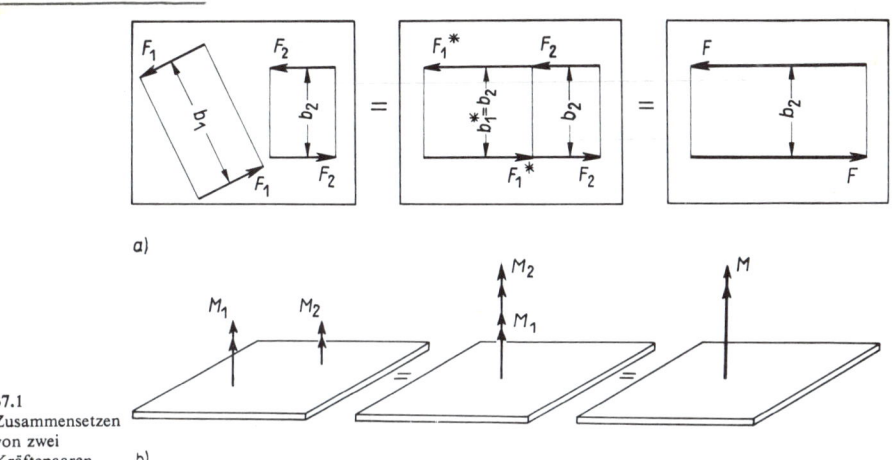

a)

37.1
Zusammensetzen
von zwei
Kräftepaaren   b)

Im Gegensatz zur Kraft, die an ihre Wirkungslinie gebunden ist und linienflüchtiger Vektor heißt (s. Abschn. 2.2.2) ist das Kräftepaar ein freier Vektor: der Pfeil des Kräftepaares darf beliebig parallel zu sich selbst verschoben werden.

Da ein Kräftepaar eine selbständige Einheit eines Kräftesystems darstellt, kann seine Wirkung nicht durch die einer Einzelkraft aufgehoben werden. Vielmehr ist dazu ein zweites Kräftepaar erforderlich, das den gleichen Betrag und entgegengesetzten Drehsinn hat.

Die Achse eines Radsatzes (37.2) ist durch zwei gleich große Achskräfte $\vec{F}_1$ und $\vec{F}_2$ belastet. Die Achskräfte und die Auflagerkräfte $\vec{F}_{A1}$ und $\vec{F}_{A2}$ sind dann alle von gleichem Betrage. Je eine Achskraft und Auflagerkraft kann zu einem Kräftepaar zusammengefaßt werden: Entweder $\vec{F}_1$ mit $\vec{F}_{A1}$ und $\vec{F}_2$ mit $\vec{F}_{A2}$ oder $\vec{F}_1$ mit $\vec{F}_{A2}$ und $\vec{F}_2$ mit $\vec{F}_{A1}$. In beiden Fällen sind die Kräftepaare im Gleichgewicht.

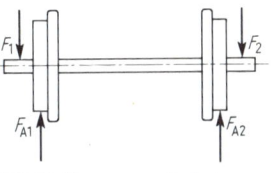

37.2 Kräftepaare am Radsatz

1. 4. 3. Zeichnerische Behandlung eines allg. ebenen Kräftesystems
1. 4. 3. 1.

~~4.~~ 4.1.2. Zusammensetzen von mehr als zwei Kräften. Seileckverfahren

unübersichtliches Verfahren

Ein Kräftesystem aus mehr als zwei Kräften läßt sich durch wiederholtes Zusammenfassen von je zwei Kräften zunächst auf ein System aus zwei Kräften reduzieren. Ergeben diese beiden Kräfte kein Kräftepaar, so läßt sich durch einen weiteren Reduktionsschritt auch die Reduktion auf eine einzige Resultierende durchführen. Bilden sie ein Kräftepaar, so ist keine weitere Reduktion möglich.

---

[1] In Abschn. 6.2 wird gezeigt, daß auch für Zusammensetzen von Kräftepaaren, die in zwei beliebigen und voneinander verschiedenen Ebenen liegen, das Gesetz der geometrischen Addition gilt.

Zweckmäßigerweise benutzt man bei der Durchführung der Reduktion einen Lageplan und einen Kräfteplan (38.1). Im Lageplan werden die Wirkungslinien der gegebenen Kräfte und der Zwischenresultierenden eingezeichnet und schließlich ein Punkt der Wirkungslinie der Resultierenden ermittelt. Im Krafteck, das durch Aneinandersetzen der Kraftdreiecke für die Zusammensetzung von zwei Kräften entsteht, werden die Zwischenresultierenden und die Resultierende nach Größe, Richtung und Richtungssinn bestimmt. Bis auf ihre Wirkungslinie erhält man also die Resultierende eines beliebigen ebenen Kräftesystems genau so wie die eines zentralen Systems, und zwar als Schlußlinie des Kraftecks, das aus parallel zu sich selbst verschobenen Kraftvektoren ohne Beachtung ihrer sonstigen

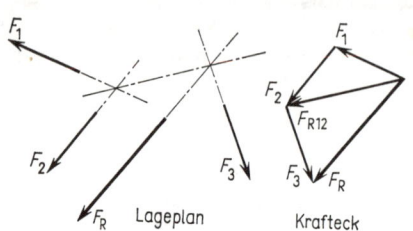

Lage im Lageplan (Wirkungslinien) konstruiert wird. Im Beispiel des Bildes 38.1 wurden zuerst die Kräfte $\vec{F}_1$ und $\vec{F}_2$ zu der Zwischenresultierenden $\vec{F}_{R12}$ zusammengesetzt, und dann wurde durch Zusammenfassen der Zwischenresultierenden $\vec{F}_{R12}$ mit der Kraft $\vec{F}_3$ die Resultierende $\vec{F}_R$ erhalten.

Lageplan   Krafteck

38.1 Zusammensetzen mehrerer Kräfte

Das geschilderte Verfahren versagt, bzw. wird sehr umständlich, wenn das gegebene Kräftesystem aus parallelen oder nahezu parallelen Kräften besteht. Die Wirkungslinien der Kräfte haben dann entweder keine Schnitte auf dem Zeichenpapier oder schneiden sich sehr flach, wodurch die Konstruktion ungenau wird. Man kann sich in solchen Fällen dadurch helfen, daß man wie in Abschn. 4.1.1, Fall 3, Hilfskräfte hinzufügt. Das geschieht systematisch durch Anwendung des sogenannten Seileckverfahrens. *n. Fall 3 S. 35*

Seileckverfahren. Wir erläutern dieses Verfahren an Hand des Beispiels in Bild **39.**1 a und b. Bei seiner Durchführung benutzt man ebenfalls einen Lageplan und einen Kräfteplan. Zuerst wird die Resultierende nach Größe, Richtung und Richtungssinn wie bisher durch Konstruktion des Kraftecks ermittelt. Ein Punkt ihrer Wirkungslinie wird dann wie folgt bestimmt:

Man zerlegt eine Kraft des Kräftesystems — im Beispiel ist es $\vec{F}_1$ — in zwei beliebige Teilkräfte $\vec{F}_{s0}$ und $\vec{F}_{s1}$.

$$\vec{F}_1 = \vec{F}_{s0} + \vec{F}_{s1} \tag{38.1}$$

Dann werden die Kräfte nach dem in Bild **38.**1 besprochenen Verfahren in folgender Reihenfolge zusammengesetzt.

$$\left.\begin{aligned} \vec{F}_{s1} + \vec{F}_2 &= \vec{F}_{s2} \\ \vec{F}_{s2} + \vec{F}_3 &= \vec{F}_{s3} \\ \vec{F}_{s3} + \vec{F}_4 &= \vec{F}_{s4} \end{aligned}\right\} \tag{38.2}$$

Durch dieses Vorgehen wird das gegebene Kräftesystem auf das System aus nur zwei Kräften $\vec{F}_{s0}$ und $\vec{F}_{s4}$ reduziert und die Resultierende des gegebenen Kräftesystems kann als Resultierende der Kräfte $\vec{F}_{s0}$ und $\vec{F}_{s4}$ ermittelt werden.

Formelmäßig erhält man dieses Ergebnis durch Addition jeweils der linken und rechten Seiten der Gl. (38.1) und der nach $\vec{F}_i$ umgestellten Gl. (38.2) ($\vec{F}_i = -\vec{F}_{s,i-1} + \vec{F}_{si}$, $i = 2, 3, 4$):

$$\vec{F}_1 = \vec{F}_{s0} + \vec{F}_{s1}$$
$$\vec{F}_2 = \quad\quad - \vec{F}_{s1} + \vec{F}_{s2}$$
$$\vec{F}_3 = \quad\quad\quad\quad\quad - \vec{F}_{s2} + \vec{F}_{s3}$$
$$\vec{F}_4 = \quad\quad\quad\quad\quad\quad\quad\quad - \vec{F}_{s3} + \vec{F}_{s4}$$
$$\overline{\phantom{\vec{F}_R = \sum_{i=1}^{4} \vec{F}_i = \vec{F}_{s0} + \vec{F}_{s4}}}$$
$$\vec{F}_R = \sum_{i=1}^{4} \vec{F}_i = \vec{F}_{s0} \quad\quad\quad\quad\quad + \vec{F}_{s4}$$

Ein Punkt der Wirkungslinie der Resultierenden wird nun als Schnittpunkt der Wirkungslinien der Kräfte $\vec{F}_{s0}$ und $\vec{F}_{s4}$ ermittelt. Man bezeichnet die Strecken, durch die die Kräfte $\vec{F}_{si}$ ($i = 0, 1, 2, 3, 4$) im Krafteck dargestellt sind, als Polstrahlen, den Punkt P, in dem sie aneinanderstoßen, als Pol, und die Wirkungslinien der Kräfte $\vec{F}_{si}$ im Lageplan als Seilstrahlen. Die Bezeichnung Seileckverfahren rührt daher, daß der im

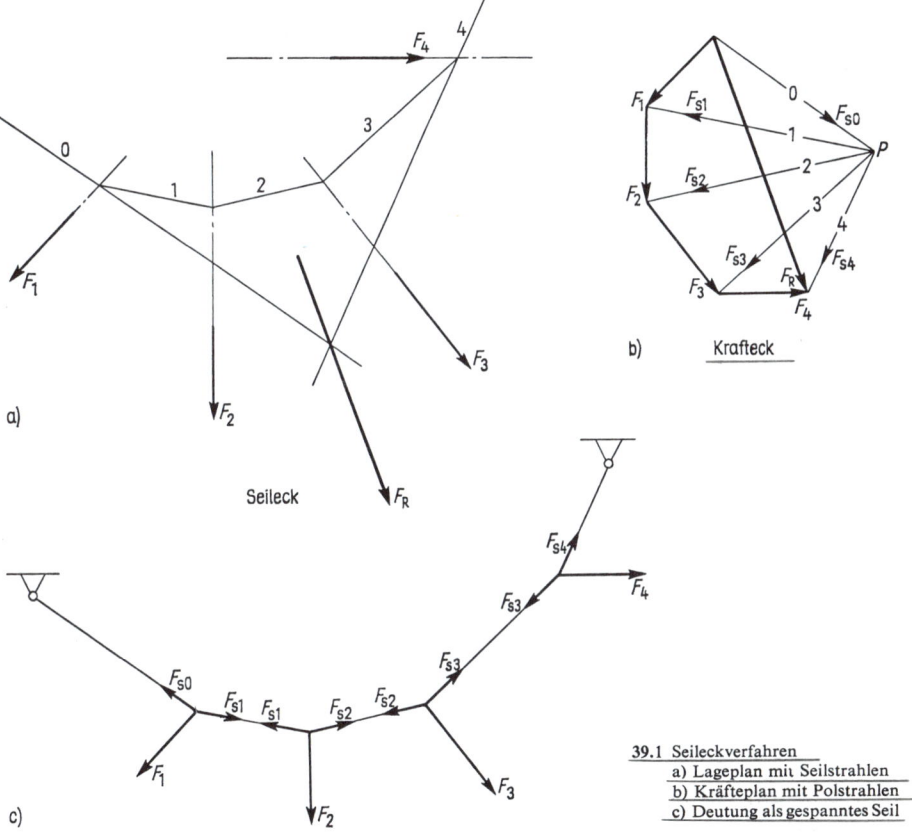

b)   Krafteck

Seileck

39.1 Seileckverfahren
a) Lageplan mit Seilstrahlen
b) Kräfteplan mit Polstrahlen
c) Deutung als gespanntes Seil

Lageplan durch die Seilstrahlen gebildete Polygonzug die Form eines unter der Wirkung der Kräfte $\vec{F}_i$ stehenden gespannten Seiles (Seilecks) hat, in dem die Seilkräfte $\vec{F}_{si}$ als innere Kräfte wirken (**39.1c**). Bei dieser Deutung muß der Richtungssinn der Seilkräfte sinngemäß geändert werden, so daß an jedem freigemachten Knotenpunkt die Kräfte im

Gleichgewicht sind. Die Überlegenheit des Seileckverfahrens liegt in seiner weitgehenden Schematisierbarkeit. Man geht bei seiner Durchführung wie folgt vor:

1. Der Lageplan wird gezeichnet (Längenmaßstabsfaktor m_L).

2. Das Krafteck wird konstruiert und die Resultierende nach Größe, Richtung und Richtungssinn ermittelt (Kräftemaßstabsfaktor m_F).

3. Im Krafteck wird ein Pol gewählt, dann werden die Polstrahlen gezogen.

4. Parallel zu entsprechenden Polstrahlen werden im Lageplan die Seilstrahlen eingezeichnet. Dabei werden die folgenden Regeln beachtet:

Auf der Wirkungslinie einer Kraft $\vec{F_i}$ im Lageplan schneiden sich diejenigen Seilstrahlen, deren zugehörige Polstrahlen im Krafteck diese Kraft $\vec{F_i}$ einschließen.

Ein Seilstrahl i verbindet im Lageplan die Wirkungslinien derjenigen zwei Kräfte, deren Vektoren im Krafteck aneinanderschließen und mit dem zugehörigen Polstrahl i einen gemeinsamen Punkt haben.

5. Ein Punkt der Wirkungslinie der Resultierenden wird schließlich als Schnittpunkt des ersten und des letzten Seilstrahles ermittelt und die Resultierende in den Lageplan eingezeichnet. *Größe u. Richtung der Kraft aus Krafteck! Lage der Kraft aus Seileck!*

Ist das Krafteck geschlossen, so haben die Kräfte $\vec{F}_{s0}$ und $\vec{F}_{s4}$, auf die das gegebene Kräftesystem durch das Seileckverfahren reduziert wird, denselben Betrag und entgegengesetzten Richtungssinn (**40.1**c), ferner verlaufen ihre Wirkungslinien (Seilstrahlen 0 und 4) parallel (**40.1**a). In diesem Fall ist also das gegebene Kräftesystem einem Kräftepaar äquivalent, dessen Betrag $M = F_{s0}\,b = F_{s4}\,b$ ist (**40.1**a). Fallen die Wirkungslinien der Kräfte $\vec{F}_{s0}$ und $\vec{F}_{s4}$ zusammen (**40.1**b), so ergibt die geometrische Addition der Kräfte $\vec{F}_{s0}$ und $\vec{F}_{s4}$ eine Nullkraft, das gegebene Kräftesystem ist im Gleichgewicht. Man bezeichnet das Seileck in Bild **40.1**a als offen (die Seilstrahlen 0 und 4 verlaufen parallel) und das Seileck in Bild **40.1**b als geschlossen (die Seilstrahlen 0 und 4 fallen zusammen).

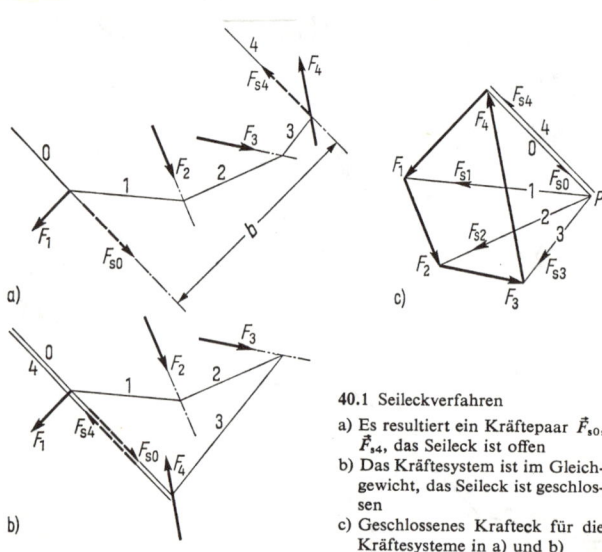

40.1 Seileckverfahren
a) Es resultiert ein Kräftepaar $\vec{F}_{s0}$, $\vec{F}_{s4}$, das Seileck ist offen
b) Das Kräftesystem ist im Gleichgewicht, das Seileck ist geschlossen
c) Geschlossenes Krafteck für die Kräftesysteme in a) und b)

In den Bildern **41.1**a und b sind Resultierende von gleich und entgegengesetzt gerichteten parallelen Kräften nach dem Seileckverfahren ermittelt worden. Aufgrund der Ähnlichkeit der gleichartig schraffierten Dreiecke liest man aus dem Bild **41.1**a die folgenden Beziehungen ab

$$\frac{F_2}{F_{s1}} = \frac{h}{l_2} \qquad \frac{F_1}{F_{s1}} = \frac{h}{l_1}$$

siehe Kap. Seilecksverf. ⟹ Lastrichlinie

Aus ihnen folgt

$$\frac{F_1}{F_2} = \frac{l_2}{l_1} \qquad (41.1)$$

Entsprechend entnimmt man dem Bild **41.**1 b die Beziehungen

$$\frac{F_2 - F_1}{F_{s0}} = \frac{h}{l_2} \qquad \frac{F_1}{F_{s0}} = \frac{h}{l_1 - l_2}$$

Aus ihnen folgt

$$\frac{F_1}{F_2} = \frac{l_2}{l_1} \qquad (41.2)$$

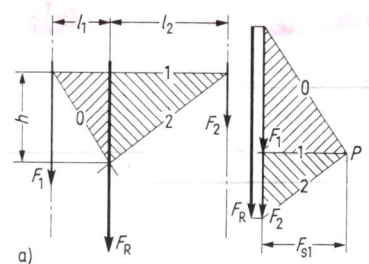

Die Beziehungen Gl. (41.1) und Gl. (41.2) besagen: Der Abstand zwischen den Wirkungslinien von zwei parallelen Kräften wird von der Wirkungslinie ihrer Resultierenden im umgekehrten Verhältnis zu den Beträgen der gegebenen Kräfte geteilt, und zwar innerlich, wenn die Kräfte gleichgerichtet sind, und äußerlich, wenn sie einen entgegengesetzten Richtungssinn haben.

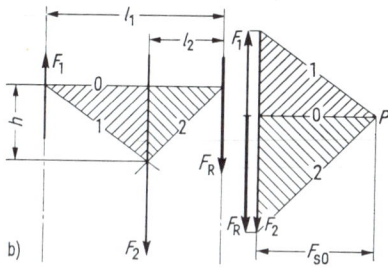

41.1 Zusammensetzen von
a) gleichgerichteten
b) entgegengesetzt gerichteten parallelen Kräften nach dem Seileckverfahren

Eb. allg. Kräftesysteme lassen sich auf eine
resolt. Kraft, ein resolt. Kräftepaar od. auf beides zurückführen.
1.4.3.2.

4.1.3. Zerlegen in Teilkräfte
Bedingung { Kräfte schneiden sich nicht alle in einem Pkt sind nicht alle ||

Eine Kraft läßt sich in der Ebene eindeutig in drei Teilkräfte zerlegen, deren Wirkungslinien vorgegeben sind. Dabei wird vorausgesetzt, daß die vorgegebenen Wirkungslinien sich nicht alle in einem Punkt schneiden und nicht alle einander parallel sind, ferner, daß kein Schnittpunkt der vorgegebenen Wirkungslinien auf der Wirkungslinie der gegebenen Kraft liegt. Die Aufgabe, eine Kraft in drei Teilkräfte mit gegebenen Wirkungslinien zu zerlegen, wird als Culmann-Rittersche Zerlegungsaufgabe bezeichnet. Zu ihrer Lösung (41.2) bringt man je zwei Wirkungslinien (WL) zum Schnitt (in Bild 41.2 wurde die WL der gegebenen Kraft $\vec{F}$ mit WL 1 und WL 2 mit WL 3 zum Schnitt gebracht) und zieht durch die beiden Schnittpunkte die sogenannte Culmannsche Hilfsgerade h. Dann zerlegt man die gegebene Kraft $\vec{F}$ zuerst in die Teilkräfte $\vec{F}_1$ und $\vec{F}_h$, verschiebt die sogenannte Culmannsche Hilfskraft $\vec{F}_h$ in den Schnittpunkt von WL 2 mit WL 3 und zerlegt sie dort in die Teilkräfte $\vec{F}_2$ und $\vec{F}_3$.

Die Zerlegung einer Kraft in mehr als drei Teilkräfte, deren Wirkungslinien gegeben sind, ist nicht eindeutig durchführbar.

41.2 Zerlegen einer Kraft in drei Teilkräfte; Culman-Rittersche Zerlegungsaufgabe

Lageplan

Krafteck

4.1.4. Gleichgewichtsbedingungen

(weglassen! Dafür tiefgründig auf zeichner. Gleichgewicht eingehen)

Allgemeiner Fall

Für das Gleichgewicht eines allgemeinen ebenen Kräftesystems ist es notwendig und hinreichend, daß sich bei seiner Reduktion keine resultierende Kraft und kein resultierendes Kräftepaar ergibt. Ob die Resultierende eines Kräftesystems verschwindet, kann durch Zeichnung des Kraftecks festgestellt werden. Es muß sich dann schließen. Jedoch gibt ein geschlossenes Krafteck keinen Aufschluß darüber, ob nicht eventuell ein Kräftepaar resultiert, denn die Resultierende eines Kräftepaares im Krafteck ist Null.

Dies kann nun durch Zeichnen des Seilecks festgestellt werden (s. Abschn. 4.1.2): resultiert ein Kräftepaar, so ist das Seileck offen (**40.**1a), resultiert kein Kräftepaar, so ist das Kräftesystem im Gleichgewicht und das Seileck ist geschlossen (**40.**1b). Die zeichnerischen Gleichgewichtsbedingungen lassen sich somit wie folgt formulieren:

Gleichgewichtsbedingung: Für das Gleichgewicht eines allgemeinen ebenen Kräftesystems ist notwendig und hinreichend, daß sich das Krafteck und das Seileck schließen.

Drei wichtige Sonderfälle

Bei Untersuchungen des Gleichgewichts von Körpern kommen drei Sonderfälle besonders häufig vor. Sie verdienen daher besondere Beachtung.

1. Sonderfall: Zwei Kräfte. An einem Körper greifen nur zwei Kräfte an. Aus der systematischen Betrachtung in Abschn. 4.1.1 folgt (s. auch Abschn. 2.3.4):

Zwei Kräfte sind nur dann im Gleichgewicht, wenn sie dieselbe Wirkungslinie, gleiche Beträge und entgegengesetzten Richtungssinn haben.

Sind die Angriffspunkte der beiden Kräfte bekannt (**42.**1a), so können nur die in Bild **42.**1b (Zugkräfte) und in Bild **42.**1c (Druckkräfte) dargestellten Fälle auftreten. Die Unterscheidung der Zugkräfte und Druckkräfte ist in der

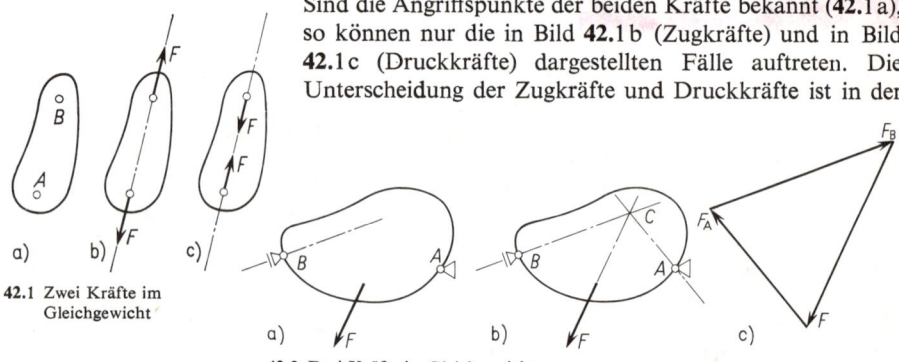

42.1 Zwei Kräfte im Gleichgewicht

42.2 Drei Kräfte im Gleichgewicht

Statik starrer Körper unwesentlich, da nach dem Verschiebungsaxiom die Angriffspunkte der Kräfte beliebig auf ihrer gemeinsamen Wirkungslinie angenommen werden dürfen.

2. Sonderfall: Drei Kräfte (42.2a). Die bekannten Kräfte lassen sich auf eine einzige Kraft $\vec{F}$ reduzieren. Außerdem greifen am Körper zwei Kräfte $\vec{F}_A$ und $\vec{F}_B$ an. Von $\vec{F}_A$ ist nur der Angriffspunkt, von $\vec{F}_B$ die Wirkungslinie bekannt. $\vec{F}_A$ und $\vec{F}_B$ sollen bestimmt werden. Anders formuliert lautet diese Aufgabe: Ein mit einer Kraft $\vec{F}$ belasteter Körper (Träger, Konstruktionsteil) wird durch ein festes Gelenklager und ein verschiebliches Gelenklager (Pendelstütze) im Gleichgewicht gehalten. Gesucht werden die Auflagerkräfte. Diese Aufgabe kann wie folgt gelöst werden:

1. Schritt. Man bringt die Wirkungslinie der bekannten Kraft $\vec{F}$ mit der Wirkungslinie der Kraft $\vec{F}_B$ zum Schnitt[1]). Denkt man sich dann die Kräfte $\vec{F}$ und $\vec{F}_B$ im Schnittpunkt C ihrer Wirkungslinien zu einer Resultierenden zusammengesetzt, so ist das gegebene Kräftesystem auf ein Zweikräftesystem, d.h. auf den Sonderfall 1 zurückgeführt.

2. Schritt. Nach dem Sonderfall 1 müssen die Resultierende aus $\vec{F}_B$ und $\vec{F}$ einerseits und die Auflagerkraft $\vec{F}_A$ andererseits dieselbe Wirkungslinie haben, falls sie im Gleichgewicht sind. Da von den beiden Kräften je ein Punkt ihrer Wirkungslinie A bzw. C bereits bekannt ist, kann die gemeinsame Wirkungslinie nur die Gerade durch A und C sein. Damit ist insbesondere die Wirkungslinie der Kraft $\vec{F}_A$ gefunden (**42.**2 b).

3. Schritt. Die Kräfte $\vec{F}$, $\vec{F}_A$ und $\vec{F}_B$ bilden ein zentrales Kräftesystem (**42.**2 b). Die notwendige und hinreichende Bedingung für ihr Gleichgewicht ist das geschlossene Krafteck. Durch Konstruktion des Kraftecks in Bild **42.**2 c werden die Kräfte $\vec{F}_A$ und $\vec{F}_B$ vollständig ermittelt.

Aus der Betrachtung dieses Sonderfalls folgt die Regel:

Drei Kräfte sind nur dann im Gleichgewicht, wenn sie ein zentrales System bilden, d.h., wenn sich ihre Wirkungslinien in einem Punkt schneiden.

3. Sonderfall: Vier Kräfte (**43.**1 a). Die bekannten Kräfte lassen sich auf eine Resultierende $\vec{F}$ reduzieren. Außerdem greifen am Körper drei Kräfte an, von denen nur die Wirkungslinien bekannt sind. Diese drei Kräfte sollen ermittelt werden. Oder anders formuliert: Ein durch eine Kraft $\vec{F}$ belasteter Körper wird durch drei verschiebliche Gelenklager (Pendelstützen) im Gleichgewicht gehalten. Die Auflagerkräfte sollen bestimmt werden. Man kann bei der Lösung dieser Aufgabe wie folgt vorgehen:

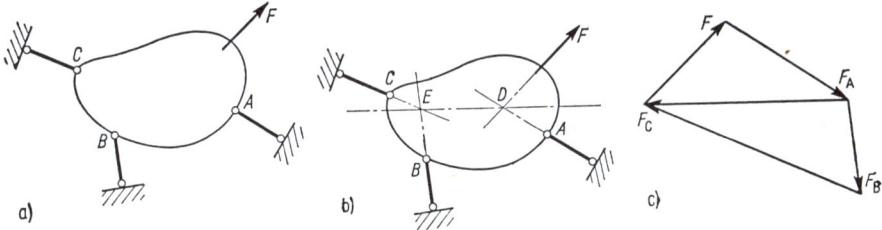

43.1 Vier Kräfte im Gleichgewicht

1. Schritt. Man denkt sich je zwei Kräfte, z.B. $\vec{F}$ und $\vec{F}_A$ einerseits und $\vec{F}_B$ und $\vec{F}_C$ andererseits, jeweils zu einer Teilresultierenden zusammengefaßt, wodurch das Kräftesystem wie in Sonderfall 2 auf zwei Kräfte reduziert ist, deren Angriffspunkte D und E man als Schnittpunkte der entsprechenden Wirkungslinien findet (**43.**1 b)[2]).

2. Schritt. Da das Kräftesystem im Gleichgewicht ist, muß nach Sonderfall 1 die gemeinsame Wirkungslinie der beiden in Schritt 1 betrachteten Teilresultierenden durch ihre Angriffspunkte D und E gehen (**43.**1 b).

3. Schritt. Die Teilresultierende aus $\vec{F}_B$ und $\vec{F}_C$, deren Wirkungslinie jetzt als Gerade durch D und E bekannt ist, bildet mit den Kräften $\vec{F}$ und $\vec{F}_A$ ein zentrales Kräftesystem, welches im Gleichgewicht ist. Durch Konstruktion des Kraftecks, das geschlossen sein muß, werden zuerst diese Kräfte ermittelt und dann die Teilresultierende aus $\vec{F}_B$ und $\vec{F}_C$ in ihre Teilkräfte $\vec{F}_B$ und $\vec{F}_C$ zerlegt (**43.**1 c).

[1]) Es wird vorausgesetzt, daß die Wirkungslinien von $\vec{F}$ und $\vec{F}_B$ nicht parallel sind.

[2]) Der Fall, daß drei Wirkungslinien der betrachteten vier Kräfte parallel verlaufen, wird ausgeschlossen, ebenso der Fall, daß sich die Wirkungslinien aller vier Kräfte in einem Punkt schneiden.

Die beschriebene Konstruktion entspricht der Culmann-Ritterschen Konstruktion für die Zerlegung einer Kraft in drei Teilkräfte (Abschn. 4.1.3). Sie wird daher häufig auch als Culmannsches Verfahren und die Wirkungslinie der Teilresultierenden durch die Punkte D und E (43.1b) als Culmannsche Hilfsgerade bezeichnet. Der Sonderfall 3 läßt sich auch durch folgenden Gedankengang lösen: Man zerlegt die bekannte Kraft $\vec{F}$ in drei Teilkräfte mit den gegebenen Wirkungslinien (Culmann-Rittersche Zerlegungsaufgabe). Die Gegenkräfte dieser Teilkräfte sind dann die gesuchten Auflagerkräfte, denn sie ergeben eine Resultierende, die mit der gegebenen Kraft $\vec{F}$ im Gleichgewicht ist.

Denkt man sich übrigens im Sonderfall 2 die Kraft, von der nur der Angriffspunkt bekannt ist, in zwei Teilkräfte zerlegt, deren Wirkungslinien sich im gegebenen Angriffspunkt schneiden, so ist dieser Fall auf den Sonderfall 3 zurückgeführt.

Beispiel 1. Eine Rohrzange wird mit der Kraft $F = 200$ N zusammengedrückt (44.1a). Die Gelenkkraft $\vec{F}_A$ und die Kräfte zwischen Rohr und Zange sollen bestimmt werden.

Wir betrachten die eine Zangenhälfte (44.1b) und machen sie frei. Außer der bekannten Kraft $\vec{F}$ wirkt auf sie die Gelenkkraft $\vec{F}_A$, von der nur der Angriffspunkt bekannt ist, und die Kraft vom Rohr $\vec{F}_B$, von der wir die Wirkungslinie kennen. Es liegt also der Sonderfall der drei Kräfte vor, die im Gleichgewichtsfall ein zentrales Kräftesystem bilden müssen. Wir bringen die Wirkungslinien der Kräfte $\vec{F}$ und $\vec{F}_B$ zum Schnitt (Schnittpunkt C), zeichnen die Wirkungslinie der Kraft $\vec{F}_A$ als Gerade durch die Punkte A und C und konstruieren das Krafteck (44.1c).

Ergebnis: $F_A = 1{,}36$ kN, $F_B = 1{,}20$ kN.

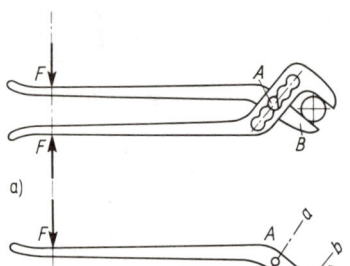

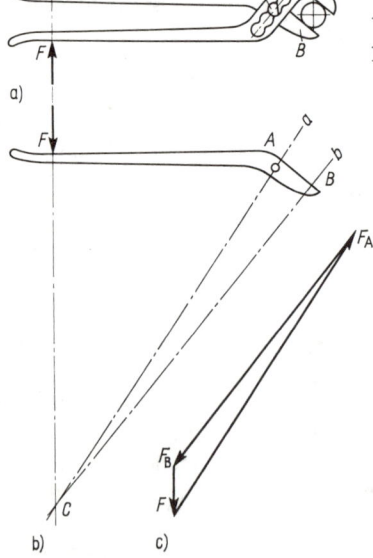

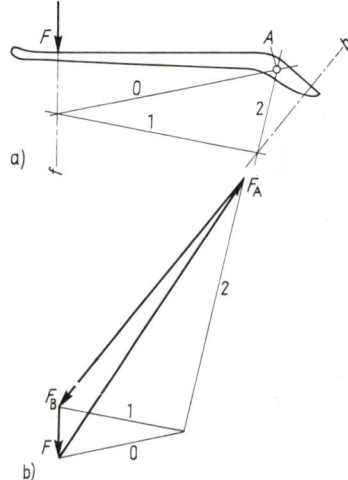

44.1 Rohrzange; $m_F = 300$ N/cm$_z$

44.2 Bestimmung der Kräfte an der Rohrzange nach dem Seileckverfahren; $m_F = 300$ N/cm$_z$

Die Wirkungslinien der Kräfte $\vec{F}_A$ und $\vec{F}_B$ schneiden sich sehr flach. Ferner ist der Fall möglich, daß der Schnittpunkt C nicht mehr auf dem Zeichenpapier liegt. Diese Schwierigkeiten kann man durch Anwendung des Seileckverfahrens umgehen (44.2). Da von der Wirkungslinie der Kraft $\vec{F}_A$ nur ein Punkt — der Angriffspunkt A — bekannt ist, muß die Seileckkonstruktion mit dem Zeichnen des Seilstrahles 0 durch den Punkt A begonnen werden. Die Seilstrahlen 0 und 1, die sich auf der Wirkungslinie der Kraft $\vec{F}$ schneiden, können willkürlich angenommen werden. Sie sind jedoch so zu wählen, daß bei Konstruktion keine flachen Schnitte entstehen. Das Seileck (**44.**2a) und das Krafteck (**44.**2b) ergeben sich dann zwangsläufig aus der Bedingung, daß sie beide geschlossen sein müssen.

Beispiel 2. Wie groß sind die Kräfte, die in den Ketten und Seilen der Schleppschaufeleinrichtung eines Baggers in der gezeichneten Lage (**45.**1a) wirken, wenn die Schleppschaufel mit der Gewichtskraft $F_G = 0,8$ kN belastet ist? Welche Richtung haben die Seile 4 und 5?

Wir machen die Schleppschaufel frei, indem wir gedachte Schnitte durch die Ketten 1 und 2 und das Seil 3 führen (**45.**1b). Außer der bekannten Gewichtskraft $\vec{F}_G$ wirken auf die Schleppschaufel die Kettenkräfte $\vec{F}_1$ und $\vec{F}_2$ und die Seilkraft $\vec{F}_3$, deren Wirkungslinien bekannt sind. Es liegt also der Sonderfall der vier Kräfte vor. Die Lösung erfolgt nach dem Culmannschen Verfahren (**45.**1b,c). Wir bringen die Wirkungslinien der Kräfte $\vec{F}_G$ und $\vec{F}_1$ einerseits und $\vec{F}_2$ und $\vec{F}_3$ andererseits jeweils zum Schnitt und legen durch die erhaltene Schnittpunkte die Culmannsche Hilfsgerade h. Dann wird das geschlossene Krafteck aus den Kräften $\vec{F}_G$, $\vec{F}_1$ und $\vec{F}_h$ konstruiert und anschließend die Culmannsche Hilfskraft $\vec{F}_h$ in Teilkräfte $\vec{F}_2$ und $\vec{F}_3$ zerlegt.

Mit den nun bekannten Kräften in den Ketten 1 und 2 und dem Seil 3 ergeben sich die Seilkräfte $\vec{F}_4$ und $\vec{F}_5$ aus der Betrachtung des Gleichgewichtes der Kräfte an der Rolle A und dem Knotenpunkt B. Die Kraftecke dieser Kräftesysteme müssen geschlossen sein (**45.**1d und e). Da die Kräfte $\vec{F}_4$ und $\vec{F}_5$ Seilkräfte sind, sind durch sie auch die Richtungen der Seile 4 und 5 festgelegt.

Ergebnis: $F_1 = 3,6$ kN

$F_2 = 4,7$ kN

$F_3 = 2,0$ kN

$F_4 = 7,2$ kN

$F_5 = 5,4$ kN

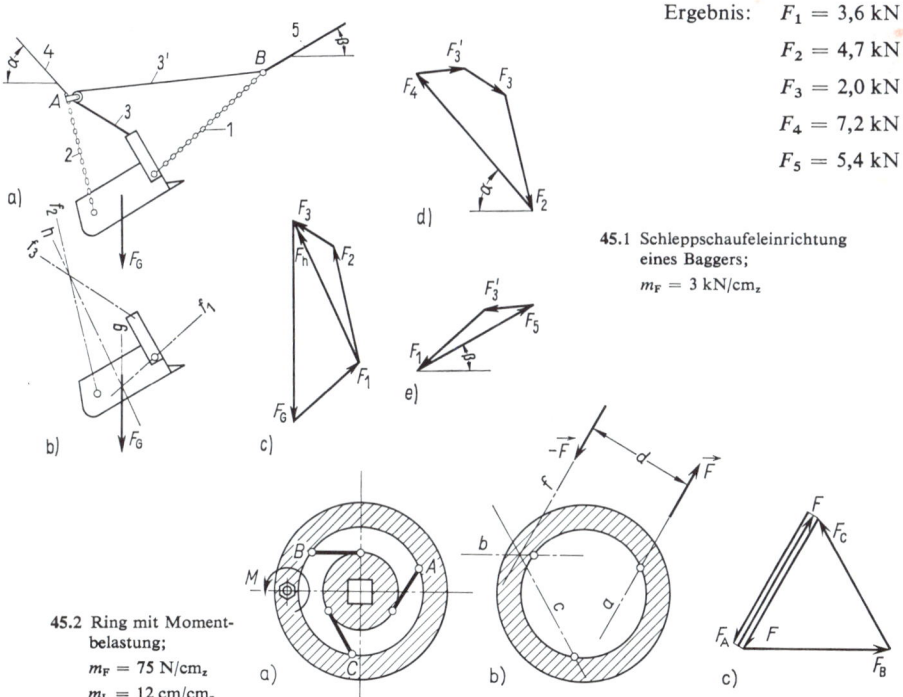

45.1 Schleppschaufeleinrichtung eines Baggers;

$m_F = 3$ kN/cm$_z$

45.2 Ring mit Momentbelastung;

$m_F = 75$ N/cm$_z$

$m_L = 12$ cm/cm$_z$

Beispiel 3. Der Ring (**45.**2a) ist durch drei gleichmäßig angeordnete und gelenkig angeschlossene Speichen an der festgehaltenen inneren Scheibe befestigt. Er wird durch Anziehen einer Mutter mit einem Moment (Kräftepaar) $M = 27$ Nm belastet. Die Kräfte in den Speichen sollen bestimmt werden.

Wir machen den Ring frei (**45.**2b). Die Wirkungslinien a, b und c der Speichenkräfte sind bekannt. In der Darstellung des Kräftepaares haben wir Freiheiten (s. Abschn. 4.1.1). Wir setzen es zweckmäßig so an, daß die Wirkungslinie der einen Kraft mit der Wirkungslinie a zusammenfällt und die parallele Wirkungslinie der anderen Kraft durch den Schnittpunkt der Wirkungslinien b und c verläuft. Durch Abmessen erhält man für den Abstand der beiden Wirkungslinien $d = 18{,}0$ cm. Der Betrag einer Kraft des Kräftepaares ist dann

$$F = \frac{M}{d} = \frac{27\,\text{Nm}}{18{,}0\,\text{cm}} = 150\,\text{N}$$

Die Wirkung eines Kräftepaares kann nicht durch eine Einzelkraft, sondern nur durch ein zweites Kräftepaar gleichen Betrages und entgegengesetzter Richtung wie das erste aufgehoben werden. Daher muß die Kraft $\vec{F}_A$ mit der Resultierenden der Kräfte $\vec{F}_B$ und $\vec{F}_C$ ein Kräftepaar ergeben, das mit dem gegebenen Kräftepaar im Gleichgewicht steht. Da die Wirkungslinien der Kräfte dieses Kräftepaares mit den Wirkungslinien der Kräfte des gegebenen Kräftepaares übereinstimmen, müssen einerseits die Kräfte $\vec{F}_A$ und $\vec{F}$ und andererseits die Kräfte $\vec{F}_B$, $\vec{F}_C$ und $-\vec{F}$ jeweils im Gleichgewicht sein, d.h. ein geschlossenes Krafteck bilden (**45.**2c). Aus Symmetriegründen haben alle Speichenkräfte denselben Betrag: $F_A = F_B = F_C = F = 150$ N.

4.2. Rechnerische Behandlung

4.2.1. Statisches Moment einer Kraft

Für die rechnerische Erfassung von Kräftepaaren erweist sich als zweckmäßig, den Begriff statisches Moment einzuführen. Dieser Begriff berücksichtigt die Lage einer Kraft $\vec{F}$ bezüglich eines Bezugspunktes O (**46.**1). Den Abstand $\overline{OB} = l$ der Wirkungslinie der Kraft vom Bezugspunkt nennt man Hebelarm. Der Angriffspunkt A der Kraft wird bezüglich des Bezugspunktes O durch einen Pfeil von O nach A mit der Spitze in A festgelegt. Man bezeichnet diesen Pfeil als Ortsvektor $\vec{r}$ des Angriffspunktes A. Durch seine Angabe ist die Lage (Ort) des Angriffspunktes bezüglich des Bezugspunktes vollkommen beschrieben. Die Strecke $\overline{OA} = r$ heißt der Betrag des Ortsvektors.

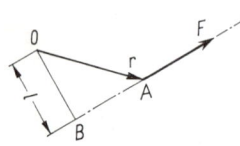

Man definiert das statische Moment der Kraft $\vec{F}$ bezüglich des Bezugspunktes O als eine physikalische Größe, die durch Betrag und Richtung (Drehsinn) bestimmt ist. Der Betrag $|M|$ des statischen Momentes wird definiert durch das Produkt

46.1
Statisches Moment einer Kraft

Betrag der Kraft mal Hebelarm

$$|M| = Fl \tag{46.1}$$

Statische Momente zweier Kräfte mit derselben Wirkungslinie und verschiedenem Richtungssinn haben entgegengesetzten Drehsinn. Denkt man sich den Hebelarm $\overline{OB}$ als einen im Bezugspunkt O drehbar gelagerten starren Stab, so sind solche Kräfte bestrebt, ihn in verschiedenen Richtungen zu drehen.

Aufgrund der Definition des statischen Momentes gilt:

Das statische Moment einer Kraft bezüglich eines festen Bezugspunktes ändert sich nicht, wenn die Kraft längs ihrer Wirkungslinie verschoben wird.

Zerlegt man die Kraft $\vec{F}$ in Komponenten senkrecht und parallel zum Ortsvektor $\vec{r}$

$$\vec{F} = \vec{F}_\text{s} + \vec{F}_\text{p} \tag{46.2}$$

so folgt aus der Flächengleichheit der in Bild **47.**1 schraffierten Figuren (Parallelogramm und zwei Rechtecke), daß der Betrag $|M|$ des statischen Momentes auch durch

$$|M| = r\,F_s \qquad (47.1)$$

berechnet werden kann. In Worten: Der Betrag des statischen Momentes ist gleich dem Abstand des Angriffspunktes A der Kraft von dem Bezugspunkt O multipliziert mit dem Betrag der zur Geraden durch O und A senkrechten Komponente der Kraft. (Das statische Moment der Komponente $\vec{F}_p$, deren Wirkungslinie mit der Strecke $\overline{OA}$ zusammenfällt, ist gleich Null).

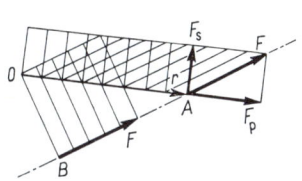 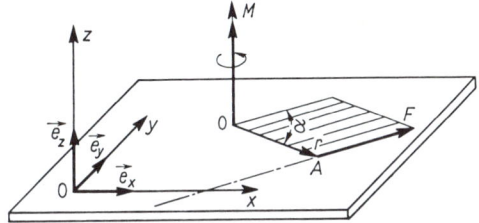

47.1 Zum statischen Moment einer Kraft   47.2 Darstellung des statischen Momentes durch einen Pfeil

Statische Momente sind vektorielle Größen, denn sie sind durch Betrag und Richtung festgelegt und für die Zusammensetzung von zwei statischen Momenten gilt, wie in Abschn. 4.2.2 gezeigt wird, das Gesetz der geometrischen Addition (Parallelogrammregel). Man stellt das statische Moment durch einen Pfeil (mit zwei Spitzen zur Unterscheidung von den Kraftvektoren) dar (**47.**2), der senkrecht auf der von der Wirkungslinie der Kraft $\vec{F}$ und dem Bezugspunkt O festgesetzten Ebene steht, dessen Länge dem Betrage des statischen Momentes

$$|M| = l\,F = r\,F_s = r\,F \sin \alpha \qquad (47.2)$$

proportional ist und dessen Richtungssinn sich nach der R e c h t s s c h r a u b e n r e g e l ergibt. Die Rechtsschraubenregel lautet: Die Pfeilspitze des Momentenpfeiles weist in die Richtung, in die sich eine durch den Bezugspunkt (Drehpunkt) O gehende und mit dem Momentenpfeil zusammenfallende Rechtsschraube infolge der am Hebelarm l wirkenden Kraft $\vec{F}$ bewegen würde.

Man bezeichnet die Operation, die den Vektoren $\vec{r}$ und $\vec{F}$ in oben beschriebener Weise den Vektor $\vec{M}$ zuordnet als v e k t o r i e l l e s oder ä u ß e r e s Produkt und schreibt

$$\vec{M} = \vec{r} \times \vec{F} \qquad \text{oder} \qquad \vec{M} = [\vec{r}\,\vec{F}]$$

Bei rechnerischer Behandlung von Aufgaben gibt man den Momentenvektor in Komponentenform an, die der Komponentendarstellung von Kraftvektoren (s. Abschn. 3.2) entspricht. Dazu benötigt man ein räumliches Koordinatensystem. Führt man ein rechtwinkliges, rechtshändiges x, y, z-Koordinatensystem mit den Einsvektoren $\vec{e}_x, \vec{e}_y, \vec{e}_z$ ein, dessen x, y-Ebene mit der durch den Bezugspunkt O und die Wirkungslinie der Kraft $\vec{F}$ bestimmten Ebene zusammenfällt (**47.**2), so ist nur die z-Komponente M_z des Momentenvektors verschieden von Null und es gilt die Darstellung

$$\vec{M} = 0 \cdot \vec{e}_x + 0 \cdot \vec{e}_y + M_z\,\vec{e}_z = M_z\,\vec{e}_z = (0; 0; M_z) = \begin{Bmatrix} 0 \\ 0 \\ M_z \end{Bmatrix} \qquad (47.3)$$

Man spricht von statischen Momenten mit positivem oder negativem Drehsinn, je nachdem, ob ihre Vektoren in Richtung der positiven oder der negativen z-Achse weisen, d.h., je nachdem ob $M_z > 0$ oder $M_z < 0$ ist. Für die Darstellung in der Kraftebene (der x, y-Ebene) verwendet man als Symbole für die statischen Momente gekrümmte Pfeile (**48.1**).

Bei Behandlung von ebenen Kräftesystemen bildet man statische Momente nur bezüglich der Bezugspunkte, die in der Kraftebene liegen. Die Vektoren aller solchen statischen Momente stehen senkrecht auf der Kraftebene und nur ihre Komponenten M_z sind von Null verschieden, wenn die Kraftebene die x, y-Ebene ist. In diesem Fall genügt daher zur vollständigen Beschreibung von statischen Momenten eine einzige skalare Größe — die Komponente M_z. Da nur diese Komponente auftritt, wollen wir in folgenden Abschnitten zur Vereinfachung der Schreibweise den Index z fortlassen und für M_z einfach M schreiben.

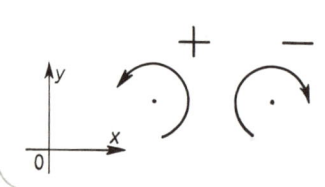

Die Komponentendarstellung nach Gl. (47.3) bekommt ihre volle Bedeutung erst bei der rechnerischen Behandlung von räumlichen Kräftegruppen (s. Abschn. 6), wenn auch die Komponenten M_x und M_y verschieden von Null sind.

48.1 Symbole für die Darstellung des statischen Momentes in der Ebene

4.2.2. Momentensatz. Statisches Moment eines Kräftepaares

Wir fragen nach dem Zusammenhang zwischen den statischen Momenten zweier Kräfte und dem statischen Moment der Resultierenden dieser Kräfte bezüglich desselben Bezugspunktes. Da das statische Moment einer Kraft sich nicht ändert, wenn die Kraft auf ihrer Wirkungslinie verschoben wird, können wir ohne Beschränkung der Allgemeinheit annehmen, daß die beiden Kräfte $\vec{F}_1$ und $\vec{F}_2$ einen gemeinsamen Angriffspunkt haben (**48.2**). Wir führen ein x, y-Koordinatensystem so ein, daß sein Ursprung mit dem Bezugspunkt O zusammenfällt und die x-Achse die Richtung des Ortsvektors $\vec{r}$ zum Angriffspunkt A hat. Die Koordinaten des Angriffspunktes A sind $(x, 0)$. Zerlegt man die beiden Kräfte und ihre Resultierende in zu $\vec{r}$ parallele und senkrechte x- und y-Komponenten, so ergibt sich für die statischen Momente $\vec{M}_1$ und $\vec{M}_2$ der Kräfte $\vec{F}_1$ und $\vec{F}_2$ und das statische Moment $\vec{M}_R$ ihrer Resultierenden $\vec{F}_R$

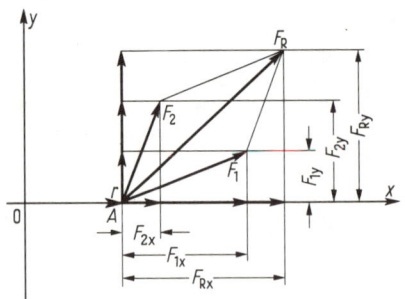

48.2 Momentensatz

$$M_1 = r F_{1y} = x F_{1y}$$

$$M_2 = r F_{2y} = x F_{2y} \qquad (48.1)$$

$$M_R = r F_{Ry} = x F_{Ry}$$

Da $F_{Ry} = F_{1y} + F_{2y}$ ist, folgt aus den Beziehungen Gl. (48.1)

$$M_R = x F_{Ry} = x (F_{1y} + F_{2y})$$
$$= x F_{1y} + x F_{2y} = M_1 + M_2$$

also $\qquad M_R = M_1 + M_2 \qquad (48.2)$

Da alle Momentenvektoren parallel sind, gilt auch die vektorielle Beziehung

$$\vec{M}_R = \vec{M}_1 + \vec{M}_2 \tag{49.1}$$

Die Beziehung Gl. (48.2) bzw. Gl. (49.1) heißt der **Momentensatz** für zwei Kräfte. Er besagt, daß die Summe der statischen Momente zweier Kräfte gleich dem statischen Moment ihrer Resultierenden ist. In Gl. (48.2) ist die algebraische und in Gl. (49.1) die geometrische Summe zu bilden.

Der Momentensatz Gl. (48.2) bzw. (49.1) läßt sich leicht auf ebene Kräftesysteme aus $n > 2$ Kräften verallgemeinern. Dazu wendet man den Momentensatz für zwei Kräfte zuerst auf die Resultierende $\vec{F}_{R12}$ der Kräfte $\vec{F}_1$ und $\vec{F}_2$ und die Kraft $\vec{F}_3$ an. Das ergibt

$$M_{R123} = M_{R12} + M_3 \tag{49.2}$$

und da für die statischen Momente der Kräfte $\vec{F}_1$ und $\vec{F}_2$ und ihrer Resultierenden $\vec{F}_{R12}$ Gl. (48.2) gilt, folgt durch Einsetzen

$$M_{R123} = M_1 + M_2 + M_3 \tag{49.3}$$

Nun betrachtet man die Teilresultierende $\vec{F}_{R123}$ und die Kraft $\vec{F}_4$. Für die statischen Momente dieser Kräfte und ihrer Resultierenden erhält man nach Gl. (48.2) unter Berücksichtigung von Gl. (49.3)

$$M_{R1234} = M_{R123} + M_4 = M_1 + M_2 + M_3 + M_4$$

Dann wird die nächste (fünfte) Kraft hinzugenommen usw. Schließlich erhält man durch solches schrittweises Vorgehen den

Momentensatz für das allgemeine ebene Kräftesystem

$$M_R = M_1 + M_2 + M_3 + \cdots + M_n = \sum_{i=1}^{n} M_1 \tag{49.4}$$

oder vektoriell geschrieben

$$\vec{M}_R = \vec{M}_1 + \vec{M}_2 + \vec{M}_3 + \cdots + \vec{M}_n = \sum_{i=1}^{n} \vec{M}_1 \tag{49.5}$$

In Worten: Die Summe der statischen Momente der Kräfte eines ebenen Kräftesystems ist gleich dem statischen Moment der Resultierenden dieses Kräftesystems. Dabei wird vorausgesetzt, daß alle statischen Momente bezüglich desselben Bezugspunktes gebildet werden.

Hat die Kraft $\vec{F}$ bezüglich des x,y-Koordinatensystems eine beliebige Lage (**49.**1), so erhält man für das statische Moment dieser Kraft bezüglich des Koordinatenursprungs durch Zerlegung der Kraft in Komponenten und Anwendung des Momentensatzes die Darstellung

$$M = x\,F_y - y\,F_x \tag{49.6}$$

wobei x und y die Koordinaten des Angriffspunktes A sind.

Neben dem statischen Moment einer Einzelkraft wird das statische Moment eines Kräftepaares dadurch erklärt, daß man die Gültigkeit des Momentensatzes auf die Kräfte des Kräftepaares ausdehnt. Man definiert:

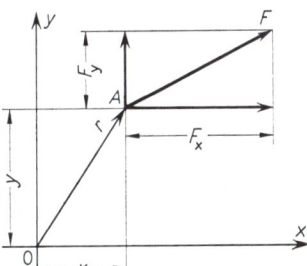

49.1 Statisches Moment einer Kraft bezüglich des Koordinatenursprungs

Unter dem statischen Moment eines Kräftepaares versteht man die Summe der statischen Momente seiner beiden Kräfte bezüglich desselben Bezugspunktes.

Nach dieser Definition ergibt sich für das statische Moment M des Kräftepaares in Bild **50.1**

$$M = M_1 + M_2 = l_1 F - l_2 F = (l_1 - l_2) F$$

oder mit $l_1 - l_2 = b$

$$M = b F \tag{50.1}$$

Die letzte Beziehung enthält die wichtige Aussage:

Das statische Moment eines Kräftepaares ist vom Bezugspunkt unabhängig.

Die Definitionen für Betrag und Drehsinn eines Kräftepaares (Abschn. 4.1.1) einerseits und seines statischen Momentes andererseits stimmen vollkommen überein, d.h., das Kräftepaar ist durch Angabe seines statischen Momentes vollständig beschrieben. Aus diesem Grunde bezeichnet man das Kräftepaar oft einfach als M o m e n t.

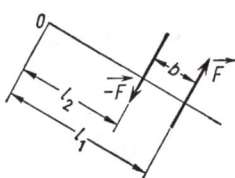

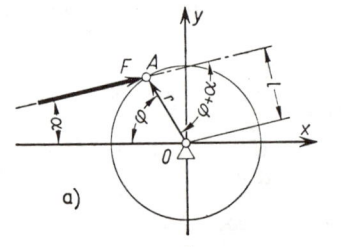

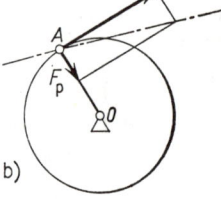

50.1 Statisches Moment eines Kräftepaares

a)

b)

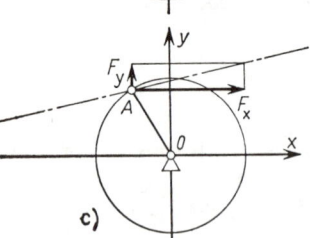

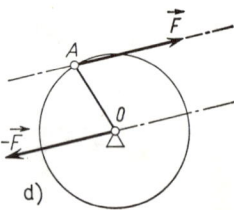

50.2 Statisches Moment der Schubstangenkraft

c)

d)

Beispiel 4. Das statische Moment der Schubstangenkraft $\vec{F}$ bezüglich des Drehpunktes O der Kurbel soll für die in Bild **50.2**a gezeichnete Lage berechnet werden.

$$r = 30 \text{ cm}, \quad F = 1{,}2 \text{ kN}, \quad \alpha = 12°, \quad \varphi = 60°.$$

a) Der Hebelarm der Schubstangenkraft ist

$$l = r \sin(\alpha + \varphi) = 30 \text{ cm} \cdot \sin 72° = 28{,}5 \text{ cm}$$

Der Betrag des statischen Momentes ergibt sich nach Gl. (46.1)

$$|M| = 1{,}2 \text{ kN} \cdot 28{,}5 \text{ cm} = 34{,}2 \text{ kNcm} = 342 \text{ Nm}$$

Das Moment ist in dem eingeführten Koordinatensystem nach der Vorzeichenfestsetzung negativ. Lösung: $M = -342$ Nm.

b) Der Betrag des statischen Momentes kann auch durch Zerlegen der Schubstangenkraft in Komponenten parallel und senkrecht zur Kurbel (**50.2**b) und Anwendung der Gl. (47.1) berechnet werden. Mit $F_s = F \sin(a + \varphi)$ folgt

$$|M| = r F_s = r F \sin(\alpha + \varphi) = 30 \text{ cm} \cdot 1{,}2 \text{ kN} \cdot \sin 72° = 342 \text{ Nm}$$

c) Die Komponentendarstellungen des Ortsvektors $\vec{r}$ und der Schubstangenkraft $\vec{F}$ in dem eingeführten x, y-Koordinatensystem lauten (50.2c)

$$\vec{r} = (x, y) \quad = (-r \cos \varphi, \, r \sin \varphi) = (-15; \; 26,0) \, \text{cm}$$

$$\vec{F} = (F_x, F_y) = (F \cos \alpha, \, F \sin \alpha) = (1174; \; 249) \, \text{N}$$

Für das gesuchte statische Moment erhält man nach Gl. (49.6)

$$M = (-15 \, \text{cm}) \cdot 249 \, \text{N} - 26,0 \, \text{cm} \cdot 1174 \, \text{N} = -342 \, \text{Nm}$$

Das Vorzeichen des statischen Momentes ergibt sich auf diesem Berechnungswege von selbst.

Man beachte, daß im obigen Beispiel nicht das statische Moment der Schubstangenkraft auf die Kurbel eine Drehwirkung ausübt, sondern das Kräftepaar, welches sich aus der Schubstangenkraft und der Lagerkraft im Drehpunkt O zusammensetzt (50.2d). Dieses Kräftepaar hat das gleiche statische Moment wie das berechnete.

4.2.3. Reduktion eines ebenen Kräftesystems auf eine Resultierende oder ein Kräftepaar

Bei der zeichnerischen Behandlung des allgemeinen ebenen Kräftesystems ergab sich, daß der Betrag und die Richtung der Resultierenden des Systems genauso wie beim zentralen Kräftesystem durch Krafteckkonstruktion ermittelt werden konnte und lediglich die Wirkungslinie der Resultierenden zusätzlich, z.B. nach dem Seileckverfahren, bestimmt werden mußte. Das gleiche gilt für die rechnerische Behandlung. Betrag und Richtung der Resultierenden werden wie beim zentralen Kräftesystem, Gl. (28.1), nach den nachstehenden Formeln berechnet

$$F_{Rx} = \sum_{i=1}^{n} F_{ix} \qquad F_{Ry} = \sum_{i=1}^{n} F_{iy}$$

$$F_R = \sqrt{F_{Rx}^2 + F_{Ry}^2} \qquad \Phi = \arctan \frac{F_{Ry}}{F_{Rx}} \tag{51.1}$$

$$F_{Rx} = F_R \cos \Phi \qquad F_{Ry} = F_R \sin \Phi$$

Die Wirkungslinie der Resultierenden wird dann in Form einer Geradengleichung durch Anwendung des Momentensatzes wie folgt bestimmt. Sind x_i, y_i die Koordinaten des Angriffspunktes der Kraft $\vec{F}_i$, so erhält man zunächst nach Gl. (49.6) und Gl. (49.4) für die Summe der statischen Momente aller Einzelkräfte bezüglich des Koordinatenursprungs

$$\sum_{i=1}^{n} M_i = \sum_{i=1}^{n} (x_i F_{iy} - y_i F_{ix}) = M_0 \tag{51.2}$$

Wir unterscheiden nun die folgenden drei Fälle:

1. Die Resultierende verschwindet nicht, $F_R \neq 0$.

Dann ergibt sich nach dem Momentensatz

$$M_R = x F_{Ry} - y F_{Rx} = \sum_{i=1}^{n} M_i = M_0$$

wobei x und y die Koordinaten eines beliebigen Punktes der Wirkungslinie der Resultierenden bedeuteten. Somit ist die Geradengleichung

$$x\, F_{Ry} - y\, F_{Rx} = M_0 \tag{52.1}$$

die unter Voraussetzung $F_{Rx} \neq 0$ auch in der Form geschrieben werden kann

$$y = \frac{F_{Ry}}{F_{Rx}}\, x - \frac{M_0}{F_{Rx}} \tag{52.2}$$

die Gleichung der Wirkungslinie der Resultierenden (**52.1**). Ist $M_0 = 0$, so geht die Wirkungslinie der Resultierenden durch den Koordinatenursprung.

2. Die Resultierende verschwindet, $F_{Rx} = F_{Ry} = 0$.

Dann ist M_0 das statische Moment des resultierenden Kräftepaares.

52.1 Lage der Wirkungslinie der Resultierenden im Koordinatensystem

3. Die Resultierende und die Summe der statischen Momente verschwinden, $F_{Rx} = 0$, $F_{Ry} = 0$, $M_0 = 0$.

Dann befindet sich das Kräftesystem im Gleichgewicht, denn $M_0 = 0$ bedeutet, daß auch kein Kräftepaar resultiert.

Beispiel 5. Es ist die Resultierende der fünf Kräfte, die an einer Scheibe angreifen, zu berechnen (**52.2 a**). Die Beträge der Kräfte sind: $F_1 = 1,3$ kN, $F_2 = 4,8$ kN, $F_3 = 1,6$ kN, $F_4 = 3,5$ kN, $F_5 = 4,0$ kN.

Wir legen das Koordinatensystem so, daß die Symmetrie der Angriffspunkte der Kräfte berücksichtigt wird. Die Rechnung erfolgt im nachstehenden Rechenschema. Zuerst werden die Komponenten der Kräfte berechnet (Spalten 3 und 4), z.B.

$$F_{2x} = -4,8\,\text{kN} \cdot \cos 60° = -2,4\,\text{kN}, \qquad F_{2y} = 4,8\,\text{kN} \cdot \sin 60° = 4,16\,\text{kN}$$

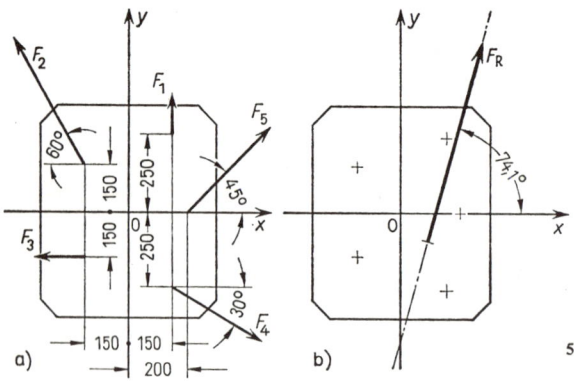

52.2 Resultierende aus fünf Kräften
a) gegebene Kräfte, b) Resultierende

1	2	3	4	5	6	7	8	9
i	$\dfrac{F_i}{kN}$	$\dfrac{F_{ix}}{kN}$	$\dfrac{F_{iy}}{kN}$	$\dfrac{x_i}{m}$	$\dfrac{y_i}{m}$	$\dfrac{x_i\,F_{iy}}{Nm}$	$\dfrac{y_i\,F_{ix}}{Nm}$	$\dfrac{M_i}{Nm}$
1	1,3	0	1,30	0,15	0,25	195	0	195
2	4,8	−2,40	4,16	−0,15	0,15	−624	−360	−264
3	1,6	−1,60	0	−0,15	−0,15	0	240	−240
4	3,5	3,03	−1,75	0,15	−0,25	−263	−758	495
5	4,0	2,83	2,83	0,20	0	566	0	566
Σ		1,86	6,54			−126	−878	752

Die Vorzeichen der Komponenten liest man am besten aus der Zeichnung ab. Die Spalten 5 und 6 des Rechenschemas enthalten die Koordinaten der Angriffspunkte, und in den Spalten 7, 8 und 9 sind die statischen Momente berechnet.

Nach den Gl. (51.1) und (51.2) erhält man durch Summieren der Spalten 3, 4 und 9[1])

$$F_{Rx} = 1,86\ kN \qquad F_{Ry} = 6,54\ kN \qquad M_0 = 752\ Nm$$

Der Betrag und die Richtung der Resultierenden ergibt sich nach Gl. (51.1)

$$F_R = \sqrt{1,86^2 + 6,54^2}\ kN = 6,8\ kN$$

$$\tan \Phi = 6,54/1,86 = 3,52 \qquad \Phi = 74,1°$$

und ihre Wirkungslinie nach Gl. (52.2)

$$x \cdot 6540\ N - y \cdot 1860\ N = 752\ Nm$$

oder nach y aufgelöst

$$y = 3,52\ x - 0,404\ m$$

Die Resultierende und ihre Wirkungslinie sind in Bild **52.2**b eingezeichnet.

4.2.4. Reduktion in bezug auf einen Punkt. Versatzmoment und Dyname

Wir ergänzen eine Einzelkraft $\vec{F}$, die im Punkt A eines starren Körpers angreift (**54.1**a), durch zwei entgegengesetzt gleiche in einem beliebig gewählten Punkt O angreifenden Kräfte $\vec{F}$ und $-\vec{F}$, deren Beträge gleich dem Betrage der Einzelkraft sind und deren gemeinsame Wirkungslinie parallel zu der Wirkungslinie der Einzelkraft verläuft (**54.1**b). Nach Abschn. 4.1.1 ist das erhaltene System aus drei Kräften der ursprünglichen Einzelkraft gleichwertig. Faßt man nun die Kraft $\vec{F}$ mit dem Angriffspunkt A und die Kraft $-\vec{F}$ mit dem Angriffspunkt O zu einem Kräftepaar $\vec{M}$ mit dem Betrage $|\vec{M}| = F\,l$ zusammen (**54.1**c), so läßt sich das Ergebnis dieser Betrachtung wie folgt formulieren:

---

[1]) Rechenprobe: Summe der Spalte 7 minus Summe der Spalte 8 muß gleich der Summe der Spalte 9 sein.

Eine am starren Körper angreifende Kraft darf man parallel zu sich selbst in einen beliebig gewählten Angriffspunkt O verschieben, wenn man gleichzeitig ein Kräftepaar hinzufügt, dessen statisches Moment gleich dem statischen Moment der nichtverschobenen Kraft in bezug auf den neuen Angriffspunkt O ist.

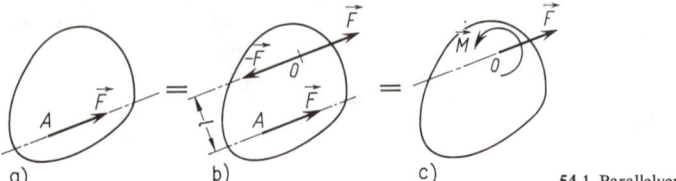

a)   b)   c)   54.1 Parallelverschiebung einer Kraft

Das Kräftepaar, das bei Parallelverschiebung einer Kraft hinzugenommen werden muß, bezeichnet man als Versatzkräftepaar oder Versatzmoment, das System aus der verschobenen Kraft und dem Versatzmoment (**54.1**c) als Dyname. Da sich ein beliebiges ebenes Kräftesystem auf eine Einzelkraft (Resultierende) oder auf ein Kräftepaar reduzieren läßt, läßt es sich auch stets auf eine Dyname bezüglich eines beliebig gewählten Punktes reduzieren. Man spricht von der Reduktion des Kräftesystems auf einen Punkt. Sie erweist sich bei vielen theoretischen Betrachtungen und praktischen Aufgaben als vorteilhaft.

1.4.4.1. Rechnerische Ermittlung der Resultierenden (s. Arbeitsblatt)
1.4.4.2.

4.2.5. Gleichgewichtsbedingungen

Aus den Betrachtungen des Abschn. 4.2.3, Fall 3, folgt, daß für das Gleichgewicht eines ebenen Kräftesystems notwendig und hinreichend ist, daß folgende drei Gleichungen erfüllt sind *Beliebig am einem starren Körper angreifende Kräfte ergeben im Gleich-*
gewichtsfall weder eine resultierende

$$\sum F_{ix} = 0 \qquad \sum F_{iy} = 0 \qquad \sum M_{iA} = 0 \qquad (54.1)$$

$F_R = 0$ *Kraft noch ein result. Kräftepaar.*

Dabei kann der Bezugspunkt A in der dritten dieser Gleichungen beliebig gewählt werden. Diese Bedingung verlangt nämlich, daß aus dem Kräftesystem kein Kräftepaar resultiert. Das statische Moment eines Kräftepaares ist aber vom Bezugspunkt unabhängig. Sind x_A, y_A die Koordinaten des Bezugspunktes A, so lautet die dritte Bedingung in Gl. (54.1) in Komponentenform

$$\sum M_{iA} = \sum [(x_i - x_A) F_{iy} - (y_i - y_A) F_{ix}] = 0$$

Man bezeichnet die drei Bedingungen in Gl. (54.1) als rechnerische Gleichgewichtsbedingungen. Sie besagen:

Für das Gleichgewicht eines ebenen Kräftesystems ist notwendig und hinreichend, daß

1. die algebraische Summe der x-Komponenten aller Kräfte gleich Null ist,

2. die algebraische Summe der y-Komponenten aller Kräfte gleich Null ist,

3. die algebraische Summe der statischen Momente aller Kräfte bezüglich eines beliebig gewählten Bezugspunktes gleich Null ist.

Jede der Kräftegleichgewichtsbedingungen in Gl. (54.1) kann durch eine weitere Gleichgewichtsbedingung der Momente ersetzt werden, so daß ein Kräftesystem auch dann im Gleichgewicht ist, wenn die Bedingungen

$$\sum F_{ix} = 0 \qquad \sum M_{iB} = 0 \qquad \sum M_{iA} = 0 \tag{55.1}$$

oder $\qquad \sum M_{iC} = 0 \qquad \sum M_{iB} = 0 \qquad \sum M_{iA} = 0 \tag{55.2}$

erfüllt sind. Dabei ist zu beachten, daß in Gl. (55.1) die Bezugspunkte A und B nicht auf einer zur y-Achse parallelen Geraden und in Gl. (55.2) die Bezugspunkte A, B und C nicht auf einer Geraden liegen dürfen.

Die Gültigkeit der Gleichgewichtsbedingungen Gl. (55.1) und (55.2) ergibt sich aus folgender Überlegung.

Zu Gl. (55.1). Sind zunächst nur die Bedingungen $\Sigma\, F_{ix} = 0$ und $\Sigma\, M_{iA} = 0$ erfüllt, so ist es noch möglich, daß das Kräftesystem eine Resultierende hat, deren Wirkungslinie parallel zur y-Achse durch den Punkt A verläuft (**55.**1a). Ist jedoch auch $\Sigma\, M_{iB} = 0$, wobei der Bezugspunkt B nicht auf der Geraden durch den Punkt A parallel zur y-Achse liegt, so ist auch dieser Fall ausgeschlossen, und es herrscht Gleichgewicht.

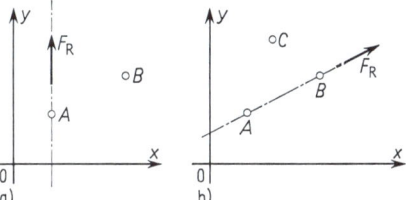

55.1 Erläuterung der Gleichgewichtsbedingungen
in der Form
a) der Gl. (55.1) und
b) der Gl. (55.2)

Zu Gl. (55.2). Die erfüllten Gleichgewichtsbedingungen $\Sigma\, M_{iA} = 0$ und $\Sigma\, M_{iB} = 0$ schließen nicht den Fall aus, daß das System eine Resultierende mit der Wirkungslinie durch die Punkte A und B hat (**55.**1b). Erst wenn auch $\Sigma\, M_{iC} = 0$ erfüllt ist, wobei der Bezugspunkt C nicht auf der Geraden durch die Punkte A und B liegen darf, kann dieser Fall nicht auftreten, und das Kräftesystem befindet sich im Gleichgewicht.

Die Gleichgewichtsbedingungen nehmen nicht nur in der Statik, sondern auch in der Festigkeitslehre und in der Kinetik eine zentrale Stelle ein. Sie sind das Werkzeug, mit dem theoretische mechanische Probleme untersucht und Aufgaben der Praxis gelöst werden. Die rechnerischen Gleichgewichtsbedingungen haben die Form von drei Gleichungen. Mit ihrer Hilfe allein können daher nur solche Aufgaben gelöst werden, in denen nicht mehr als drei unbekannte Größen (Kraftkomponenten, Momente, Strecken) auftreten. Ob es zweckmäßig ist, die Gleichgewichtsbedingungen in der Form Gl. (54.1) oder Gl. (55.1) oder Gl. (55.2) anzusetzen, hängt von dem speziellen Problem ab. In der Statik werden die Gleichgewichtsbedingungen insbesondere zur Bestimmung der Auflagerreaktionen herangezogen. Die folgenden Beispiele sollen zeigen, wie man dabei vorgeht.

statisch bestimmte Systeme *)

Verabredung. Bei zahlenmäßiger Behandlung von Aufgaben bezeichnen wir zweckmäßigerweise mit F_x, F_y nicht die skalaren Komponenten der Kraft $\vec{F}$, die ja positiv und negativ sein können, sondern die Beträge der Komponenten. Der Richtungssinn (Vorzeichen) der Komponenten wird aus der Zeichnung entnommen. Die konsequente Schreibweise $|F_x|$, $|F_y|$ für die Beträge der Komponenten ist beim Durchrechnen von Aufgaben zu umständlich. Ergibt die Rechnung für den Betrag einer Kraftkomponente

*) statisch unbestimmte Systeme erfordern zusätzliche Bestimmungsgleichungen.

einen negativen Wert, so bedeutet dies, daß der wahre Richtungssinn dieser Komponente dem angenommenen Richtungssinn (Pfeilrichtung in der Zeichnung) entgegengesetzt ist.

(siehe Seite 59)

Beispiel 6. Beim Kippsprungwerk mit gerader Führung (56.1a) beträgt die Federspannkraft $F = 2$ N. Es sollen bestimmt werden a) die Anpreßkraft $\vec{F}_A$ und die Gelenkkraft $\vec{F}_B$ am Sprungstück 1, b) die Auflagerkräfte des Spanners 2 an den Führungsstellen C und D.

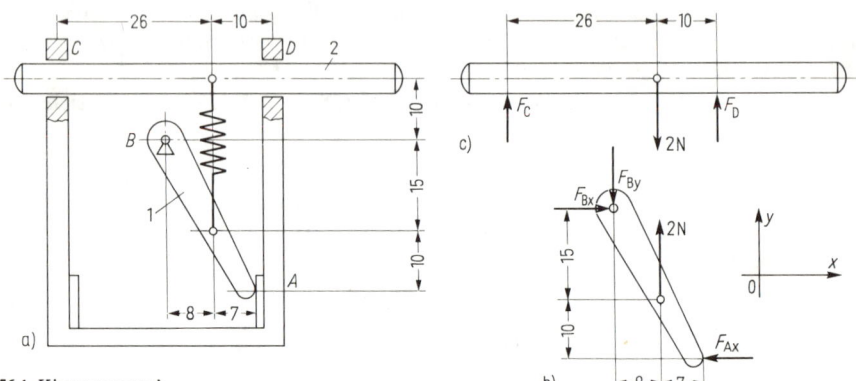

56.1 Kippsprungwerk

Wir machen das Sprungstück und den Spanner frei (56.1b und c). Am Sprungstück greifen drei Kräfte an. Die Federkraft $\vec{F}$ ist vollständig gegeben. Von der Kraft $\vec{F}_A$ ist die Wirkungslinie (Berührungsnormale) und von der Kraft $\vec{F}_B$ nur der Angriffspunkt (Gelenk) bekannt. Die Kraft $\vec{F}_B$ denken wir uns im eingeführten x,y-Koordinatensystem in Komponenten zerlegt. Mit F_{Ax}, F_{Bx} und F_{By} sind die Beträge der Kraftkomponenten bezeichnet, ihre Richtungen sind entsprechend Bild 56.1b angenommen. Die Gleichgewichtsbedingungen Gl. (54.1) ergeben die Gleichungen

$$\sum F_{ix} = 0 = F_{Bx} - F_{Ax}$$

$$\sum F_{iy} = 0 = - F_{By} + 2\,\text{N}$$

$$\sum M_{iB} = 0 = - F_{Ax} \cdot 25\,\text{mm} + 2\,\text{N} \cdot 8\,\text{mm}$$

Aus ihnen folgt

$$\sum F_{By} = 2\,\text{N} \qquad F_{Ax} = F_{Bx} = 0,64\,\text{N} \qquad F_B = \sqrt{F_{Bx}^2 + F_{By}^2} = 2,10\,\text{N}$$

An dem freigemachten Spanner (56.1c) greifen nur Kräfte in der y-Richtung an, so daß das Gleichgewicht der Kräfte in der x-Richtung von selbst erfüllt ist. Aus den Momentengleichgewichtsbedingungen für die Bezugspunkte D und C ergibt sich

$$\sum M_{iD} = 0 = 2\,\text{N} \cdot 10\,\text{mm} - F_C \cdot 36\,\text{mm} \qquad F_C = 0,556\,\text{N}$$

$$\sum M_{iC} = 0 = 2\,\text{N} \cdot 26\,\text{mm} - F_D \cdot 36\,\text{mm} \qquad F_D = 1,444\,\text{N}$$

Zur Kontrolle bilden wir noch die Summe der Kräfte in der y-Richtung

$$\sum F_{iy} = - 2\,\text{N} + 0,556\,\text{N} + 1,444\,\text{N} = 0$$

Beispiel 7. Eine Lore wird auf einer geneigten Fahrbahn durch ein Seil festgehalten (57.1a), $F_G = 3$ kN. Die Auflagerkräfte $\vec{F}_A$ und $\vec{F}_B$ und die Seilkraft $\vec{F}$ sollen berechnet werden.

Die Wirkungslinien der gesuchten Kräfte sind bekannt. Wir machen die Lore frei. Dabei nehmen wir für die unbekannten Kräfte einen Richtungssinn an und zerlegen sie in dem eingeführten x, y-Koordinatensystem in Komponenten (57.1 b). Es ist

$$\vec{F}_G = (3 \text{ kN} \cdot \sin 17°; \; - 3 \text{ kN} \cdot \cos 17°) = (0,877 \text{ kN}; \; - 2,87 \text{ kN})$$

$$\vec{F} = (- F \cos 30°; \; F \sin 30°) = (- 0,866 \, F; \; 0,5 \, F)$$

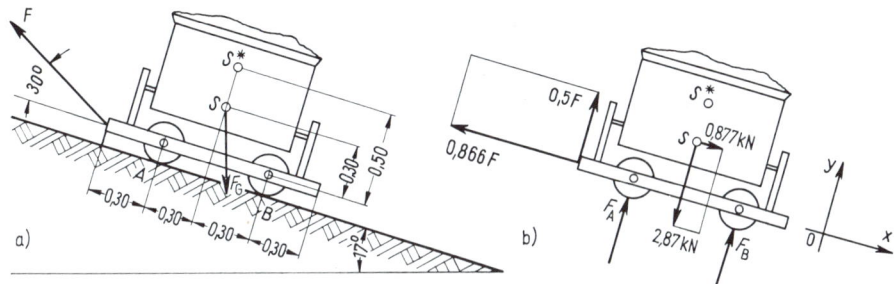

57.1 Lore auf geneigter Fahrbahn

Die für die frei gemachte Lore angeschriebenen Gleichgewichtsbedingungen mit dem Angriffspunkt der Kraft $\vec{F}$ als Bezugspunkt für das Momentengleichgewicht lauten:

$$\sum F_{ix} = 0 = - 0,866 \, F + 0,877 \text{ kN}$$

$$\sum F_{iy} = 0 = 0,5 \, F + F_A + F_B - 2,87 \text{ kN}$$

$$\sum M_{iF} = 0 = F_A \cdot 0,3 \text{ m} + F_B \cdot 0,9 \text{ m} - 2,87 \text{ kN} \cdot 0,6 \text{ m} - 0,877 \text{ kN} \cdot 0,3 \text{ m}$$

Aus ihnen folgt das Gleichungssystem

$$0,866 \, F \qquad\qquad\qquad = 0,877 \text{ kN}$$

$$0,5 \quad F + \quad F_A + \quad F_B = 2,87 \text{ kN}$$

$$0,3 \, F_A + 0,9 \, F_B = 1,99 \text{ kN}$$

Seine Lösung ergibt

$$F = 1,01 \text{ kN} \qquad F_A = 0,23 \text{ kN} \qquad F_B = 2,13 \text{ kN}$$

Ändert man die Aufgabenstellung dadurch ab, daß die Gewichtskraft statt in S in S^* angreift (höher beladene Lore), so erhält man bei gleichem Ansatz für die Richtung der Kräfte und gleichem Rechnungsgang

$$F = 1,01 \text{ N} \qquad F_A = - 0,06 \text{ kN} \qquad F_B = 2,42 \text{ kN}$$

Das negative Vorzeichen von F_A bedeutet, daß die Kraft $\vec{F}_A$ in entgegengesetzter Richtung als für die Rechnung angenommen (57.1b) wirkt. Da aber eine solche Kraft nicht auftreten kann (die Schiene müßte am Rad ziehen), kann die Lore in diesem Belastungsfall nicht in der gezeichneten Lage im Gleichgewicht sein. Sie würde sich an der Stelle A von der Schiene abheben.

Beispiel 8. Ein einseitig eingemauerter Balken ist mit zwei Gewichtskräften belastet (58.1 a). Die Auflagerreaktionen an der Einspannstelle sollen ermittelt werden.

Da am Balken nur senkrechte Kräfte (in der z-Richtung) wirken, und die Gleichgewichtsbedingung $\sum F_{ix} = 0$ erfüllt sein muß, kann an der Einspannstelle keine Kraft in der x-Richtung auftreten, es ist $F_{Ax} = 0$. Die beiden anderen Gleichgewichtsbedingungen ergeben die Gleichungen

$$\sum F_{iz} = 0 = F_{Az} - 800\,\text{N} - 500\,\text{N} \qquad \sum M_{iA} = 0 = M_E - 800\,\text{N} \cdot 0,8\,\text{m} - 500\,\text{N} \cdot 1,4\,\text{m}$$

Aus ihnen folgt

$$F_{Az} = 1\,300\,\text{N} \qquad M_E = 1\,340\,\text{Nm}$$

a)

b)

c)

58.1 Eingemauerter Balken

Man bezeichnet das Kräftepaar M_E als Einspannmoment. Die auf das eingemauerte Balkenstück verteilten Kräfte können an der Einspannstelle auf eine Dyname reduziert werden, die aus der Auflagerkraft F_{Az} und dem Einspannmoment (Einspannkräftepaar) M_E besteht (**58.1** c).

Beispiel 9. Wir lösen das Beispiel 3 (**45.2**) rechnerisch. Aus Symmetriegründen (das angreifende Kräftepaar $M = 27$ Nm darf beliebig verschoben werden) haben alle Speichenkräfte den gleichen Betrag $F_A = F_B = F_C = F$ und das gleiche statische Moment bezüglich des Ringmittelpunktes. Die Momentengleichgewichtsbedingung mit dem Ringmittelpunkt als Bezugspunkt ergibt

$$\sum M_i = 0 = 27\,\text{Nm} - 3F \cdot 6\,\text{cm}$$

$$F = 27\,\text{Nm}/(18\,\text{cm}) = 150\,\text{N}$$

4.3. Überlagerungssatz

Wir betrachten drei verschiedene Belastungsfälle des starren Körpers in Bild **59.1**

1. Belastung mit der Kraft $\vec{F}_1$ allein (**59.1** a),
2. Belastung mit der Kraft $\vec{F}_2$ allein (**59.1** b),
3. Belastung mit den Kräften $\vec{F}_1$ und $\vec{F}_2$ zusammen (**59.1** c).

Der Belastungsfall 3 entsteht durch Überlagerung der Belastungsfälle 1 und 2. Wir fragen, ob man aus der Kenntnis der Auflagerreaktionen in den Belastungsfällen 1 und 2 auf die Auflagerreaktionen im überlagerten Belastungsfall 3 schließen kann. Dabei ist der spezielle Lagerungsfall in unserem Beispiel (Gelenklager und Pendelstütze) für die Fragestellung ohne Belang.

Zuerst ermitteln wir die Auflagerkräfte in den Belastungsfällen 1 und 2. Es liegt jedesmal der Sonderfall dreier Kräfte vor, die im Gleichgewichtsfall ein zentrales Kräftesystem bilden müssen (s. Abschn. 4.1.4). Die Kraftecke für die beiden Fälle sind in Bild **59.1** d gezeichnet.

Die Kräftesysteme aus je drei Kräften $\vec{F}_1$, $\vec{F}_{A1}$, $\vec{F}_{B1}$ im Belastungsfall 1 und $\vec{F}_2$, F_{A2}, $\vec{F}_{B2}$ im Belastungsfall 2 sind jedes für sich im Gleichgewicht, d.h. jedes für sich einer Nullkraft äquivalent. Da das Hinzufügen oder Wegnehmen einer Kräftegruppe, die einer Nullkraft äquivalent ist, ein gleichwertiges Kräftesystem ergibt, ist aber auch das System aus den sechs Kräften $\vec{F}_1$, $\vec{F}_{A1}$, $\vec{F}_{B1}$, $\vec{F}_2$, $\vec{F}_{A2}$, $\vec{F}_{B2}$ in Bild **59.**1 c im Gleichgewicht. Faßt man nun die Kräfte $\vec{F}_{A1}$ und $\vec{F}_{A2}$ zu der Teilresultierenden $\vec{F}_{A12}$ und die Kräfte $\vec{F}_{B1}$ und $\vec{F}_{B2}$ zu der Teilresultierenden $\vec{F}_{B12}$ zusammen, also

$$\vec{F}_{A12} = \vec{F}_{A1} + \vec{F}_{A2} \qquad \vec{F}_{B12} = \vec{F}_{B1} + \vec{F}_{B2}$$

so halten diese Teilresultierenden den Kräften $\vec{F}_1$ und $\vec{F}_2$ das Gleichgewicht, d.h., sie sind die Auflagerreaktionen im Belastungsfall 3. Man erhält also die Auflagerreaktionen

im Belastungsfall 3 einfach dadurch, daß man an den Lagerstellen die zu den Teilbelastungen der Belastungsfälle 1 und 2 gehörigen Auflagerreaktionen geometrisch addiert.

Die Kraftdreiecke für die Belastungsfälle 1 und 2 sind in Bild (**59.**1 d) so aneinander gesetzt, daß auch die sechs Kräfte $\vec{F}_1$, $\vec{F}_2$, $\vec{F}_{B2}$, $\vec{F}_{A2}$, $\vec{F}_{B1}$, $\vec{F}_{A1}$ ein geschlossenes Krafteck bilden. In Bild **59.**1 e ist das Krafteck aus diesen Kräften umgezeichnet, wobei die Reihenfolge der Kräfte (auf die es ja nicht ankommt) so gewählt ist, daß man die Teilresultierende $\vec{F}_{A12}$ und $\vec{F}_{B12}$ bilden kann und man sieht, daß auch das Krafteck aus den vier Kräften $\vec{F}_1$, $\vec{F}_2$, $\vec{F}_{A12}$, $\vec{F}_{B12}$ geschlossen ist.

Das obige Ergebnis, das wir an Hand eines speziellen Beispiels gewonnen haben und

59.1 Überlagerungssatz

das als Überlagerungssatz, Überlagerungsmethode oder Superpositionsprinzip bezeichnet wird, gilt ganz allgemein, denn der Gedankengang des Beweises ändert sich nicht, wenn anders gelagerte und anders belastete Körper betrachtet werden.

Überlagerungssatz: In der Statik starrer Körper setzen sich die Reaktionen einer Gesamtbelastung durch geometrische Addition der zu den Teilbelastungen gehörigen Reaktionen zusammen. Kurz: Die Reaktionen der Teilbelastungen überlagern sich additiv.

In den Anwendungen erweist sich die Überlagerungsmethode oft als sehr nützlich. Hat man z. B. für einen komplizierten Belastungsfall die Auflagerkräfte bestimmt und ändert nachträglich die Belastung etwas ab, z. B. dadurch, daß man eine Kraft hinzufügt, so braucht der abgeänderte Belastungsfall nicht ganz neu gerechnet zu werden, sondern es genügt, die von der hinzugenommenen Kraft herrührenden Reaktionen zu ermitteln und diese den Reaktionen des alten Belastungsfalles zu überlagern. Eine andere Anwendungsmöglichkeit des Superpositionsprinzips werden wir in Abschn. 5 kennenlernen.

Allgemein in der Statik: Nicht Nachweis des Gleichgewichtes, sondern ausgehend vom Gleichgewicht Ermittlung von Reaktionskräften infolge von außen einwirkender Kräfte.

Lösung im allgemeinen mathematisch.

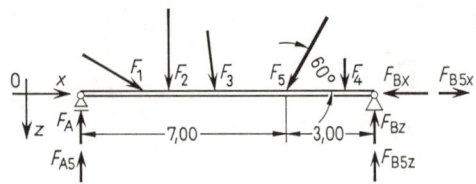

60.1 Zusätzliche Belastung eines Trägers

Beispiel 10. Die Auflagerreaktionen des mit vier Kräften belasteten Trägers (60.1) betragen

$$F_A = 23,5 \text{ kN}$$

$$F_{Bx} = 7,0 \text{ kN}$$

$$F_{Bz} = 12,5 \text{ kN}$$

Wie ändern sich diese Auflagerreaktionen, wenn auf den Träger zusätzlich eine Kraft $\vec{F}_5$ vom Betrage $F_5 = 5$ kN unter dem Winkel 60° zur Trägerachse wirkt? Wir berechnen die Auflagerkräfte $\vec{F}_{A5}$, $\vec{F}_{B5x}$, $\vec{F}_{B5z}$ für den Fall, daß der Träger allein mit der Kraft $\vec{F}_5$ belastet wird. Aus den Gleichgewichtsbedingungen folgt

$$\sum F_{ix} = 0 = -5 \text{ kN} \cdot \cos 60° + F_{B5x}$$

$$\sum M_{iB} = 0 = F_{A5} \cdot 10 \text{ m} - 5 \text{ kN} \cdot \sin 60° \cdot 3 \text{ m}$$

$$\sum M_{iA} = 0 = F_{B5z} \cdot 10 \text{ m} - 5 \text{ kN} \cdot \sin 60° \cdot 7 \text{ m}$$

$$F_{A5} = 1,3 \text{ kN} \qquad F_{B5x} = 2,5 \text{ kN} \qquad F_{B5z} = 3,0 \text{ kN}$$

Nach dem Überlagerungssatz erhält man dann für die Auflagerkräfte des mit allen 5 Kräften belasteten Trägers

$$F_A^* = 24,8 \text{ kN} \qquad F_{Bx}^* = 4,5 \text{ kN} \qquad F_{Bz}^* = 15,5 \text{ kN}$$

4.4. Aufgaben zu Abschnitt 4

1. Ein Balken ist nach Bild **60.2** belastet. $F_1 = F_3 = 5$ kN, $F_2 = 8$ kN, $F_4 = 10$ kN, $F_5 = 6$ kN. Mit Hilfe des Seileckverfahrens bestimme man

a) die Resultierende der gegebenen fünf Kräfte. Wie groß ist ihr Betrag und in welchem Abstand a vom Auflager A schneidet ihre Wirkungslinie die Balkenachse?

b) die Auflagerkräfte $\vec{F}_A$ und $\vec{F}_B$. (Hinweis: Man beginne das Seileck im Punkt B).

2. Eine Schubkarre wird eine Böschung hinaufgeschoben (**60.3**). Welche Handkraft ist erforderlich, um sie in der gezeichneten Lage zu halten und wie groß ist dann die Belastung der Achse? $F_G = 900$ N.

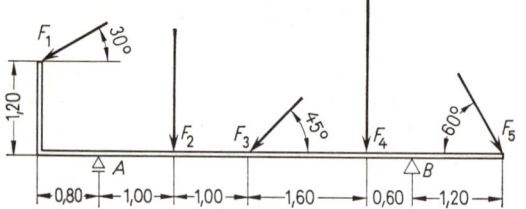

60.2 Balken

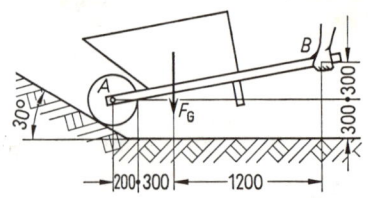

60.3 Schubkarre

3. a) Man bestimme die Gelenkkraft $\vec{F}_A$ und die Federkraft $\vec{F}_B$ für die Radaufhängung in Bild **61**.1, wenn die Radauflagerkraft $F = 3{,}4$ kN beträgt.

b) Welche Kräfte $\vec{F}_A^*$ und $\vec{F}_C^*$ erhält man, falls das eine Ende der Feder statt im Punkt B im Punkt C befestigt wird?

4. Auf den Tellerstößel mit Kreisbogennockenantrieb wirkt die Kraft $F = 85$ N (**61**.2). Man bestimme für die gezeichnete Stellung die Kraft $\vec{F}_C$, die vom Nocken auf den Stößel ausgeübt wird, die Führungskräfte $\vec{F}_A$ und $\vec{F}_B$ sowie das Antriebsmoment M_D.

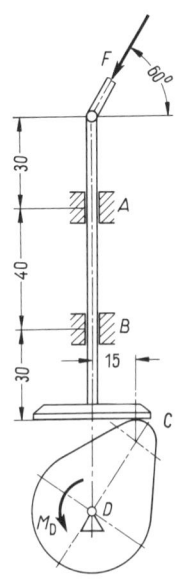

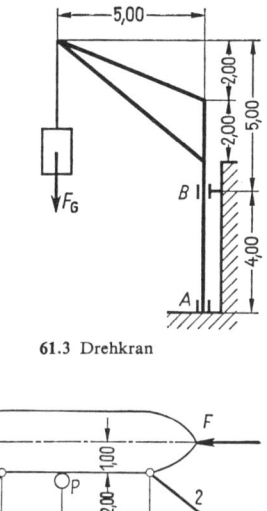

61.3 Drehkran

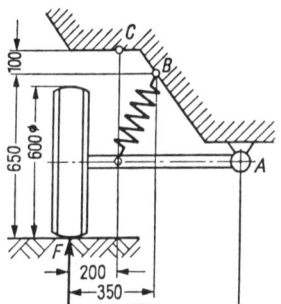

61.1 Radaufhängung

61.2 Tellerstößel mit Kreisbogennockenantrieb

61.4 Festgemachtes Boot

5. Man bestimme die Auflagerkräfte des Drehkranes in Bild **61**.3 infolge der Last $F_G = 6$ kN.

6. Ein Boot ist durch zwei Seile und einen Pfahl P am Ufer festgemacht (**61**.4).

a) Man bestimme die Seilkräfte und die Kraft, die der Pfahl auf das Boot ausübt, wenn die Kraft auf das Boot infolge der Strömung $F = 250$ N beträgt.

b) Bleibt das Boot in der gezeichneten Lage, wenn sich die Strömungsrichtung umkehrt?

7. Welche hydraulische Kraft $\vec{F}_H$ ist erforderlich, um das Kraftfahrzeug mit dem Gewicht $F_G = 12$ kN auf der Reparaturbühne in der dargestellten Stellung (**61**.5) zu halten? Wie groß ist dabei die Gelenkkraft $\vec{F}_A$?

8. Auf ein Konstruktionsteil (**61**.6) werden durch gleichzeitiges Anziehen von zwei Muttern die Momente (Kräftepaare!) $M_1 = 100$ Nm und $M_2 = 60$ Nm ausgeübt. Man bestimme die Auflagerkräfte.

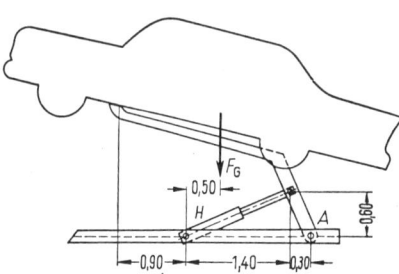

61.5 Hydraulische Reparaturbühne

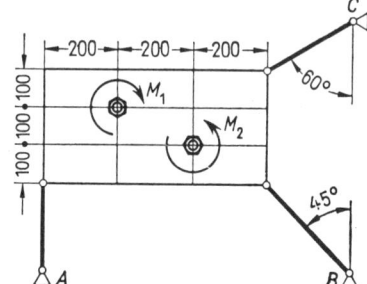

61.6 Konstruktionsteil mit Momentbelastung

9. Der Retorten-Beschickungskübel (**62.**1 a) kann beim Fahren nicht umkippen, da der in Punkt *A* drehbar gelagerte Hängearm am Anschlagwinkel *B* anliegt.

a) Man bestimme die Gelenkkraft $\vec{F}_A$ und die Kraft $\vec{F}_B$, mit der der Anschlagwinkel auf den Hängearm wirkt, die während des Förderns infolge der Gewichtskraft $F_G = 13$ kN auftreten.

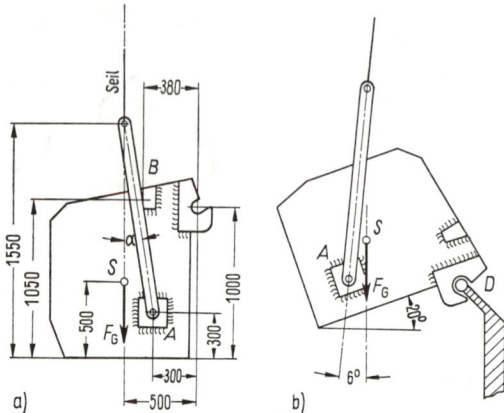

a)   b)   **62.**1 Retorten-Beschickungskübel

b) Entleert wird dadurch, daß die beiden Kübelnasen in eine feststehende Stange *D* eingreifen (**62.**1 b). Man bestimme die Kräfte $\vec{F}_D$ auf die Kübelnasen und die Seilkraft für die gezeichnete Kipplage.

c) Welchen Winkel α würde der Hängearm mit der lotrechten Richtung beim Fördern bilden, wenn sich der Schwerpunkt infolge einer ungleichmäßigen Beladung um 100 mm aus dem Punkt *S* nach links (**62.**1 a) verschiebt?

5. Systeme aus starren Scheiben

5.1. Zwischen- und Auflagerreaktionen. Auflager

Mit den Methoden der Mechanik werden in der Technik Maschinen, Fahrzeuge, Tragwerke und andere Konstruktionen untersucht. Diese bestehen aus verschiedenen Teilen, die durch Gelenke, Führungen und andere Elemente miteinander verbunden sind. Werden die einzelnen Teile als starr angesehen, so stellen solche Konstruktionen mechanische Systeme aus starren Körpern dar. Kräfte und Kräftepaare (Momente), mit denen die Teile eines Systems aufeinander wirken, bezeichnet man als Zwischenreaktionen. Zwischenreaktionen sind innere Kräfte (s. Abschn. 2.3.2).

Die Statik hat die Aufgabe, außer den Auflagerreaktionen auch die Zwischenreaktionen zu ermitteln. Ihre Kenntnis ist für die Bestimmung der Beanspruchung der Konstruktionsteile notwendig. Die Untersuchung eines mechanischen Systems aus starren Körpern wird auf die Untersuchung einzelner starrer Körper zurückgeführt. Dazu zerlegt man das System durch gedachte Schnitte (Schnittmethode, s. Abschn. 2.3.2) in Teile, von denen jedes als ein starrer Körper aufgefaßt werden kann, und faßt die Zwischenreaktionen des Systems als Auflagerreaktionen der jeweiligen Teile auf. Dabei wird das Reaktionsaxiom berücksichtigt, nach dem die Zwischenreaktionen paarweise entgegengesetzt gleich sind.

In diesem Abschnitt beschränken wir uns auf Untersuchung von mechanischen Systemen, die durch ebene Kräftesysteme beansprucht sind. Einen durch ein ebenes Kräftesystem belasteten Körper bezeichnet man als Scheibe. Zur Unterscheidung von einer Pendelstütze setzt man voraus, daß an einer Scheibe mehr als zwei Kräfte angreifen (s. auch S. 67).

Bereits in Abschn. 2.3.1 haben wir untersucht, welche Kräfte an den Stellen auftreten können, an denen zwei Körper sich berühren. In Tafel **64**.1 sind die möglichen Fälle zusammengestellt, wobei zu den in Abschn. 2.3.1 betrachteten Fällen der Fall einer Führung hinzugenommen ist. Durch eine Führung zusammenhängende Körper können aufeinander nur Kräfte senkrecht zur Führungsrichtung (Wirkungslinie bekannt) und Kräftepaare (Momente) ausüben. Für jede Anschlußart sind in der Zusammenstellung das Symbol und die möglichen Komponenten der Reaktionen angegeben. Auflagerstellen sind Stellen, an denen Teile eines mechanischen Systems an Körper, die nicht zum System gerechnet werden, anschließen. Man nennt ein Auflager ein-, zwei- oder dreiwertig, je nachdem am Lager eine, zwei oder drei unabhängige Auflagerreaktionen auftreten können (s. letzte Spalte in Tafel **64**.1). Die Feststellung der Art einer Auflageroder Anschlußstelle wird durch Untersuchung der Bewegungsmöglichkeiten erleichtert, die ein Anschluß zuläßt, also durch Betrachtung der Anzahl und Art der Freiheitsgrade (s. vorletzte Spalte in Tafel **64**.1). Man beachte: Erlaubt ein Anschluß eine gegen-

Tafel **64**.1   Anschluß- bzw. Auflagerarten

	Bezeichnung der Anschlußstelle (des Auflagers)	Symbol	unabhängige Komponenten der Reaktionen	mögliche gegenseitige Bewegung	Wertigkeit des Auflagers
a	Reine Berührung, Verschiebliche Gelenkverbindung			Drehung und Verschiebung in einer Richtung (2 Freiheitsgrade)	1
b	feste Gelenkverbindung			Nur Drehung (1 Freiheitsgrad)	2
c	Führung			Nur Verschiebung in einer Richtung (1 Freiheitsgrad)	2
d	feste Einspannung			keine (0 Freiheitsgrade)	3

seitige Drehung (Gelenk), so ist kein Kräftepaar als Zwischenreaktion möglich, erlaubt ein Anschluß eine gegenseitige Verschiebung (Führung), so kann in Richtung der möglichen Verschiebung keine Kraft als Zwischenreaktion auftreten.

Ein Gelenk kann kein Moment, eine Führung keine Kraft in der Führungsrichtung übertragen.

5.2. Statisch bestimmte und statisch unbestimmte Systeme

Die erste Aufgabe bei Untersuchung mechanischer Systeme besteht gewöhnlich in der Ermittlung der Auflagerreaktionen. Bereits in Abschn. 2.2.3 wurde darauf hingewiesen, daß es nicht immer möglich ist, Auflagerreaktionen allein mit Hilfe der Gleichgewichtsbedingungen der Statik starrer Körper zu bestimmen.

Schon in dem einfachen Fall des Trägers (64.2) mit zwei festen Gelenklagern gelingt dies nicht. Beim zeichnerischen Vorgehen muß man im Gleichgewichtsfall verlangen, daß die drei Kräfte $\vec{F}$, $\vec{F}_A$ und $\vec{F}_B$ ein zentrales Kräftesystem bilden, d.h., daß die Wirkungslinien der Auflagerkräfte $\vec{F}_A$ und $\vec{F}_B$ sich in einem Punkt auf der Wirkungslinie der Kraft $\vec{F}$ schneiden und daß das Krafteck aus diesen drei Kräften geschlossen ist. Wie Bild **64**.2 andeutet, gibt es unendlich viele Möglichkeiten, diese Bedingungen zu erfüllen. Auch bei rechnerischer Behandlung der Aufgabe gelangt man nicht zum Ziel, da für die Bestimmung der vier unbekannten Kraftkomponenten nur drei Gleichungen — z.B. die Gl. (54.1) — zur Verfügung stehen, die auf unendlich viele Arten befriedigt werden können.

Um in diesem Fall die Auflagerkräfte dennoch bestimmen zu können, muß man die Annahme der Starrheit des Trägers fallen lassen und seine Verformungen infolge der Belastung berücksichtigen. Die Verformungsbedingung (s. Teil 3 Festigkeitslehre) liefert die fehlende Gleichung.

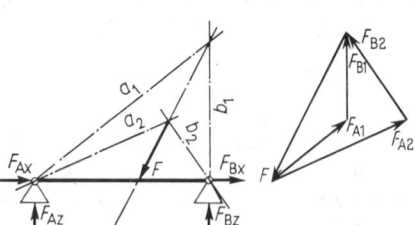

64.2 Statisch unbestimmt gelagerter Träger

Ein mechanisches System ist statisch bestimmt gelagert, wenn bei beliebiger Belastung des Systems seine Auflagerreaktionen allein aus den (zeichnerischen oder rechnerischen) Gleichgewichtsbedingungen bestimmt werden können. Reichen die Gleichgewichtsbedingungen dazu nicht aus, so ist das mechanische System statisch unbestimmt gelagert.

Der Kürze halber bezeichnet man die Systeme selbst, die statisch bestimmt bzw. unbestimmt gelagert sind, als statisch bestimmt bzw. statisch unbestimmt. Das System in Bild **64.**2 ist demnach statisch unbestimmt.

Komplizierten mechanischen Systemen kann man oft nicht unmittelbar ansehen, ob sie statisch bestimmt oder unbestimmt sind. Für den Fall einer rechnerischen Untersuchung kann man jedoch durch Abzählen leicht feststellen, ob wenigstens die Anzahl der Unbekannten mit der Anzahl der zur Verfügung stehenden Gleichungen übereinstimmt, was eine notwendige Bedingung für die Berechnung der Unbekannten ist.

Für die Untersuchung des Gleichgewichts einer starren Scheibe stehen drei rechnerische Gleichgewichtsbedingungen, drei Gleichungen, zur Verfügung. Daher müssen bei einer statisch bestimmt gelagerten Scheibe genau drei unabhängige Auflagerreaktionen auftreten, entweder drei Kraftkomponenten (**65.**1 a und b) oder zwei Kraftkomponenten und ein Moment (**65.**1 c und d).

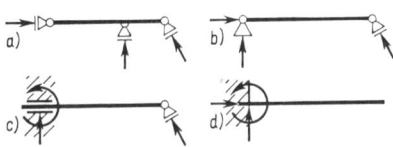

65.1 Möglichkeiten für statisch bestimmte Lagerung eines Balkens (einer Scheibe)

Ein aus mehreren Scheiben bestehendes mechanisches System kann mehr als drei unabhängige Auflagerreaktionen aufweisen und trotzdem statisch bestimmt gelagert sein. Um dies festzustellen, wendet man die Schnittmethode an, indem man das System durch Schnitte in Teile zerlegt und die Komponenten der Zwischenreaktionen als Unbekannte zusätzlich zu den Auflagerkomponenten einführt. Mit den Bezeichnungen

n Anzahl der Teile, in die das System zerlegt wird,

a Anzahl der unabhängigen Auflagerreaktionen,

z Anzahl der unabhängigen Zwischenreaktionen, wobei die an einer Schnittstelle nach dem Reaktionsaxiom paarweise entgegengesetzt gleich auftretende Reaktionen einfach gezählt werden,

ist $a + z$ die Anzahl der Unbekannten und $3n$ die Zahl der für ihre Bestimmung zur Verfügung stehenden Gleichungen, da für jedes der n Teile drei Gleichgewichtsbedingungen angeschrieben werden können. Folgende drei Fälle sind nun möglich:

1. $a + z = 3n$ (65.1)

Die notwendige Bedingung für die statische Bestimmtheit des Systems ist erfüllt.

2. $a + z > 3n$

Das System ist statisch unbestimmt, wobei die Differenz $(a + z) - 3n = k$ den Grad der Unbestimmtheit angibt: einfach, zweifach, ... k-fach unbestimmt.

3. $a + z < 3n$

Das System ist verschieblich.

Bei der Zerlegung des Systems in Teile zur Untersuchung auf statische Bestimmtheit sind nur Schnitte durch Gelenke und Führungen sinnvoll. Zerlegt man etwa ein System in zwei

Teile, indem man einen Schnitt durch eine starre Verbindung führt, so gewinnt man wohl 3 zusätzliche Gleichungen, jedoch kommen dann auch 3 unbekannte Schnittreaktionen hinzu.

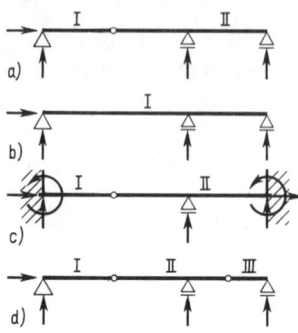

Beispiel 1. Die Lagerungen der Tragwerke in Bild 66.1 sind im Fall a statisch bestimmt, denn mit $n = 2$, $a = 4$, $z = 2$ (Gelenk) ist $4 + 2 = 3 \cdot 2$,

im Fall b einfach statisch unbestimmt, denn mit $n = 1$, $a = 4$, $z = 0$ ist $4 > 3 \cdot 1$,

im Fall c dreifach statisch unbestimmt, denn mit $n = 2$, $a = 7$, $z = 2$ ist $7 + 2 > 3 \cdot 2$ und $k = 9 - 6 = 3$,

im Fall d verschieblich, also nicht tragfähig, denn mit $n = 3$, $a = 4$, $z = 2 + 2 = 4$ (zwei Gelenke) ist $4 + 4 < 3 \cdot 3$.

66.1 Lagerung eines Trägers
a) statisch bestimmt; b, c) statisch unbestimmt, d) verschieblich

Beispiel 2. Zur Untersuchung des Gelenkrahmens in Bild 66.2a auf statische Bestimmtheit zerlegen wir ihn durch vier Schnitte, die wir durch die Gelenke führen, in vier Teile. Beim Schnitt durch je ein Gelenk erhält man zwei unbekannte Kraftkomponenten als Zwischenreaktionen. Mit $a = 4$, $z = 8$, $n = 4$ folgt $4 + 8 = 3 \cdot 4$. Der Rahmen ist also statisch bestimmt gelagert. Weitere Beispiele s. Abschn. 5.3 und 5.4.

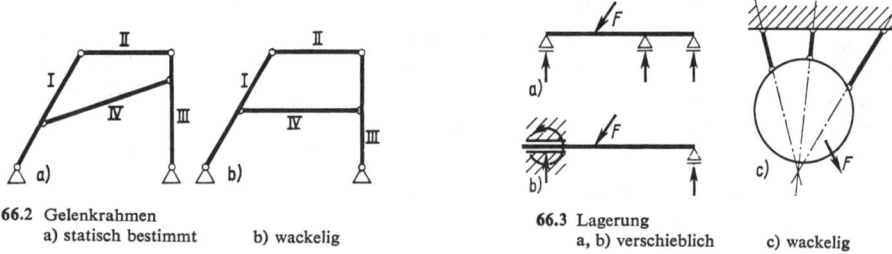

66.2 Gelenkrahmen
a) statisch bestimmt   b) wackelig

66.3 Lagerung
a, b) verschieblich   c) wackelig

Es sei betont, daß die Abzählbedingung Gl. (65.1) für die statisch bestimmte Lagerung wohl eine notwendige, aber keine hinreichende Bedingung ist. So sieht man sofort, daß die Balken in Bild 66.3a und b verschieblich gelagert sind, obwohl die Bedingung $a + z = 3n$ erfüllt ist. Auch in den in Bild 66.3c (die Wirkungslinien der Pendelstützkräfte schneiden sich hier in einem Punkt) und in Bild 66.2b (die Verbindungsgerade der Auflagerstellen verläuft hier parallel zu den Balken II und IV) dargestellten Fällen ist die Abzählbedingung erfüllt. Die Bestimmung der Auflagerreaktionen aus den Gleichgewichtsbedingungen gelingt jedoch auch hier nicht. Diese Systeme sind, wie man sagt, wackelig oder „im kleinen" verschieblich[1]).

Eine hinreichende Bedingung für die statische Bestimmtheit liefert die Theorie der linearen Gleichungssysteme. Das mechanische System ist dann statisch bestimmt, wenn das aus den Gleichgewichtsbedingungen folgende lineare Gleichungssystem für die Auflager- und Zwischenreaktionen eine eindeutige Lösung hat. Dies ist der Fall, wenn die Koeffizientendeterminante des Gleichungssystems von Null verschieden ist.

---

[1]) Tiefere Einsicht in den mechanischen Sachverhalt gewinnt man in diesen Fällen durch Betrachtungen in der Kinematik (s. Teil 2, Abschn. 5), so z.B., wenn man den Schnittpunkt der drei Wirkungslinien in Bild 66.3c als Momentanpol erkennt.

Die Auflager- und Zwischenreaktionen lassen sich bei statisch bestimmten Systemen einfacher als bei statisch unbestimmten ermitteln. Deswegen übersieht man die Kräfteverhältnisse bei statisch bestimmten Systemen im allgemeinen besser als bei statisch unbestimmten. Dies kann als Vorteil der statisch bestimmten Systeme gewertet werden. Ferner können bei statisch bestimmten Systemen keine zusätzlichen Beanspruchungen durch Verhinderung der Dehnungen infolge Temperaturveränderungen oder infolge Stützsenkungen entstehen, was häufig als Vorteil zu werten ist. Statisch unbestimmte Systeme haben u. a. den Vorteil, daß beim Ausfall (Bruch) eines Bauteiles das System trotzdem tragfähig bleiben kann. Dies kann durch geschickte Konstruktion für Erhöhung der Sicherheit des Tragwerkes ausgenutzt werden. Statisch unbestimmte Systeme können i. a. leichter (geringeres Eigengewicht) als statisch bestimmte ausgeführt werden.

5.3. Zeichnerische Bestimmung der Auflager- und Zwischenreaktionen

Allgemeines Vorgehen. Als erstes überzeugt man sich, daß das gegebene mechanische System statisch bestimmt ist, denn nur dann ist es möglich, die Auflager- und Zwischenreaktionen allein aus den (zeichnerischen) Gleichgewichtsbedingungen der Statik zu bestimmen. Dabei genügt es gewöhnlich, sich auf die Prüfung der notwendigen Abzählbedingung Gl. (65.1) zu beschränken.

Weist das System mehr als drei unabhängige Auflagerreaktionen auf, so ist ihre Bestimmung nur mit Hilfe der Schnittmethode möglich. Es ist zweckmäßig, die starren Teile, in die das System dann zerlegt wird, in zwei Gruppen zu unterteilen:

1. Pendelstützen, also solche starre Teile, an denen jeweils nur zwei Kräfte angreifen. Sind die Angriffspunkte dieser Kräfte bekannt, was in der Regel der Fall ist, so kennt man auch ihre gemeinsame Wirkungslinie.

2. Scheiben. Als solche wollen wir diejenigen starren Teile eines Systems bezeichnen, an denen mehr als zwei Kräfte angreifen.

Oft ist es nach dem Zerschneiden möglich, die unbekannten Kräfte an einer der Scheiben des Systems für sich allein zu bestimmen. In diesem Fall beginnt man mit der Ermittlung der unbekannten Reaktionen an dieser Scheibe. Das weitere Vorgehen soll an Hand der folgenden Beispiele erläutert werden.

Die zeichnerische Methode wird man z.B. dann zweckmäßig anwenden, wenn die Kräfteverhältnisse für viele gegenseitige Lagen der Teile des Systems interessieren (z.B. bei einem Bagger) und die immer erneute zahlenmäßige Festlegung der Koordinaten der Angriffspunkte der Kräfte, die für die rechnerische Behandlung notwendig ist, langwierig wird.

Beispiel 3. Die Kräfte zwischen den Bauteilen der Laderraupe (68.1) infolge der Kraft $\vec{F}$ mit dem Betrag $F = 15$ kN sollen bestimmt werden.

Mit Schnitten durch die Gelenke A, B und C denken wir uns das Gestänge mit der Schaufel, das ein mechanisches System aus drei Scheiben I, II, III und drei Pendelstützen 1, 2 und 3 darstellt, freigemacht. Die notwendige Bedingung für die statische Bestimmtheit nach Gl. (65.1) ist erfüllt, denn mit $a = 3 \cdot 2 = 6$, $z = 6 \cdot 2$ (Gelenke) und $n = 6$ folgt $a + z = 3n = 18$.

An der Scheibe I lassen sich die Kräfte für sich allein bestimmen, denn die Kraft $\vec{F}$ ist vollständig gegeben und von der Kraft $\vec{F}_D$ ist der Angriffspunkt, von der Kraft $\vec{F}_E$ die Wirkungslinie bekannt (Sonderfall dreier Kräfte, s. Abschn. 4.2.5). Wir beginnen daher mit der Ermittlung der Kräfte an dieser Scheibe: Die Wirkungslinien f, e und d müssen sich in einem Punkt schneiden und das geschlossene Krafteck aus den Kräften $\vec{F}$, $\vec{F}_E$ und $\vec{F}_D$ kann gezeichnet werden (68.1b). Da die Kraft $-\vec{F}_E$, die an der Scheibe II wirkt, als Reaktionskraft der Kraft $\vec{F}_E$ bekannt ist, können nun die Kräfte an der Scheibe II wie an der Scheibe I bestimmt werden: geschlossenes Krafteck aus den Kräften $-\vec{F}_E$, $\vec{F}_A$ und $\vec{F}_H$. Schließlich ermitteln wir die Kräfte an der Scheibe III. Dazu fassen wir zuerst die Kräfte $-\vec{F}_D$ und $-\vec{F}_H$ zu der Resultierenden $\vec{F}_R$ zusammen und bestimmen die Lagerkräfte $\vec{F}_B$ und $\vec{F}_C$ aus den Bedingungen, daß die Wirkungslinien r, d und h sich in einem Punkt schneiden müssen und das Krafteck aus den Kräften $\vec{F}_R$, $\vec{F}_B$ und $\vec{F}_C$ geschlossen sein muß.

Die äußeren Kräfte $\vec{F}$, $\vec{F}_A$, $\vec{F}_C$ und $\vec{F}_B$ bilden ein geschlossenes Krafteck. Die inneren Kräfte $\vec{F}_E$ und $-\vec{F}_E$, $\vec{F}_D$ und $-\vec{F}_D$, sowie $\vec{F}_H$ und $-\vec{F}_H$ sind im Krafteck (68.1 b) jeweils durch die gleiche Strecke dargestellt, daher sind diese Strecken mit Pfeilen in entgegengesetzten Richtungen versehen.

Ergebnis: $F_A = 25$ kN, $F_B = 82$ kN, $F_C = 53$ kN, $F_D = 26$ kN, $F_E = 17$ kN, $F_H = 10$ kN.

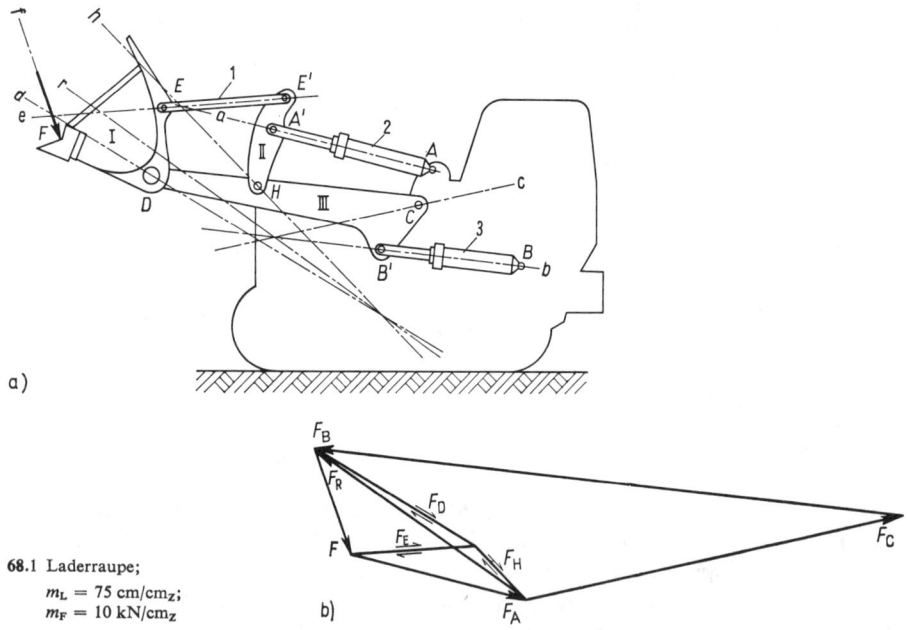

a)

68.1 Laderraupe;

$m_L = 75$ cm/cm$_Z$;
$m_F = 10$ kN/cm$_Z$

b)

Dreigelenkbogen. Als Dreigelenkbogen bezeichnet man ein Tragwerk, das aus zwei Scheiben (Balken) besteht, die miteinander durch ein Gelenk verbunden sind und von denen jede durch ein festes Gelenklager gestützt ist (**68.2a**). Die Bilder **68.2b** bis **e**

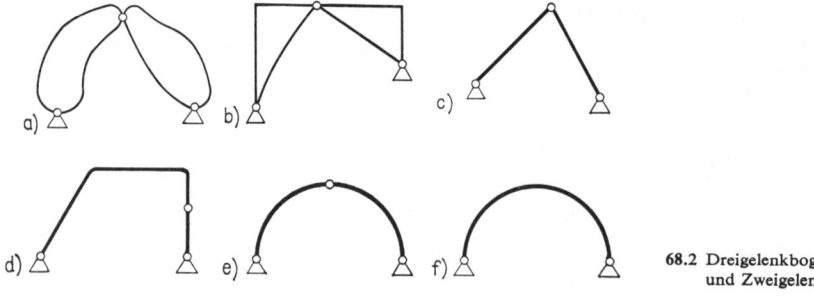

68.2 Dreigelenkbogen (a bis e) und Zweigelenkbogen (f)

zeigen Beispiele für Dreigelenkbogen, deren Teile als Scheiben oder gerade bzw. gekrümmte Balken ausgebildet sind. Während ein Z w e i g e l e n k b o g e n — eine durch zwei feste Gelenklager gestützte Scheibe (68.2f) — einfach statisch unbestimmt ist ($a = 4$, $z = 0$, $n = 1$), ist der Dreigelenkbogen statisch bestimmt, denn mit $a = 4$ (zwei feste Gelenklager), $z = 2$ (Gelenk) und $n = 2$ ist die notwendige Bedingung für die statische Bestimmtheit nach Gl. (65.1) erfüllt. Nur wenn die drei Gelenke auf einer Geraden liegen, ist das System nicht statisch bestimmt, sondern verschieblich, also nicht tragfähig.

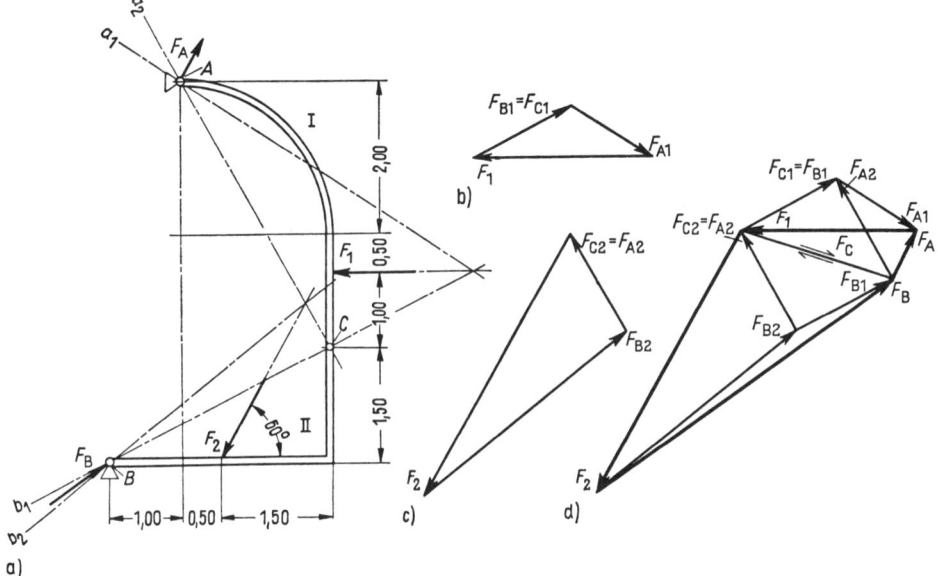

69.1 Gelenkrahmen, 1. Lösungsweg

Lageplan (a) und die Kraftecke für die Belastungsfälle: Kraft $\vec{F}_1$ allein (b), Kraft $\vec{F}_2$ allein (c), Kräfte $\vec{F}_1$ und $\vec{F}_2$ zusammen (d); $m_F = 5$ kN/cm$_x$

Beispiel 4. Die Auflagerkräfte $\vec{F}_A$ und $\vec{F}_B$ und die Gelenkkraft $\vec{F}_C$ des als Dreigelenkbogen ausgebildeten Rahmentragwerkes in Bild **69.1**a sollen bestimmt werden. $F_1 = 12$ kN, $F_2 = 20$ kN. Die gesuchten Kräfte lassen sich auch nach Trennen des Rahmens in zwei Teile (Schnitt durch das Gelenk C) nicht unmittelbar bestimmen, denn an jeder der Scheiben (I bzw. II) sind außer einer bekannten Kraft ($\vec{F}_1$ bzw. $\vec{F}_2$) von den beiden weiteren angreifenden Kräften nur die Angriffspunkte bekannt.

1. L ö s u n g s w e g nach der S u p e r p o s i t i o n s m e t h o d e. Wir denken uns zuerst die Kraft $\vec{F}_1$ allein auf den Rahmen wirkend. Dann ist das Bauteil II eine Pendelstütze und die Wirkungslinie der Kraft $\vec{F}_{B1} = \vec{F}_{C1}$ somit bekannt. Jetzt können die Auflagerkräfte $\vec{F}_{B1}$ und $\vec{F}_{A1}$ infolge der Belastung allein durch die Kraft $\vec{F}_1$ bestimmt werden (**69.1**a und b).

Denkt man sich nun die Kraft $\vec{F}_2$ allein wirksam, so übernimmt der Teil I die Rolle eine Pendelstütze, und die Auflagerkräfte $\vec{F}_{B2}$ und $\vec{F}_{A2} = -\vec{F}_{C2}$ infolge der Belastung durch die Kraft $\vec{F}_2$ allein können ganz entsprechend ermittelt werden wie die Kräfte $\vec{F}_{A1}$ und $\vec{F}_{B1}$ im Belastungsfall durch die Kraft $\vec{F}_1$ allein (**69.1**a und c).

Die gesuchten Kräfte erhält man durch Überlagerung der beiden Belastungsfälle (s. Abschn. 4.3). Es ist

$$\vec{F}_A = \vec{F}_{A1} + \vec{F}_{A2}, \qquad \vec{F}_B = \vec{F}_{B1} + \vec{F}_{B2}, \qquad \vec{F}_C = \vec{F}_{C1} + \vec{F}_{C2}$$

wobei mit $\vec{F}_C$ die Kraft bezeichnet ist, die die Scheibe II auf die Scheibe I ausübt. In Bild **69.**1 d sind die Kraftecke **69.**1 b und **69.**1 c so zu einer Krafteckfigur zusammengeschlossen, daß die Addition der Kräfte bequem durchgeführt werden kann. Aus diesem Krafteck liest man für das Kräftegleichgewicht am ganzen System ab: $\vec{F}_1 + \vec{F}_2 + \vec{F}_B + \vec{F}_A = 0$, für das Kräftegleichgewicht an der Scheibe I: $\vec{F}_1 + \vec{F}_C + \vec{F}_A = 0$, und für das Kräftegleichgewicht an der Scheibe II $\vec{F}_2 + \vec{F}_B - \vec{F}_C = 0$[1]).

Ergebnis: $F_A = 4$ kN, $F_B = 25$ kN, $F_C = 11$ kN

2. Lösungsweg. Dieser Lösungsweg beruht auf dem Grundgedanken, zunächst nur eine Komponente einer gesuchten Kraft derart zu ermitteln, daß die Wirkungslinie der zweiten Komponente dieser Kraft bestimmbar wird.

Aus der Gleichgewichtsbedingung für die Kräfte in Richtung der Kraft $\vec{F}_1$ an der Scheibe I bestimmen wir zuerst die Komponenten $\vec{F}_A'$ und $\vec{F}_C'$ der Auflagerkraft $\vec{F}_A$ und der Gelenkkraft $\vec{F}_C$ nach dem Seileckverfahren (**70.**1 a, b). Die noch unbekannten Komponenten der Kräfte $\vec{F}_A$ und $\vec{F}_C$ müssen sich das Gleichgewicht halten, wenn die Scheibe I im Gleichgewicht sein soll, ihre gemeinsame Wirkungslinie ist daher die Gerade c'' durch die Punkte A und C.

Nun betrachten wir das Gleichgewicht der Kräfte an der Scheibe II. Von den an dieser Scheibe angreifenden Kräften sind die Kraft $\vec{F}_2$ und die Komponente $-\vec{F}_C'$ bekannt, außerdem kennen wir von der Auflagerkraft $\vec{F}_B$ den Angriffspunkt und von der Kraftkomponente $-\vec{F}_C''$ die Wirkungslinie, so daß sich die noch unbekannten Kräfte bestimmen lassen. Dazu fassen wir die Kräfte $\vec{F}_2$ und $-\vec{F}_C'$ zu der Resultierenden $\vec{F}_R$ zusammen und bestimmen die Kräfte $-\vec{F}_C''$ und $\vec{F}_B$ aus der Bedingung, daß sie mit der Kraft $\vec{F}_R$ im Gleichgewichtsfall ein zentrales Kräftesystem bilden müssen, dessen Krafteck geschlossen ist. Mit der ermittelten Kraftkomponente $-\vec{F}_C$ folgt: $\vec{F}_C = \vec{F}_C' + \vec{F}_C''$, $\vec{F}_A = \vec{F}_A' - \vec{F}_C''$ (**70.**1).

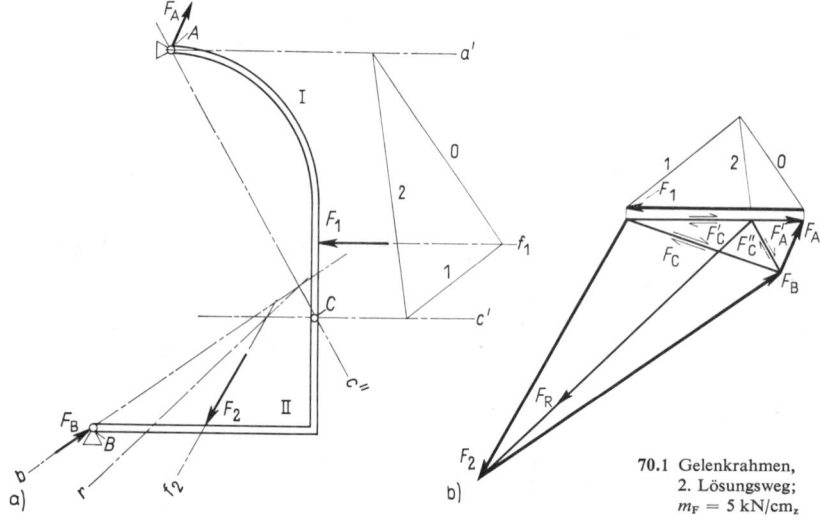

70.1 Gelenkrahmen, 2. Lösungsweg; $m_F = 5$ kN/cm$_z$

Beispiel 5. Die Arbeitsbühne in Bild **71.**1 ist in ihrer Höhe hydraulisch verstellbar. Die Kolbenkraft und die Kräfte zwischen den Baugliedern infolge der Gewichtskraft $2\,F_G = 12$ kN sollen bestimmt werden.

---

[1]) Bei der Lösung der Aufgabe wird selbstverständlich nur das Krafteck **69.**1 d konstruiert, die Kraftecke **69.**1 b und c dienen hier nur zur Erläuterung des Lösungsweges.

Die Bühne hat eine zur Zeichenebene parallele Symmetrieebene, in der die Gewichtskraft $2\vec{F}_G$ und die Kolbenkraft $2\vec{F}_H$ wirken. Die anderen Kräfte treten paarweise, symmetrisch zu dieser Ebene auf. Daher betrachten wir nur die eine Hälfte der Bühne, die mit der halben Gewichtskraft $F_G = 6$ kN belastet ist und auf die die halbe Kolbenkraft F_H wirkt. Durch Schnitte an den Stellen

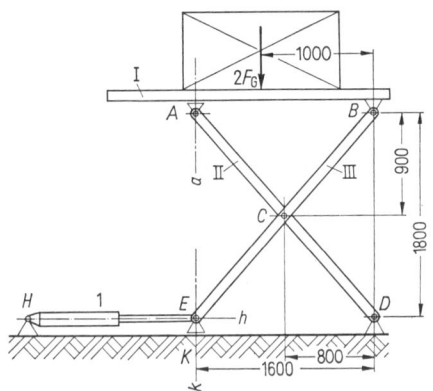

71.1 Arbeitsbühne

71.2 Bestimmung der Kräfte zwischen den
Bauteilen der Arbeitsbühne in
Bild 71.1; $m_F = 2$ kN/cm$_z$

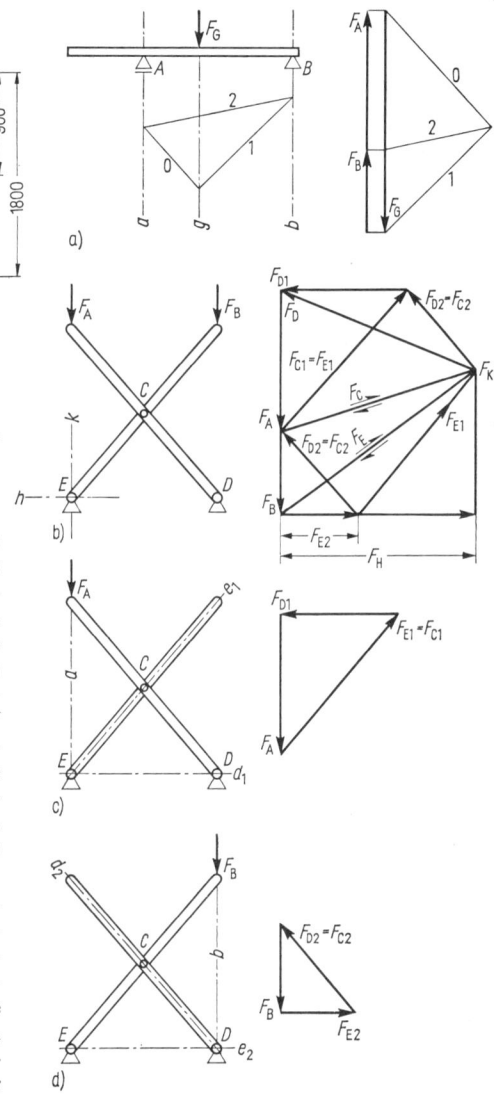

D (Gelenk), K (Führung) und H (Gelenk) denken wir uns die Bühne freigemacht. Das so erhaltene System besteht aus drei Scheiben I, II und III und einer Pendelstütze 1. Die notwendige Bedingung für die statische Bestimmtheit nach Gl. (65.1) ist erfüllt: $n = 4$, $a = 5$ (je zwei unabhängige Auflagerkomponenten an den Stellen D und H und eine Auflagerkomponente an der Stelle K, wo sich die Scheibe III auf die Schiene stützt; $z = 7$ (je zwei unabhängige Zwischenreaktionen an den Gelenkstellen B, C und E und eine an der Führungsstelle A), es folgt $4 \cdot 3 = 5 + 7$.
Wir beginnen mit der Ermittlung der unbekannten Kräfte an der Scheibe I (Bühnentisch), denn alle an dieser Scheibe angreifenden Kräfte können allein durch Betrachtung des Gleichgewichtes dieser Scheibe bestimmt werden. Die Gewichtskraft $\vec{F}_G$ ist vollständig gegeben, ferner ist die Wirkungslinie der Führungskraft $\vec{F}_A$ und der Angriffspunkt der Gelenkkraft $\vec{F}_B$ bekannt.
Da die Wirkungslinien der Kräfte $\vec{F}_G$ und $\vec{F}_A$ parallel sind, muß auch die Wirkungslinie der dritten Kraft $\vec{F}_B$ parallel zu diesen verlaufen. Wir ermitteln die Kräfte $\vec{F}_A$ und $\vec{F}_B$ mit Hilfe des Seileckverfahrens (**71.2a**).

Die Bestimmung der an den Scheiben II und III angreifenden Kräfte gelingt durch getrennte Betrachtung jeder Scheibe nicht, denn jedesmal sind von zwei unbekannten Kräften ($\vec{F}_C$ und $\vec{F}_D$ bei der Scheibe II bzw. $\vec{F}_C$ und $\vec{F}_E$ bei der Scheibe III) nur die Angriffspunkte bekannt und dies reicht für die Ermittlung der unbekannten Kräfte nicht. Das System aus den Scheiben II und III kann jedoch als Dreigelenkbogen aufgefaßt werden, der durch die bereits bestimmten Kräfte $-\vec{F}_A$ und $-\vec{F}_B$ belastet ist (71.2 b). Die Gelenkkräfte $\vec{F}_C$, $\vec{F}_E$ und $\vec{F}_D$ dieses Dreigelenkbogens können nach einer der in Beispiel 4, S. 69 beschriebenen Methoden ermittelt werden. In Bild 71.2 b sind sie nach der Superpositionsmethode bestimmt. Zur Erläuterung des Kraftecks in Bild 71.2 b sind in den Bildern 71.2 c und 71.2 d die beiden Belastungsfälle getrennt dargestellt. Die Führungskraft $\vec{F}_K$ und die Kolbenkraft $\vec{F}_H$ erhält man durch Zerlegen der Gelenkkraft $\vec{F}_E$ in Komponenten nach den bekannten Wirkungslinien k und h (71.2 b).

Ergebnis: $F_A = 3,75$ kN $F_B = 2,25$ kN $F_C = 5.50$ kN

$F_D = 5,80$ kN $F_K = 3,75$ kN $F_H = 5,30$ kN

Gesamte Kolbenkraft $2 F_H = 10,60$ kN

5.4. Rechnerische Behandlung

Allgemeines Vorgehen. Auch bei rechnerischer Behandlung eines mechanischen Systems überzeugt man sich zuerst, daß man für die Ermittlung der Unbekannten genügend viele Bestimmungsgleichungen hat, d.h. daß die Abzählbedingung Gl. (65.1) erfüllt ist. Dann empfiehlt es sich, wie folgt vorzugehen.

Nach Zerlegen des Systems in Teile nach der Schnittmethode werden alle bekannten und unbekannten Kräfte in einem eingeführten rechtwinkeligen Koordinatensystem in Komponenten zerlegt, so daß man nur Kräfte in zwei Richtungen hat und die Gleichgewichtsbedingungen bequem anschreiben kann. Für den Betrag jeder Komponente einer unbekannten Kraft (Auflager- oder Zwischenreaktion) bzw. für den Betrag eines unbekannten Kräftepaares (Momentes) wird ein Symbol (Buchstabe) eingeführt. Ferner nimmt man für jede unbekannte Kraftkomponente bzw. unbekanntes Moment einen Richtungssinn an und kennzeichnet ihn durch die Pfeilrichtung des Kraft- bzw. Momentenvektors im Lageplan. Dann werden für alle Teile, in die das System zerlegt wurde, die Gleichgewichtsbedingungen (für jedes Teil drei Gleichungen) angeschrieben. Sie ergeben zusammen ein Gleichungssystem, aus dem die Unbekannten, z.B. nach dem Gaußschen Eliminationsverfahren, berechnet werden.

Durch bevorzugte Benutzung der Momentengleichgewichtsbedingungen (statt der Kräftegleichgewichtsbedingungen) mit geschickt gewählten Bezugspunkten kann man oft ein einfacheres Gleichungssystem erhalten und damit den Rechenaufwand verringern. Als Bezugspunkte sind solche Punkte günstig, in denen sich die Wirkungslinien möglichst vieler unbekannter Kräfte schneiden.

Wichtig ist die Vereinbarung, daß man die Beträge der Kraftkomponenten als Unbekannte einführt und nicht die Komponenten selbst. Bezüglich der Bezeichnung der Beträge der Kraftkomponenten und der Bedeutung des negativen Vorzeichens einer Unbekannten gilt das unter Verabredung auf S. 55 gesagte. Nach dieser Verabredung bezeichnen wir auch in den folgenden Beispielen die Beträge der Komponenten der Kräfte $\vec{F}$, $\vec{F}_A$, ... mit F_x, F_y, F_{Ax}, F_{Ay}, ...

Beispiel 6. Wir bestimmen die Kräfte, die an den Bauteilen der hydraulischen Bühne in Beispiel 5, S. 70 wirken, rechnerisch. Dazu teilen wir die Bühne nach der Schnittmethode in drei Scheiben auf und zerlegen die an diesen Scheiben wirkenden Kräfte in Komponenten (73.1), wobei für die inneren Kräfte $\vec{F}_A$, $\vec{F}_B$ und $\vec{F}_C$ das Reaktionsaxiom beachtet wird (so ist z.B. die Komponente F_{Cx} an den Scheiben II und III mit entgegengesetztem Pfeilsinn einzutragen). Dann werden für jede Scheibe die rechnerischen Gleichgewichtsbedingungen aufgestellt.

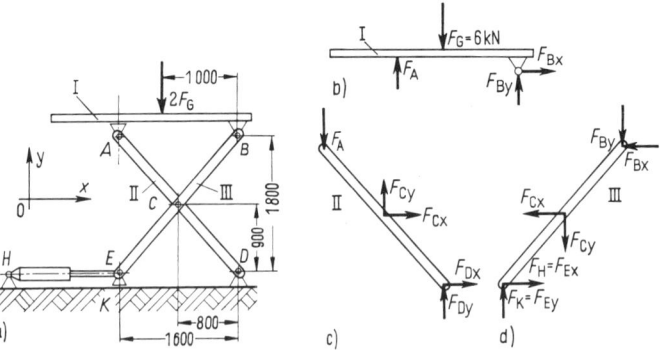

73.1 Arbeitsbühne
   a) Lageplan
   b, c, d) freigemachte
   Bauteile

Gleichgewicht der Scheibe I

$$\sum F_{ix} = 0 = F_{Bx}$$

$$\sum M_{iA} = 0 = 1{,}6\ \text{m} \cdot F_{By} - 0{,}6\ \text{m} \cdot 6\ \text{kN}$$

$$\sum M_{iB} = 0 = 1{,}6\ \text{m} \cdot F_A - 1{,}0\ \text{m} \cdot 6\ \text{kN}$$

Aus diesen Gleichungen ergibt sich

$$F_{Bx} = 0 \qquad F_{By} = F_B = 2{,}25\ \text{kN} \qquad F_A = 3{,}75\ \text{kN}$$

Mit diesen Teilergebnissen folgt für die beiden anderen Scheiben:

Gleichgewicht der Scheibe II ($F_A = 3{,}75$ kN)

$$\sum F_{ix} = 0 = F_{Cx} + F_{Dx} \tag{73.1}$$

$$\sum F_{iy} = 0 = F_{Cy} + F_{Dy} - 3{,}75\ \text{kN} \tag{73.2}$$

$$\sum M_{iD} = 0 = 0{,}9\ \text{m} \cdot F_{Cx} + 0{,}8\ \text{m} \cdot F_{Cy} - 1{,}6\ \text{m} \cdot 3{,}75\ \text{kN} \tag{73.3}$$

Gleichgewicht der Scheibe III ($F_{Bx} = 0$, $F_{By} = 2{,}25$ kN)

$$\sum F_{ix} = 0 = -F_{Cx} + F_H \tag{73.4}$$

$$\sum F_{iy} = 0 = F_K - F_{Cy} - 2{,}25\ \text{kN} \tag{73.5}$$

$$\sum M_{iK} = 0 = 0{,}9\ \text{m} \cdot F_{Cx} - 0{,}8\ \text{m} \cdot F_{Cy} - 1{,}6\ \text{m} \cdot 2{,}25\ \text{kN} \tag{73.6}$$

Die Berechnung der Kräfte an der Scheibe II und der Scheibe III durch Betrachtung jeder Scheibe für sich, wie dies für die Scheibe I geschehen ist, ist nicht möglich, denn an jeder Scheibe sind vier Kraftkomponenten unbekannt und für ihre Berechnung stehen jedesmal nur drei Gleichungen Gl. (73.1 bis 3) bzw. Gl. (73.4 bis 6) zur Verfügung. Die Gl. (73.1 bis 6) zusammen bilden jedoch ein System von sechs linearen Gleichungen für die sechs unbekannten Kraftkomponenten, das wir wie folgt lösen.

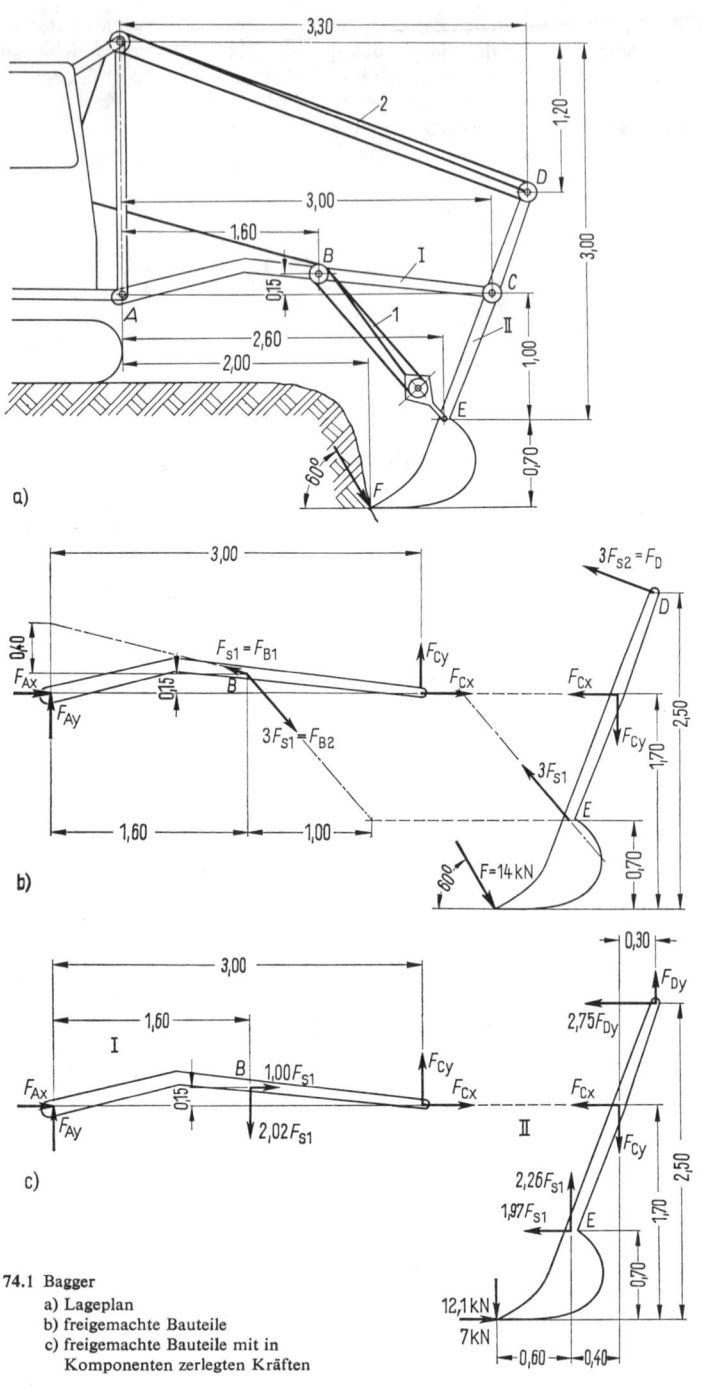

a)

b)

c)

74.1 Bagger
  a) Lageplan
  b) freigemachte Bauteile
  c) freigemachte Bauteile mit in
     Komponenten zerlegten Kräften

Die Unbekannten F_{Cx} und F_{Cy} lassen sich aus den Gl. (73.3) und (73.6) berechnen. Durch Addieren und Subtrahieren dieser Gleichungen erhält man

$$0,9 \cdot F_{Cx} + 0,8 \cdot F_{Cy} = 6 \text{ kN} \qquad 1 \quad 1$$

$$0,9 \cdot F_{Cx} - 0,8 \cdot F_{Cy} = 3,6 \text{ kN} \qquad 1 - 1$$

$$1,8 \cdot F_{Cx} \qquad = 9,6 \text{ kN} \qquad \qquad F_{Cx} = 5,33 \text{ kN}$$

$$1,6 \cdot F_{Cy} = 2,4 \text{ kN} \qquad \qquad F_{Cy} = 1,5 \text{ kN}$$

Mit diesen Werten berechnet man F_{Dx} aus Gl. (73.1), F_{Dy} aus Gl. (73.2), F_H aus Gl. (73.4) und F_K aus Gl. (73.5).

Ergebnis: $F_{Cx} = 5,33 \text{ kN}$ $\qquad F_{Cy} = 1,5 \text{ kN}$ $\qquad F_C = \sqrt{F_{Cx}^2 + F_{Cy}^2} = 5,54 \text{ kN}$

$\qquad\qquad F_{Dx} = -5,33 \text{ kN}$ $\qquad F_{Dy} = 2,25 \text{ kN}$ $\qquad F_D = 5,79 \text{ kN}$

Gesamte Kolbenkraft: $2 F_H = 10,66 \text{ kN}$

Das negative Vorzeichen der Komponente F_{Dx} besagt, daß diese Kraftkomponente in Wirklichkeit in entgegengesetzter Richtung wirkt, als sie in der Zeichnung 73.1 angesetzt wurde. Es sei bemerkt, daß die einfache Lösung in diesem Beispiel nicht zuletzt durch die zweckmäßige Wahl der Bezugspunkte für die Momentengleichgewichtsbedingungen Gl. (73.3) und Gl. (73.6) gelang. Dadurch wurde es möglich, die Kraftkomponenten F_{Cx} und F_{Cy} unabhängig von den anderen Unbekannten zu bestimmen.

Beispiel 7. Der Bagger (**74.**1 a) ist mit der Kraft $F = 14 \text{ kN}$ belastet. Die infolge dieser Kraft auftretenden Gelenk- und Seilkräfte sollen berechnet werden. Das System besteht aus den beiden Scheiben I und II und den Flaschenzügen 1 und 2.

Wir machen die Scheiben I und II frei. Dabei ersetzen wir die an den Rollen wirkenden Seilkräfte durch ihre Resultierenden. Da die Rollendurchmesser gegenüber den Abmessungen der anderen Teile des Baggers klein sind, nehmen wir vereinfachend an, daß die Seile der Flaschenzüge 1 und 2 parallel verlaufen und die Seilkräfte direkt an den Rollenachsen angreifen. In Bild **74.**1 b sind die freigemachten Scheiben I und II zu sehen. Mit F_{s1} bzw. F_{s2} ist die Seilkraft im Seil des Flaschenzuges 1 bzw. 2 bezeichnet.

In einer vorbereitenden Rechnung zerlegen wir alle Kräfte in Komponenten und fassen ferner die an der Stelle B wirkenden Kräfte zusammen. Da die Wirkungslinien der Seilkräfte bekannt sind, liegen die Verhältnisse ihrer Komponenten fest, was bei der Zerlegung berücksichtigt wird. Wir bezeichnen mit $\vec{F}_{B1}$ und $\vec{F}_{B2}$ die an der Stelle B wirkenden Seilkräfte mit den Beträgen F_{s1} und $3 F_{s1}$[1]) (**74.**1 b), mit $\vec{F}_B = \vec{F}_{B1} + \vec{F}_{B2}$ ihre Resultierende, ferner mit $\vec{F}_D$ die an der Stelle D angreifende resultierende Seilkraft mit dem Betrag $3 F_{s2}$. Mit diesen Bezeichnungen wird die Komponentenzerlegung wie folgt durchgeführt.

Aus den Beziehungen

$$\frac{F_{B1x}}{F_{B1y}} = \frac{1,60 \text{ m}}{0,40 \text{ m}} = \frac{4}{1} \qquad F_{B1} = F_{s1} = \sqrt{F_{B1x}^2 + F_{B1y}^2}$$

erhält man

$$F_{B1} = \sqrt{(4 F_{B1y})^2 + F_{B1y}^2} = \sqrt{17} F_{B1y} \qquad\qquad (75.1)$$

$$F_{B1y} = 0,243 F_{B1} = 0,243 F_{s1} \qquad F_{B1x} = 0,972 F_{s1}$$

Aus den Beziehungen

$$\frac{F_{B2y}}{F_{B2x}} = \frac{1,15 \text{ m}}{1 \text{ m}} = 1,15 \qquad F_{B2} = 3 F_{s1} = \sqrt{F_{B2x}^2 + F_{B2y}^2}$$

ergibt sich durch entsprechende Rechnung

$$F_{B2y} = 2,26 F_{s1} \qquad F_{B2x} = 1,97 F_{s1} \qquad\qquad (75.2)$$

---

[1]) Beim Freimachen an dieser Stelle werden nämlich Schnitte durch ein Seil und durch drei Seile geführt.

Nun fassen wir die Kräfte an der Stelle B zusammen. Aus Gl. (75.1) und Gl. (75.2) unter Berücksichtigung der Richtung der Kraftkomponenten nach Bild **74.**1 b folgt

$$F_{Bx} = F_{B2x} - F_{B1x} = 1,97\,F_{s1} - 0,97\,F_{s1} = 1,00\,F_{s1}$$
$$F_{By} = F_{B2y} - F_{B1y} = 2,26\,F_{s1} - 0,24\,F_{s1} = 2,02\,F_{s1}$$

Zwischen den Komponenten F_{Dx} und F_{Dy} besteht die Bindung (**74.**1 a)

$$\frac{F_{Dx}}{F_{Dy}} = \frac{3,30\,\text{m}}{1,20\,\text{m}} = 2,75 \qquad F_{Dx} = 2,75\,F_{Dy}$$

Die Ergebnisse der Komponentenzerlegung sind in das Bild **74.**1 c eingetragen.

Nun werden mit Hilfe des Bildes **74.**1 c die rechnerischen Gleichgewichtsbedingungen für die Scheiben I und II angeschrieben:

Scheibe I
$$\sum F_{ix} = 0 = F_{Ax} + 1,00\,F_{s1} + F_{Cx}$$
$$\sum F_{iy} = 0 = F_{Ay} - 2,02\,F_{s1} + F_{Cy}$$
$$\sum M_{iC} = 0 = 3\,\text{m} \cdot F_{Ay} - 1,4\,\text{m} \cdot 2,02\,F_{s1} + 0,15\,\text{m} \cdot 1,00\,F_{s1}$$

Scheibe II
$$\sum F_{ix} = 0 = -2,75\,F_{Dy} - F_{Cx} - 1,97\,F_{s1} + 7\,\text{kN}$$
$$\sum F_{iy} = 0 = F_{Dy} - F_{Cy} + 2,26\,F_{s1} - 12,1\,\text{kN}$$
$$\sum M_{iC} = 0 = 0,8\,\text{m} \cdot 2,75\,F_{Dy} + 0,30\,\text{m} \cdot F_{Dy} - 1\,\text{m} \cdot 1,97\,F_{s1} - 0,40\,\text{m} \cdot 2,26\,F_{s1}$$
$$+ 1,7\,\text{m} \cdot 7\,\text{kN} + 1\,\text{m} \cdot 12,1\,\text{kN}$$

Die vorstehenden Gleichungen bilden zusammen ein System aus sechs linearen Gleichungen für sechs Unbekannte, das wir nach dem Gaußschen Eliminationsverfahren lösen, s. das folgende Rechenschema.

Auch einfache lineare Gleichungssysteme, deren Koeffizientenmatrix viele Nullen enthält, löst man systematisch, z.B. nach dem Gaußschen Eliminationsverfahren. Allein durch das Ordnen der Gleichungen, wie es in dem nachstehenden Rechenschema geschehen ist, erhält man eine bessere Übersicht über das System und damit auch über das zweckmäßige Vorgehen bei seiner Lösung, etwa die Reihenfolge, in der man die Unbekannten eliminiert bzw. berechnet. Das Gaußsche Eliminationsverfahren bietet ferner durch die Zeilensummenkontrollen eine große Rechensicherheit.

	F_{Ax}	F_{Ay}	F_{Cx}	F_{Cy}	F_{s1}	F_{Dy}	rechte Seite in kN	Zeilensumme	
(1)	1		1		1			3	
(3)		1		1	−2,02			−0,02	−3
		3			−2,68			0,32	1
(2)			1		1,97	2,75	7	12,72	
				−1	2,26	1	12,1	14,36	
					−2,87	2,5	−24,0	−24,37	
				−3	3,38			0,38	1
(4)				−1	2,26	1	12,1	14,36	−3
					−2,87	2,5	−24,0	−24,37	
					−3,40	−3	−36,3	−42,70	
(5)					−2,87	2,5	−24,0	−24,37	1,2
(6)					−6,84		−65,1	−71,94	
	5,89	8,48	−15,41	10,75	9,52	1,33			

In dem vorstehenden Rechenschema ist das Gleichungssystem nach dem Gaußschen Eliminationsverfahren gelöst. Die Zahlen in Klammern am linken Rande des Schemas kennzeichnen die sogenannten Leitzeilen — Gleichungen, die zusammen das gestaffelte System bilden, aus dem die Unbekannten rekursiv berechnet werden. Auf dem rechten Rande des Schemas sind die Faktoren angegeben, mit denen die Gleichungen bei der Durchführung des Verfahrens multipliziert wurden, und außerdem ist durch Pfeile angedeutet, welche Gleichungen man miteinander kombiniert hat und an welche Stelle die kombinierte Gleichung gebracht worden ist.

Ergebnis der Lösung des Gleichungssystems (letzte Zeile im Rechenschema):

$$F_{Ax} = 5,89 \text{ kN} \qquad F_{Ay} = 8,48 \text{ kN} \qquad F_{Cx} = -15,41 \text{ kN}$$

$$F_{Cy} = 10,75 \text{ kN} \qquad F_{s1} = 9,52 \text{ kN} \qquad F_{Dy} = 1,33 \text{ kN}$$

Da sich für die Kraftkomponente F_{Cx} ein negativer Wert ergibt, ist die wahre Richtung dieser Komponente der in Bild **74**.1 eingezeichneten Richtung entgegengesetzt. Mit den obigen Werten folgt:

$$F_A = \sqrt{F_{Ax}^2 + F_{Ay}^2} = 10,3 \text{ kN} \qquad F_C = \sqrt{F_{Cx}^2 + F_{Cy}^2} = 18,8 \text{ kN}$$

$$F_{Dx} = 2,75 \, F_{Dy} = 3,66 \text{ kN} \qquad F_D = \sqrt{F_{Dx}^2 + F_{Dy}^2} = 3,89 \text{ kN}$$

$$F_{s2} = \tfrac{1}{3} \, F_D = 1,30 \text{ kN}$$

$$F_{Bx} = 1,00 \, F_{s1} = 9,52 \text{ kN} \qquad F_{By} = 2,02 \, F_{s1} = 19,23 \text{ kN}$$

$$F_B = \sqrt{F_{Bx}^2 + F_{By}^2} = 21,4 \text{ kN}$$

5.5. Aufgaben zu Abschnitt 5

1. Man bestimme zeichnerisch die durch die Gewichtskraft $F_G = 20 \text{ kN}$ bedingten Gelenkkräfte zwischen den Bauteilen der Schaufel einer Laderraupe (**77**.1). Die Wirkungslinie der Kraft $\vec{F}_G$ verläuft senkrecht zur Geraden durch die Punkte L und H.

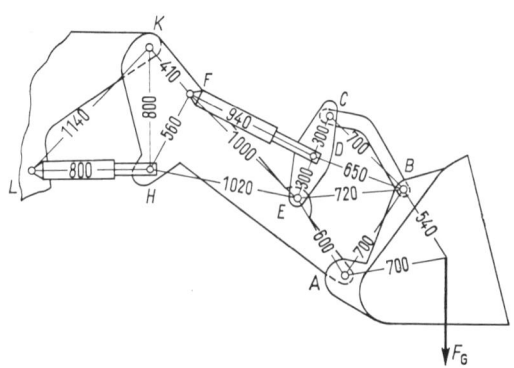

77.1 Laderraupe

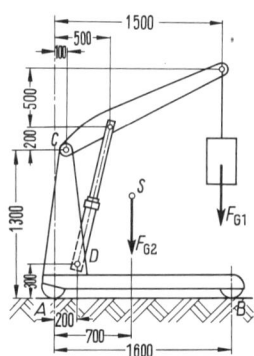

77.2 Hydraulikuniversalkran

2. Der fahrbare Hydraulikuniversalkran (**77**.2) trägt die Last $F_{G1} = 4,5 \text{ kN}$. Sein Eigengewicht ist $F_{G2} = 1,7 \text{ kN}$. Man bestimme
a) die Kolbenkraft $\vec{F}_D$ und die Gelenkkraft $\vec{F}_C$ ohne Berücksichtigung des Eigengewichtes,
b) die Radauflagerkräfte $\vec{F}_A$ und $\vec{F}_B$ mit Berücksichtigung des Eigengewichtes.

3. In Bild **78.**1 ist die Radaufhängung an einem Kfz dargestellt. Die Radauflagerkraft beträgt $F = 4,5$ kN. Man bestimme die Gelenkkräfte $\vec{F}_A$, $\vec{F}_B$, $\vec{F}_C$, $\vec{F}_D$ und die Federkraft $\vec{F}_E$.

4. Für die gezeichnete Stellung des Getriebes zum Antrieb eines Werkzeugschlittens (**78.**2) bestimme man die Schnittkraft $\vec{F}$ und die Lagerkräfte an den Stellen A, B und C, wenn das Antriebsmoment an der Kurbel $M = 120$ Nm beträgt.

5. Man bestimme die Kolbenkraft und die Kräfte zwischen den Bauteilen des Scherenhubtisches (**78.**3), der eine Last $2F_G = 14$ kN trägt. Der Hubtisch hat zwei symmetrisch angeordnete Kolben.

6. Die Garagentür ist in der gezeichneten Lage im Gleichgewicht (**78.**4). Man bestimme die Federkraft $\vec{F}_D$, die Auflagerkraft $\vec{F}_A$ und die Gelenkkräfte $\vec{F}_B$ und $\vec{F}_C$, wenn die Eigengewichtskraft $2F_G = 800$ N beträgt.

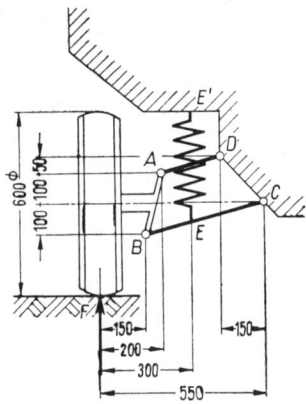

78.1 Aufhängung eines Kfz-Rades

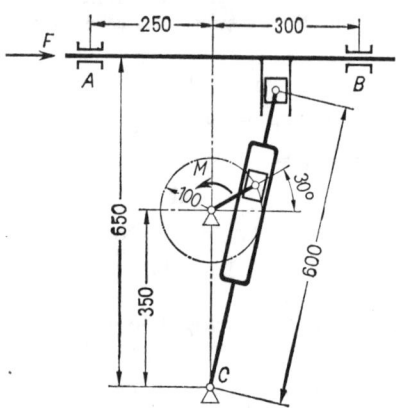

78.2 Getriebe zum Antrieb einer Werkzeugmaschine

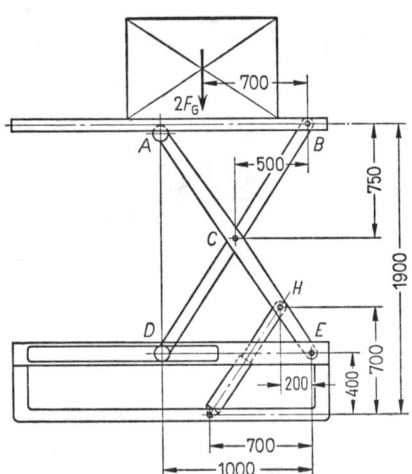

78.3 Scherenhubtisch

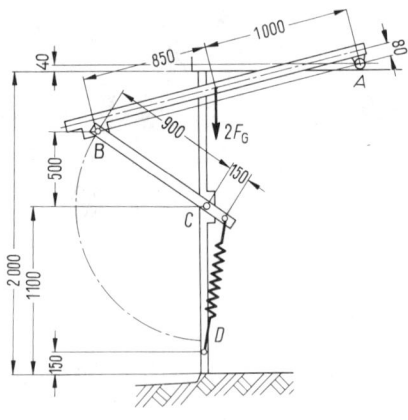

78.4 Garagentür

7. Um den Hebel des Kippsprungwerkes (79.1a) von der Stelle B abzuheben, benötigt man eine Kraft $F_1 = 8$ N, und um ihn in der Stellung (79.1b) zu halten, eine Kraft $F_2 = 16$ N. Man bestimme

a) die Vorspannkraft der Feder,

b) die Federkonstante,

c) die Kraft an der Stelle B, wenn man den Hebel nicht betätigt ($F_1 = 0$),

d) die Kipplage des Kippsprungwerkes und die Federkraft in der Kipplage,

e) die Gelenkkraft $\vec{F}_A$ und die Kräfte an den Stellen D und E in der Stellung (79.1b).

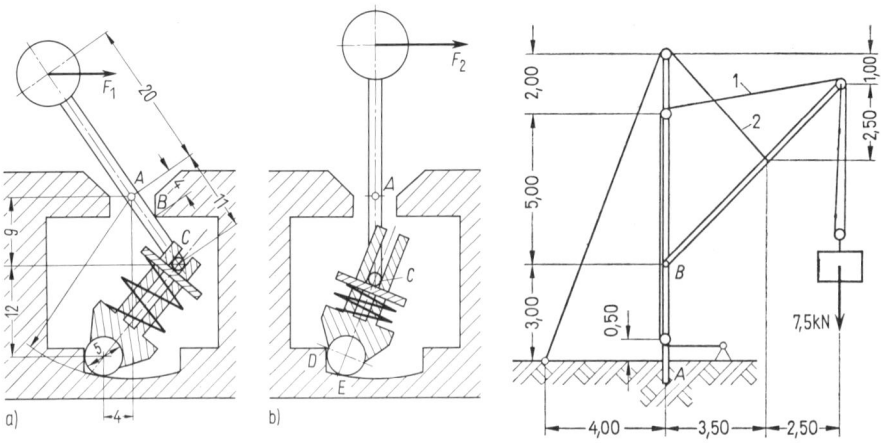

79.1 Kippsprungwerk   79.2 Ladebaum

8. Der Ladebaum (79.2) trägt eine Last $F_G = 7,5$ kN. Man bestimme die Kräfte in den Seilen 1 und 2, die Auflagerreaktionen an der Einspannstelle A und die Kraft im Gelenk B.

9. a) Welche Beziehung muß zwischen den Abmessungen der Brückenwaage (79.3) bestehen, damit die Lage des zu wiegenden Körpers auf der Waagenbrücke (Angriffsstelle der Gewichtskraft $\vec{F}_G$) keinen Einfluß auf die Meßkraft $\vec{F}$ hat?

b) Welche weitere Beziehung muß gelten, damit im Gleichgewichtsfall das Verhältnis der Kräfte $F/F_G = 1/10$ ist d.h. die Brückenwaage eine Dezimalwaage ist?

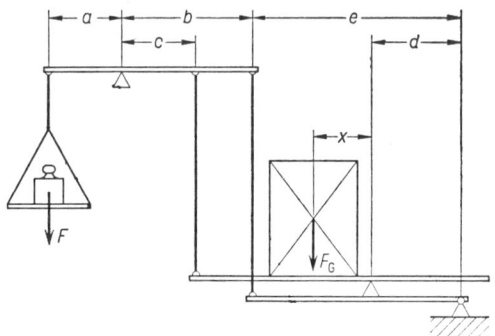

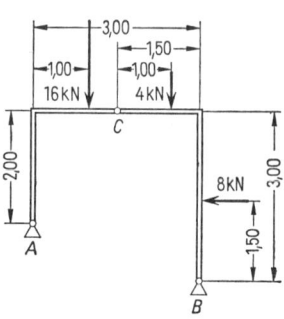

79.3 Brückenwaage   79.4 Gelenkrahmen

10. Man bestimme die Auflagerkräfte und die Gelenkkräfte der folgenden Tragwerke:

a) Bild **79.4**

b) Bild **80.**1

c) Bild **80.**2

d) Bild **80.**3.

Bei diesem Tragwerk betrachte man zwei Belastungsfälle: 1. Belastung durch die Kraft $F_1 = 30$ kN. 2. Belastung durch die Kraft $F_2 = 20$ kN.

Hinweis für die zeichnerische Lösung im Belastungsfall 2: Hier ist es zweckmäßig, zuerst die zur Kraft $\vec{F}_2$ parallelen Komponenten der Kräfte an den Stellen A und B bzw. C und D zu bestimmen (s. Beispiel 4, S. 69, 2. Lösungsweg).

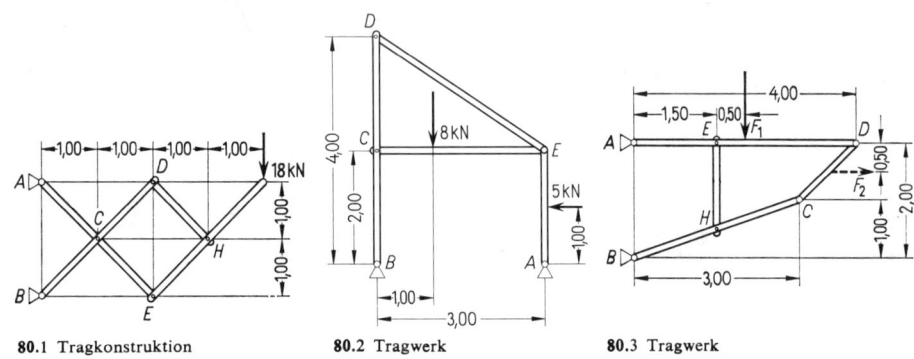

80.1 Tragkonstruktion   80.2 Tragwerk   80.3 Tragwerk

6. Einführung in die räumliche Statik

Da die zeichnerische Behandlung von räumlichen Kräftesystemen umständlich ist, beschränken wir uns auf die rechnerische Behandlung solcher Kräftesysteme.

6.1. Kraft im Raum

Für die Beschreibung der Kräfte im Raum benutzen wir ein rechtwinkliges, rechtshändiges x, y, z-Koordinatensystem mit den Einsvektoren $\vec{e}_x$, $\vec{e}_y$, $\vec{e}_z$ (81.1). Der Angriffspunkt (ein Punkt der Wirkungslinie) A einer Kraft $\vec{F}$ wird in diesem Koordinatensystem durch seine Koordinaten x, y, z festgelegt, die wir zu dem Ortsvektor $\vec{r}$ zusammenfassen. Wir geben den Ortsvektor in der Form an

$$\vec{r} = \vec{e}_x\, x + \vec{e}_y\, y + \vec{e}_z\, z$$

oder kürzer, in der Schreibweise als Zeilen- oder Spaltenvektor

$$\vec{r} = (x, y, z) \qquad \text{oder} \qquad \vec{r} = \left\{ \begin{matrix} x \\ y \\ z \end{matrix} \right\}$$

Den Kraftvektor $\vec{F}$ zerlegen wir in drei Teilkräfte $\vec{F}_x$, $\vec{F}_y$, $\vec{F}_z$ parallel zu den Koordinatenachsen, die als vektorielle Komponenten des Kraftvektors $\vec{F}$ bezeichnet werden. Das Kräftesystem aus den drei vektoriellen Komponenten $\vec{F}_x$, $\vec{F}_y$, $\vec{F}_z$ ist der Kraft $\vec{F}$ gleichwertig.

Setzt man nämlich etwa zuerst die Komponenten $\vec{F}_x$ und $\vec{F}_y$ zu der Teilresultierenden $\vec{F}_{xy}$ und dann die Teilresultierende $\vec{F}_{xy}$ mit der Komponente $\vec{F}_z$ nach dem Parallelogrammaxiom zusammen, so ergibt sich die Kraft $\vec{F}$.

Mit Hilfe der Einsvektoren $\vec{e}_x, \vec{e}_y, \vec{e}_z$ und den skalaren Komponenten F_x, F_y, F_z (die positiv und negativ sein können!) erhält man für die Kraft im Raum eine entsprechende Darstellung wie in der Ebene (s. Abschn. 3.2 und 4.2)

$$\vec{F} = \vec{e}_x\, F_x + \vec{e}_y\, F_y + \vec{e}_z\, F_z$$

oder kürzer geschrieben

$$\vec{F} = (F_x, F_y, F_z) \qquad \text{oder} \qquad \vec{F} = \left\{ \begin{matrix} F_x \\ F_y \\ F_z \end{matrix} \right\}$$

Die Kraftkomponenten legen die Kraft nach Betrag

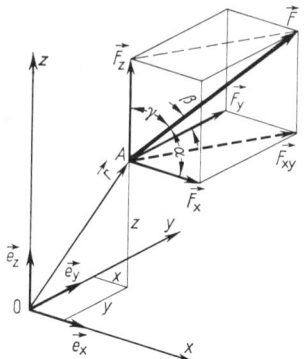

81.1 Kraft im Raum

und Richtung fest. Den Betrag erhält man nach dem räumlichen Pythagoras

$$F = \sqrt{F_x^2 + F_y^2 + F_z^2} \tag{82.1}$$

und die Richtung ergibt sich zwangsläufig durch Zusammensetzen der vektoriellen Komponenten, deren Richtungen ja bekannt sind.

Die Kraft im Raum ist somit durch die Angabe der sechs skalaren Größen

$$x, y, z \text{ (Angriffspunkt)} \qquad F_x, F_y, F_z \text{ (Kraftvektor)} \tag{82.2}$$

vollständig bestimmt.

Man kann die Richtung der Kraft auch durch die Winkel α, β, γ angeben, die der Kraftvektor mit den positiven Koordinatenachsen x, y, z bildet (81.1). Für die Größen $\cos\alpha$, $\cos\beta$, $\cos\gamma$, die man als Richtungskosinus bezeichnet, gilt

$$\cos\alpha = F_x/F \qquad \cos\beta = F_y/F \qquad \cos\gamma = F_z/F \tag{82.3}$$

Drückt man die Komponenten mit Hilfe dieser Beziehungen durch den Betrag und die Richtungskosinus der Kraft aus und setzt sie in Gl. (82.1) ein, so folgt

$$F = \sqrt{F^2 \cos^2\alpha + F^2 \cos^2\beta + F^2 \cos^2\gamma} = F\sqrt{\cos^2\alpha + \cos^2\beta + \cos^2\gamma}$$
$$1 = \cos^2\alpha + \cos^2\beta + \cos^2\gamma \tag{82.4}$$

Die drei Winkel sind also voneinander nicht unabhängig. Gibt man z.B. α und β vor, so kann $\cos\gamma$ nach Gl. (82.4) berechnet werden. Das Vorzeichen von $\cos\gamma$ ergibt sich aus Gl. (82.3). Der Winkel γ ist spitz oder stumpf, je nachdem $\cos\gamma$ positiv oder negativ ist.

Nach den obigen Ausführungen ist eine Kraft im Raum auch durch Angabe der folgenden sechs skalaren Größen bestimmt

$$x, y, z \text{ (Angriffspunkt)} \qquad F, \alpha, \beta \text{ (Kraftvektor)} \tag{82.5}$$

6.2. Kräftepaar im Raum

Verschiebbarkeit von Kräftepaaren

In Abschn. 4.1.1 haben wir gezeigt, daß es erlaubt ist, ein Kräftepaar in seiner Ebene beliebig zu verschieben und zu drehen. Wir zeigen nun, daß ein Kräftepaar auch in eine beliebige zu seiner Ebene parallele Ebene verschoben werden darf, ohne daß sich seine Wirkung auf einen starren Körper ändert.

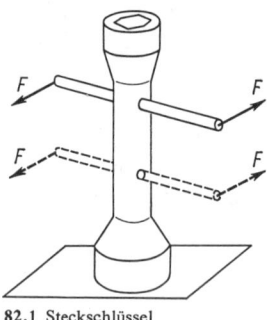

82.1 Steckschlüssel

Diese Vermutung ist naheliegend. Die Wirkung des Steckschlüssels in Bild 82.1 auf die Mutter ist offenbar unabhängig davon, durch welche Löcher man den Dorn steckt, wenn nur jedesmal Betrag und Richtungssinn des angreifenden Kräftepaares dieselben bleiben.

Zum Beweis ergänzen wir das Kräftepaar $\vec{F}$, $-\vec{F}$, das in der Ebene E wirkt (83.1a), durch vier parallele Kräfte in einer zur Ebene E parallelen Ebene E^* zu einem gleichwertigen System aus sechs Kräften (83.1b). Alle diese sechs parallelen Kräfte haben denselben Betrag F, und die Wirkungslinien der Kräfte in der Ebene E^* haben denselben

Abstand wie die Wirkungslinien der Kräfte in der Ebene E. Faßt man nun die Kraft $\vec{F}$ mit dem Angriffspunkt A und die Kraft $\vec{F}$ mit dem Angriffspunkt B^* zu der Teilresultierenden $2\vec{F}$ mit dem Angriffspunkt C, ferner die Kraft $-\vec{F}$ mit dem Angriffspunkt B und die Kraft $-\vec{F}$ mit dem Angriffspunkt A^* zu der Teilresultierenden $-2\vec{F}$ mit

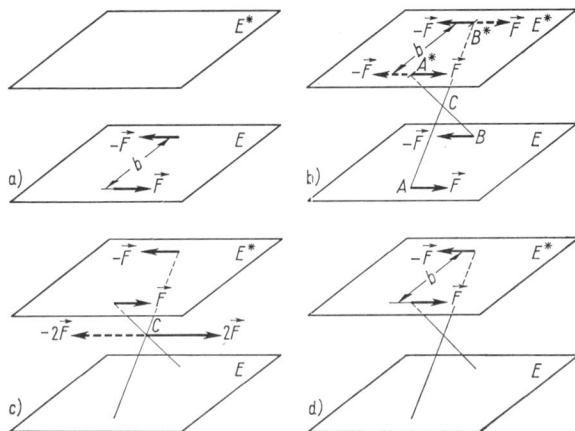

83.1 Verschiebung des Kräftepaares
    in eine parallele Ebene

dem Angriffspunkt C zusammen, so heben sich die Teilresultierenden $2\vec{F}$ und $-2\vec{F}$ auf (83.1c). Es bleibt nur das Kräftepaar $\vec{F}$, $-\vec{F}$ in der Ebene E^* übrig (83.1d). dessen Betrag und Richtungssinn mit dem Betrag und Richtungssinn des ursprünglichen Kräftepaares in der Ebene E übereinstimmen und das daher dem ursprünglichen Kräftepaar äquivalent ist. Für die Kräftepaare im Raum gilt damit:

Ein Kräftepaar darf in seiner Ebene und in eine zu seiner Ebene parallele Ebene verschoben werden.

Wir haben das Kräftepaar durch den Momentenvektor $\vec{M}$ versinnbildlicht (Abschn. 4.1.1). Während der Kraftvektor $\vec{F}$ nur auf seiner Wirkungslinie verschoben werden darf (bei Parallelverschiebung muß ein Versatzmoment hinzugefügt werden), darf der Momentvektor in der von ihm festgelegten Richtung und parallel zu sich selbst verschoben werden. Man bezeichnet den Momentvektor als freien, den Kraftvektor als linienflüchtigen Vektor.

Zusammensetzen von Kräftepaaren

Wir betrachten zwei Kräftepaare, die in zwei verschiedenen nichtparallelen Ebenen E_1 und E_2 wirken (84.1a). Durch Verschiebung jedes Kräftepaares in seiner Ebene und Veränderung des Abstandes der Kräfte auf jeweils denselben Abstand b nach der Regel in Abschn. 4.1.1 bringen wir die beiden Kräftepaare in die in Bild 84.1a dargestellte Lage. Setzt man nun die Kräfte $\vec{F}_1$ und $\vec{F}_2$ zu der Teilresultierenden $\vec{F}_R$ und die Kräfte $-\vec{F}_1$ und $-\vec{F}_2$ zu der Teilresultierenden $-\vec{F}_R$ zusammen, so erhält man ein einziges resultierendes Kräftepaar $\vec{F}_R$, $-\vec{F}_R$, das in der von den Diagonalen der Kräfteparallelogramme bestimmten Ebene wirkt.

In Bild 84.1b ist die Ansicht der räumlichen Darstellung (84.1a) in Richtung der Schnittgeraden der beiden Ebenen zu sehen. In dieser Ansicht sieht man die Schnittgerade als Punkt, und die Längen der Vektoren erscheinen unverzerrt, der Kraftvektor $-\vec{F}_1$ liegt

z. B. im Abstand b hinter dem Kraftvektor $\vec{F}_1$. Außer den Kraftvektoren sind in das Bild die Momentvektoren der Kräftepaare eingezeichnet, die jeweils auf der Ebene des zugehörigen Kräftepaares senkrecht stehen. Für die Beträge der Momentvektoren gilt

$$M_1 = b\,F_1 \qquad M_2 = b\,F_2 \qquad M_R = b\,F_R \tag{84.1}$$

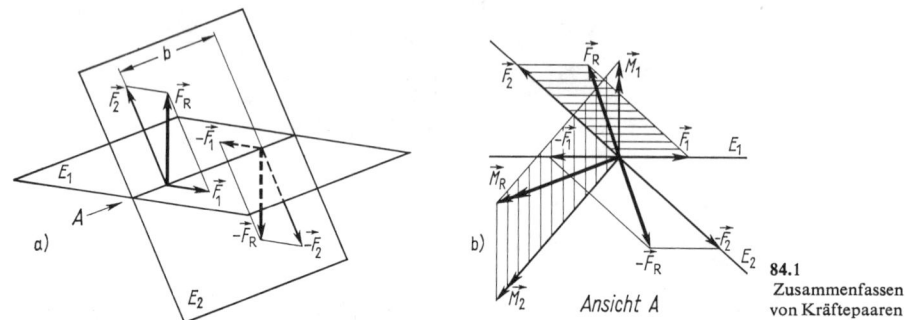

84.1
Zusammenfassen
von Kräftepaaren

Ansicht A

Die Beträge der Momentvektoren sind also den Beträgen der Kräfte der zugehörigen Kräftepaare proportional. Da die Vektoren $\vec{F}_1$ und $\vec{M}_1$, $\vec{F}_2$ und $\vec{M}_2$, $\vec{F}_R$ und $\vec{M}_R$ jeweils aufeinander senkrecht stehen und ihre Längen nach Gl. (84.1) einander proportional sind, folgt aus der Ähnlichkeit der in Bild **84.1** b schraffierten Parallelogramme, daß der Vektor $\vec{M}_R$ die Diagonale des von den Vektoren $\vec{M}_1$ und $\vec{M}_2$ aufgespannten Parallelogramms bildet. Es gilt also:

Zwei Kräftepaare werden zu einem resultierenden Kräftepaar dadurch zusammengesetzt, daß man ihre Momentvektoren geometrisch addiert.

Kräftepaare können also genau wie Kräfte durch Parallelogrammkonstruktion zusammengefaßt werden. Diese Tatsache erleichter erheblich die Behandlung der räumlichen Kräftesysteme. Das resultierende Kräftepaar von vielen Kräftepaaren läßt sich durch Konstruktion eines (im allgemeinen räumlichen) M o m e n t e c k s finden, genau so, wie die Resultierende von mehreren Kräften durch Konstruktion eines Kraftecks erhalten wird.

6.3. Reduktion eines räumlichen Kräftesystems in bezug auf einen Punkt

Zwei Kräfte im Raum lassen sich nur dann unmittelbar zu einer Resultierenden zusammenfassen, wenn ihre Wirkungslinien in einer Ebene liegen, d. h., sich schneiden oder parallel verlaufen. Im allgemeinen verlaufen jedoch die Wirkungslinien zweier Kräfte im Raum windschief, so daß eine Zusammenfassung der Kräfte nicht ohne weiteres möglich ist. Verschiebt man die Kraftvektoren solcher Kräfte parallel zu sich selbst, so daß ihre (neuen) Wirkungslinien sich schneiden und das Zusammenfassen zu einer Resultierenden möglich ist, so muß man nach Abschn. 4.2.4 dieser Resultierenden ein V e r s a t z m o m e n t hinzufügen, damit das veränderte Kräftesystem dem ursprünglichen gleichwertig bleibt.

Nach dieser Überlegung über das Zusammensetzen zweier windschiefer Kräfte sieht man leicht ein, daß ein allgemeines räumliches System aus mehr als zwei Kräften sich immer auf ein gleichwertiges System reduzieren läßt, das aus nur **einer resultierenden Kraft** und nur **einem resultierenden Kräftepaar** besteht. Die resultierende Kraft findet man durch geometrische Addition der parallel zu sich selbst verschobenen Kraftvektoren des gegebenen Systems, das resultierende Kräftepaar durch geometrische Addition der Momentvektoren der Versatzkräftepaare und der etwa von vornherein vorhandenen Kräftepaare. Die zeichnerische Durchführung dieser Reduktion ist umständlich, sie erfordert im allgemeinen Krafteck- und Seileckkonstruktionen in zwei verschiedenen Ebenen. Daher beschränken wir uns auf die Beschreibung der rechnerischen Methode.

Reduktion einer Kraft in bezug auf den Koordinatenursprung

Wir verschieben eine Kraft $\vec{F}$ mit dem Angriffspunkt A (**85.**1a), dessen Koordinaten x, y, z sind, parallel zu sich selbst in den Koordinatenursprung. Um besser übersehen zu können, welches Versatzmoment der verschobenen Kraft hinzugefügt werden muß, damit das neue Kräftesystem der ursprünglichen Kraft gleichwertig bleibt, zerlegen wir die Kraft $\vec{F}$ in ihre Komponenten $\vec{F}_x$, $\vec{F}_y$, $\vec{F}_z$ und führen die Verschiebung jeder Kraftkomponente in den Koordinatenursprung einzeln durch. Die Komponente $\vec{F}_x$ verschieben wir auf dem Wege $ABC\,0$ (**85.**1a). Die Verschiebung von A nach B kann ohne weiteres durchgeführt werden, da eine Kraft auf ihrer Wirkungslinie verschoben werden darf Verschiebungsaxiom). Bei der Parallelverschiebung von B nach C muß jedoch ein Versatzmoment vom Betrage yF_x, dessen Momentvektor in Richtung der negativen z-Achse

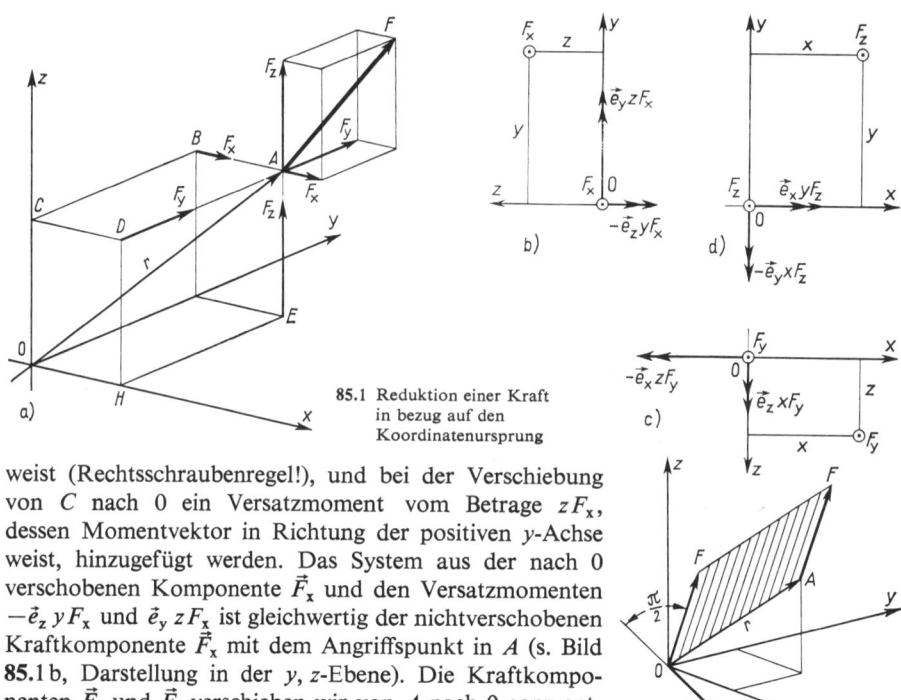

85.1 Reduktion einer Kraft in bezug auf den Koordinatenursprung

weist (Rechtsschraubenregel!), und bei der Verschiebung von C nach 0 ein Versatzmoment vom Betrage zF_x, dessen Momentvektor in Richtung der positiven y-Achse weist, hinzugefügt werden. Das System aus der nach 0 verschobenen Komponente $\vec{F}_x$ und den Versatzmomenten $-\vec{e}_z\,yF_x$ und $\vec{e}_y\,zF_x$ ist gleichwertig der nichtverschobenen Kraftkomponente $\vec{F}_x$ mit dem Angriffspunkt in A (s. Bild **85.**1b, Darstellung in der y, z-Ebene). Die Kraftkomponenten $\vec{F}_y$ und $\vec{F}_z$ verschieben wir von A nach 0 ganz entsprechend auf den Wegen $ADC\,0$ und $AEH\,0$. Die Momentvektoren der Versatzmomente, die dabei hinzugenommen werden müssen, sind in den Bildern **85.**1c und d zu sehen. In dem Koordinatenursprung fassen wir nun durch geometrische Addition die Kraftkomponenten wieder zu der Kraft

$$\vec{F} = \vec{e}_x\, F_x + \vec{e}_y\, F_y + \vec{e}_z\, F_z = (F_x, F_y, F_z)$$

und alle Versatzmomente zu einem einzigen Versatzmoment

$$\vec{M} = \vec{e}_x\, M_x + \vec{e}_y\, M_y + \vec{e}_z\, M_z = (M_x, M_y, M_z)$$

zusammen. Für die skalaren Komponenten des Gesamtversatzmomentes liest man aus Bild **85.**1 b bis d ab

$$\left.\begin{aligned} M_x &= y\, F_z - z\, F_y \\ M_y &= z\, F_x - x\, F_z \\ M_z &= x\, F_y - y\, F_x \end{aligned}\right\} \tag{86.1}$$

Die Kraft $\vec{F}$ mit dem Angriffspunkt A ist der aus der in den Punkt 0 verschobenen Kraft $\vec{F}$ und dem Versatzkräftepaar $\vec{M}$ bestehenden Dyname (s. Abschn. 4.2.4) gleichwertig (**85.**1e). Da das Versatzkräftepaar in der Ebene liegt, die vom Ortsvektor $\vec{r}$ zum Angriffspunkt A und dem Kraftvektor $\vec{F}$ aufgespannt ist, stehen die Vektoren $\vec{F}$ und $\vec{M}$ aufeinander senkrecht.

Die Komponenten M_x, M_y und M_z in Gl. (86.1) bezeichnet man als statische Momente der Kraft $\vec{F}$ bezüglich der x-, y- und z-Achse, den Vektor $\vec{M}$ als das statische Moment der Kraft $\vec{F}$ bezüglich des Koordinatenursprungs.

Die Definition des statischen Momentes in Abschn. 4.2.1 ist der Sonderfall dieser allgemeinen Definition.

Das Versatzmoment bei Parallelverschiebung einer Kraft ist gleich dem statischen Moment der nichtverschobenen Kraft bezüglich des Punktes, in den sie verschoben wird.

Wie bereits in Abschn. 4.2.1 gesagt wurde, bezeichnet man die Operation, die dem Ortsvektor $\vec{r}$ und dem Kraftvektor $\vec{F}$ den Vektor $\vec{M}$ des statischen Momentes zuordnet, als äußeres oder vektorielles Produkt. Am besten merkt man sich die Berechnungsvorschrift in Gl. (86.1) dadurch, daß man das Vektorprodukt in der Determinantenform schreibt

$$\vec{M} = \vec{r} \times \vec{F} = \begin{vmatrix} \vec{e}_x & \vec{e}_y & \vec{e}_z \\ x & y & z \\ F_x & F_y & F_z \end{vmatrix} = \vec{e}_x\, (y\, F_z - z\, F_y) + \vec{e}_y\, (z\, F_x - x\, F_z) + \vec{e}_z\, (x\, F_y - y\, F_x)$$

Diese Schreibweise ist für die praktische Berechnung eines statischen Momentes sehr vorteilhaft.

Reduktion eines Kräftesystems aus n Kräften in bezug auf den Koordinatenursprung. Dyname und Kraftschraube

Besteht ein räumliches System aus n Kräften, so reduzieren wir zuerst alle Kräfte $\vec{F}_i$ ($i = 1, 2, \ldots, n$) einzeln unter Hinzunahme der Versatzmomente $\vec{M}_i$ auf den Koordinatenursprung. Durch geometrische Addition der Kräfte $\vec{F}_i$ einerseits und der Momente $\vec{M}_i$ andererseits wird dann das gegebene Kräftesystem auf ein äquivalentes System zurückgeführt, das aus einer resultierenden Kraft $\vec{F}_R$ mit dem Koordinatenursprung als Angriffspunkt und einem resultierenden Kräftepaar $\vec{M}_R$ besteht. Es ist

$$\vec{F}_R = \sum \vec{F}_i \qquad \vec{M}_R = \sum \vec{M}_i \tag{86.2}$$

Den zwei vektoriellen Beziehungen der Gl. (86.2) entsprechen sechs skalare, die unter Berücksichtigung der Gl. (86.1) lauten

$$F_{Rx} = \sum F_{ix} \qquad F_{Ry} = \sum F_{iy} \qquad\qquad F_{Rz} = \sum F_{iz} \qquad (87.1)$$

$$M_{Rx} = \sum (y_i F_{iz} - z_i F_{iy}) \qquad M_{Ry} = \sum (z_i F_{ix} - x_i F_{iz}) \qquad M_{Rz} = \sum (x_i F_{iy} - y_i F_{ix})$$

Für den Betrag F_R und die Richtungswinkel α_R, β_R und γ_R der Resultierenden gilt nach Gl. (82.1) bzw. Gl. (82.3)

$$F_R = \sqrt{F_{Rx}^2 + F_{Ry}^2 + F_{Rz}^2}$$

$$\cos \alpha_R = F_{Rx}/F_R \qquad \cos \beta_R = F_{Ry}/F_R \qquad \cos \gamma_R = F_{Rz}/F_R \qquad (87.2)$$

und da Momente genau wie Kräfte zusammengesetzt werden (Abschn. 6.2), gelten für die Berechnung des Betrages M_R und der Richtungswinkel α_M, β_M, γ_M des resultierenden Kräftepaares entsprechende Formeln

$$M_R = \sqrt{M_{Rx}^2 + M_{Ry}^2 + M_{Rz}^2}$$

$$\cos \alpha_M = M_{Rx}/M_R \qquad \cos \beta_M = M_{Ry}/M_R \qquad \cos \gamma_M = M_{Rz}/M_R \qquad (87.3)$$

Die Vektoren $\vec{F}_R$ und $\vec{M}_R$ fassen wir wieder unter dem Begriff Dyname zusammen.

Ein allgemeines räumliches Kräftesystem läßt sich stets auf eine Dyname $\vec{F}_R$, $\vec{M}_R$ bezüglich eines beliebig gewählten Punktes reduzieren.

Der Bezugspunkt kann zum Ursprung eines Koordinatensystems gemacht werden. Während bei Reduktion einer Einzelkraft oder eines ebenen Kräftesystems in bezug auf einen Punkt die Vektoren $\vec{F}_R$ und $\vec{M}$ der Dyname stets aufeinander senkrecht stehen, schließen sie bei der Dyname eines räumlichen Kräftesystems einen beliebigen Winkel ein. Wir zerlegen den Momentvektor $\vec{M}_R$ der Dyname in Komponenten $\vec{M}_{Rp}$ und $\vec{M}_{Rs}$ parallel und senkrecht zum Kraftvektor $\vec{F}_R$ (87.1). Verschiebt man die Dyname in einen anderen Bezugspunkt, so ändert sich dabei nur die Komponente $\vec{M}_{Rs}$, da der Momentvektor $\vec{M}_R$ der Dyname beliebig verschoben werden darf und bei der Verschiebung der resultierenden Einzelkraft $\vec{F}_R$ der Vektor des hinzukommenden Versatzmomentes auf dem Kraftvektor senkrecht steht. Die parallele Komponente $\vec{M}_{Rp}$ ist von der Verschiebung unabhängig. Man kann nun durch Verschiebung der Dyname in einen anderen Bezugspunkt erreichen, daß die zur Kraft senkrechte Komponente des Momentvektors verschwindet. Der Betrag des hinzukommenden Versatzkräftepaares $F_R b$ (87.1) muß in diesem Fall gleich dem Betrag der nichtverschobenen Momentkomponente $\vec{M}_{Rs}$ und sein Richtungssinn dem Richtungssinn von $\vec{M}_{Rs}$ entgegengesetzt sein.

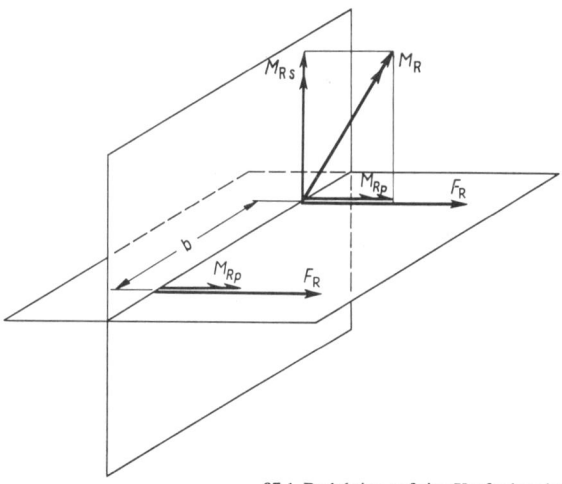

87.1 Reduktion auf eine Kraftschraube

Eine Dyname, bei der Kraft- und Momentvektor parallel sind, bezeichnet man als Kraftschraube, die Wirkungslinie der Kraft einer Kraftschraube als Zentralachse (88.1).

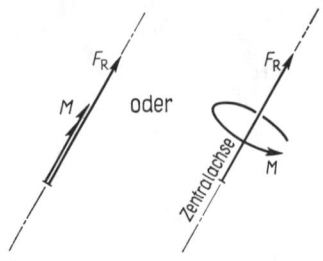

Ein allgemeines räumliches Kräftesystem läßt sich immer auf eine Kraftschraube zurückführen.

Die Reduktion auf nur eine Kraft bzw. nur ein Kräftepaar, wie es beim ebenen Kräftesystem war, ist beim räumlichen Kräftesystem im allgemeinen nicht möglich. Nur in Sonderfällen kann die Kraft oder das Moment oder Kraft und Moment der Kraftschraube gleich Null sein.

88.1 Kraftschraube

6.4. Gleichgewichtsbedingungen

Wir haben gesehen, daß das einfachste System, auf das sich ein allgemeines räumliches System reduzieren läßt, die Dyname bzw. die Kraftschraube ist. Eine weitere Vereinfachung ist, abgesehen von Sonderfällen, nicht möglich. Daraus folgt:

Für das Gleichgewicht eines allgemeinen räumlichen Kräftesystems ist es notwendig und hinreichend, daß die Kraft $\vec{F}_R$ und das Kräftepaar $\vec{M}_R$ des auf eine Dyname bezüglich eines beliebigen Punktes reduzierten Kräftesystems gleich Null sind.

Für die praktische Feststellung des Gleichgewichtes ist die folgende Formulierung der Gleichgewichtsbedingungen vorteilhaft:

Ein räumliches Kräftesystem ist im Gleichgewicht, wenn die Summe der Kräfte und die Summe der statischen Momente der Kräfte in bezug auf einen beliebig gewählten Punkt jede für sich gleich Null ist

$$\sum \vec{F}_i = \vec{F}_R = 0 \qquad \sum \vec{M}_i = \vec{M}_R = 0 \qquad (88.1)$$

Den zwei Vektorgleichungen Gl. (88.1) entsprechen sechs skalare Gleichungen als Gleichgewichtsbedingungen:

Kräftegleichgewicht

$$\left. \begin{array}{l} \sum F_{ix} = 0 \\ \sum F_{iy} = 0 \\ \sum F_{iz} = 0 \end{array} \right\} \qquad (88.2)$$

Momentengleichgewicht

$$\left. \begin{array}{l} \sum M_{ix} = \sum (y_i F_{iz} - z_i F_{iy}) = 0 \\ \sum M_{iy} = \sum (z_i F_{ix} - x_i F_{iz}) = 0 \\ \sum M_{iz} = \sum (x_i F_{iy} - y_i F_{ix}) = 0 \end{array} \right\} \qquad (88.3)$$

Die Bedingungen für das Kräftegleichgewicht Gl. (88.2) können entsprechend wie im ebenen Fall (s. Abschn. 4.2.5) durch weitere Momentengleichgewichtsbedingungen bezüglich anderer Achsen als in Gl. (88.3) ersetzt werden.

Ein Körper oder ein mechanisches System befindet sich im Gleichgewicht, wenn das an ihm angreifende Kräftesystem im Gleichgewicht ist. Da im Raum zur Ermittlung des

Gleichgewichts sechs Gleichungen zur Verfügung stehen, muß die Lagerung eines statisch bestimmt gelagerten Körpers so beschaffen sein, daß bei seiner Belastung mit einem beliebigen räumlichen Kräftesystem genau sechs unabhängige Auflager-reaktionen auftreten. Ist der Körper so belastet und seine Lagerung so beschaffen, daß auf ihn ein spezielles Kräftesystem (z.B. ein ebenes oder ein zentrales) einwirkt, so sind einige der Gleichgewichtsbedingungen in Gl. (88.2) und (88.3) identisch erfüllt, da in den betreffenden Richtungen oder bezüglich der betreffenden Achsen überhaupt keine Kräfte oder Momente wirken. In solchen Sonderfällen muß die Anzahl der un-bekannten Auflagerreaktionen gleich der Zahl der nicht identisch erfüllten Gleichge-wichtsbedingungen (d.h. weniger als sechs) sein, wenn die Auflagerreaktionen sich allein aus den Gleichgewichtsbedingungen berechnen lassen sollen, d.h. der Körper statisch bestimmt gelagert ist. Solche Sonderfälle sind:

Ebenes Kräftesystem (die Wirkungslinien aller Kräfte liegen in einer Ebene). Eine Kraft- und zwei Momentengleichgewichtsbedingungen sind identisch erfüllt. $6 - 3 = 3$ unabhängige Auflagerreaktionen bei statisch bestimmter Lagerung.

Zentrales Kräftesystem (die Wirkungslinien aller Kräfte schneiden sich in einem Punkt). Die drei Momentenbedingungen sind identisch erfüllt. $6 - 3 = 3$ unabhängige Auflagerreaktionen bei statisch bestimmter Lagerung.

Paralleles Kräftesystem (die Wirkungslinien aller Kräfte sind parallel). Zwei Kräfte-gleichgewichtsbedingungen und eine Momentengleichgewichtsbedingung sind identisch erfüllt. $6 - 3 = 3$ unabhängige Auflagerreaktionen bei statisch bestimmter Lagerung.

Axiales Kräftesystem (die Wirkungslinien aller Kräfte schneiden eine Gerade, die Achse). Beispiele: Maschinenwelle oder durch Kugelgelenk gelagerter und abgespannter Mast. Die Momentengleichgewichtsbedingung bezüglich der Achse ist identisch erfüllt. $6 - 1 = 5$ unabhängige Auflagerreaktionen bei statisch bestimmter Lagerung.

Wie für das ebene Kräftesystem bereits gesagt (s. Abschn. 5.2), sind die obigen Abzähl-bedingungen notwendige, jedoch keine hinreichende Bedingungen für die statische Be-stimmtheit. Ist z.B. ein Körper so durch sechs Pendelstäbe gestützt, daß die Wirkungs-linien aller sechs Stützkräfte eine Gerade schneiden, so ist die notwendige Abzähl-bedingung für statisch bestimmte Lagerung erfüllt. Würde man jedoch den Körper mit

einem Kräftepaar (Moment) belasten, das in einer zu dieser Geraden senkrechten Ebene wirkt, so könnten die Stütz-kräfte kein Gegenkräftepaar ergeben, das das Gleichge-wicht herstellt, und der Kör-per würde sich drehen.

Beispiel 1. An einem als un-symmetrisches Dreibein ausge-führten Ausleger wirkt eine Kraft $F = 60\,\text{kN}$ (**89.**1a). Die infolge dieser Kraft auftreten-den Stabkräfte sollen bestimmt werden. Die Wirkungslinien der Stabkräfte sind bekannt, da die Stäbe Pendelstützen sind. Ihre

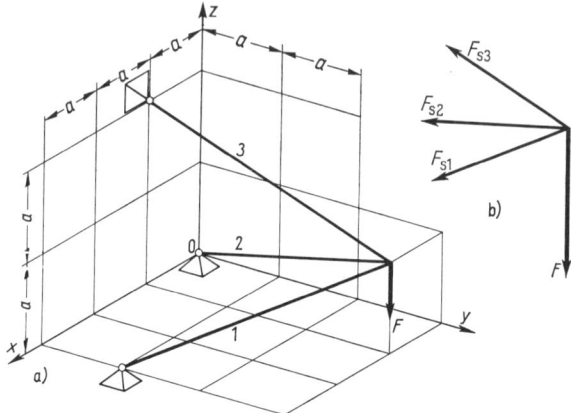

89.1 Ausleger

Richtungen können aus dem Lageplan entnommen werden. Wir machen das Gelenk an der Spitze des Auslegers frei (**89.**1 b) und setzen alle Stabkräfte als Zugkräfte (am Gelenk ziehend, s. Abschn. 9) an. Die vier Kräfte bilden ein zentrales Kräftesystem. Ihre Komponentendarstellung schreiben wir in der Form (s. Beispiel 10, S. 29)

$$\vec{F}_{s1} = \bar{S}_1 \begin{Bmatrix} 2 \\ -2 \\ -1 \end{Bmatrix} \qquad \vec{F}_{s2} = \bar{S}_2 \begin{Bmatrix} -1 \\ -3 \\ -1 \end{Bmatrix} \qquad \vec{F}_{s3} = \bar{S}_3 \begin{Bmatrix} 0 \\ -3 \\ 1 \end{Bmatrix} \qquad \vec{F} = \begin{Bmatrix} 0 \\ 0 \\ -60 \text{ kN} \end{Bmatrix}$$

$\bar{S}_1, \bar{S}_2, \bar{S}_3$ — Proportionalitätsfaktoren

Die Gleichgewichtsbedingungen für das zentrale Kräftesystem Gl. (**88.**2) lauten

$$\sum F_{ix} = 0 = 2\bar{S}_1 - \bar{S}_2$$

$$\sum F_{iy} = 0 = -2\bar{S}_1 - 3\bar{S}_2 - 3\bar{S}_3$$

$$\sum F_{iz} = 0 = -\bar{S}_1 - \bar{S}_2 + \bar{S}_3 - 60 \text{ kN}$$

Die Lösung dieses Gleichungssystems nach dem Gaußschen Eliminationsverfahren ergibt[1]

	$\bar{S}_1$	$\bar{S}_2$	$\bar{S}_3$	rechte Seite in kN	Zeilen-summe	
	2	−1			1	1
	2	3	3		8	
(1)	1	1	−1	−60	−59	3
	5	6		−180	−169	1
(2)	2	−1		.	1	6
(3)	17			−180	−163	
	−10,6	−21,2	28,2			

$$\bar{S}_1 = -\frac{180 \text{ kN}}{17} = -10,6 \text{ kN}$$

$$\bar{S}_2 = -21,2 \text{ kN}$$

$$\bar{S}_3 = 28,2 \text{ kN}$$

Die negativen Vorzeichen der Faktoren $\bar{S}_1$ und $\bar{S}_2$ bedeuten, daß der wahre Richtungssinn der Kräfte $\vec{F}_{s1}$ und $\vec{F}_{s2}$ dem in Bild **89.**1 b eingezeichneten entgegengesetzt ist (die Stäbe 1 und 2 sind Druckstäbe, s. Abschn. 9). Die Beträge der Stabkräfte sind

$$F_{s1} = 10,6 \text{ kN} \cdot \sqrt{2^2 + 2^2 + 1^2} = 10,6 \text{ kN} \cdot \sqrt{9} = 31,8 \text{ kN}$$

Entsprechend erhält man:

$$F_{s2} = 70,3 \text{ kN} \qquad F_{s3} = 89,2 \text{ kN}$$

Beispiel 2. Auf das Großrad 2 der Vorgelegewelle eines zweistufigen Stirnradgetriebes mit Schrägverzahnung (**91.**1 a) wird von dem treibenden Kleinrad der Antriebswelle eine Umfangskraft $F_{u2} = 2$ kN übertragen (**91.**1 b). Die Wirkungslinien der Zahnkräfte $\vec{F}_1$ und $\vec{F}_2$ stehen senkrecht auf den Zahnflanken. Bei allen Rädern beträgt der Schrägungswinkel $\beta_0 = 15°$ und der Normaleingriffswinkel $\alpha_{no} = 20°$. Gesucht werden die Zahnkräfte, die auf die Stirnräder der Vorgelegewelle wirken, und ihre Komponenten (Umfangskräfte F_u, Radialkräfte F_r, Axialkräfte F_a), ferner die Auflagerkräfte der Vorgelegewelle.

In Bild **91.**1 b ist die freigemachte Vorgelegewelle dargestellt und in Bild **91.**1 c ihre Projektionen auf die Koordinatenebenen. Aus der bekannten Umfangskraft F_{u2} und den bekannten Winkeln

---

[1] Erläuterung zum Schema des Gaußschen Eliminationsverfahrens s. Beispiel 7, S. 75.

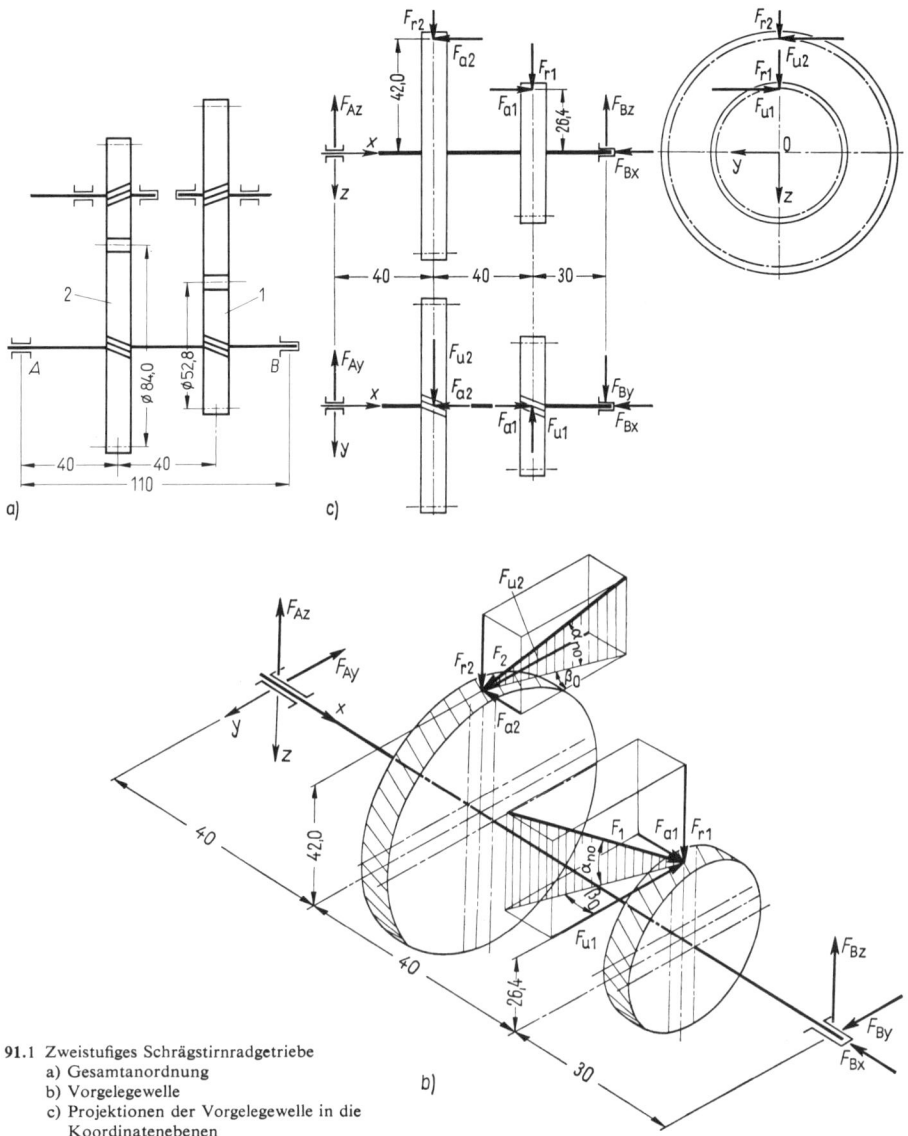

91.1 Zweistufiges Schrägstirnradgetriebe
a) Gesamtanordnung
b) Vorgelegewelle
c) Projektionen der Vorgelegewelle in die Koordinatenebenen

β_0 und α_{no} berechnen sich die anderen Komponenten der Zahnkraft $\vec{F}_2$ und ihr Betrag wie folgt

$$\left.\begin{array}{l} F_{a2} = F_{u2} \tan \beta_0 = 2\,\text{kN} \cdot 0{,}268 = 0{,}536\,\text{kN} \\[2mm] F_{r2} = F_{u2} \dfrac{\tan \alpha_{no}}{\cos \beta_0} = 2\,\text{kN} \cdot \dfrac{0{,}364}{0{,}966} = 0{,}754\,\text{kN} \\[2mm] F_2 = \sqrt{0{,}536^2 + 2^2 + 0{,}754^2}\,\text{kN} = 2{,}20\,\text{kN} \end{array}\right\} \qquad (91.1)$$

Für die Beträge der Komponenten der Zahnkraft $\vec{F}_1$ gilt

$$\left.\begin{array}{l} F_{u1} = F_1 \cos \alpha_{no} \cdot \cos \beta_0 = 0{,}908\,F_1 \\ F_{a1} = F_1 \cos \alpha_{no} \cdot \sin \beta_0 = 0{,}243\,F_1 \\ F_{r1} = F_1 \sin \alpha_{no} \qquad\quad = 0{,}342\,F_1 \end{array}\right\} \tag{92.1}$$

Die 6 unbekannten Kräfte F_{Ay}, F_{Az}, F_{Bx}, F_{By}, F_{Bz}, F_1 bestimmen wir aus den Gleichgewichtsbedingungen Gl. (88.2 und 88.3), wobei wir als Bezugspunkt für die statischen Momente der Kräfte den Koordinatenursprung wählen. Für das Momentengleichgewicht bezüglich der y-Achse folgt z. B. unter Berücksichtigung der Gl. (91.1 und 92.1) und Zusammenfassen

$$\sum M_{iy} = 0 = 11\,\text{cm} \cdot F_{Bz} - 2{,}64\,\text{cm} \cdot F_{a1} - 8\,\text{cm} \cdot F_{r1} + 4{,}20\,\text{cm} \cdot F_{a2} - 4\,\text{cm} \cdot F_{r2}$$
$$= 11\,\text{cm} \cdot F_{Bz} - 2{,}64\,\text{cm} \cdot 0{,}243 F_1 - 8\,\text{cm} \cdot 0{,}342 F_1 + 4{,}20\,\text{cm} \cdot 0{,}536\,\text{kN} - 4\,\text{cm} \cdot 0{,}754\,\text{kN}$$
$$= 11\,\text{cm} \cdot F_{Bz} - 3{,}38\,\text{cm} \cdot F_1 - 0{,}765\,\text{kNcm}$$

Entsprechend stellt man die anderen Gleichgewichtsbedingungen Gl. (88.2) und (88.3) auf und erhält zusammenfassend die nachstehenden Gleichungen

$$\sum F_{ix} = 0 = -F_{Bx} + 0{,}243\,F_1 - 0{,}536\,\text{kN} \tag{92.2}$$

$$\sum F_{iy} = 0 = -F_{Ay} + F_{By} - 0{,}908\,F_1 + 2\,\text{kN} \tag{92.3}$$

$$\sum F_{iz} = 0 = -F_{Az} - F_{Bz} + 0{,}342\,F_1 + 0{,}754\,\text{kN} \tag{92.4}$$

$$\sum M_{ix} = 0 = -2{,}40\,\text{cm} \cdot F_1 + 8{,}40\,\text{kN cm} \tag{92.5}$$

$$\sum M_{iy} = 0 = 11\,\text{cm} \cdot F_{Bz} - 3{,}38\,\text{cm} \cdot F_1 - 0{,}765\,\text{kN cm} \tag{92.6}$$

$$\sum M_{iz} = 0 = 11\,\text{cm} \cdot F_{By} - 7{,}26\,\text{cm} \cdot F_1 + 8{,}00\,\text{kN cm} \tag{92.7}$$

Aus Gl. (92.5) folgt $\qquad\qquad\qquad\qquad F_1 = 3{,}50 \ \text{kN}$

Dann folgt aus Gl. (92.6) $\qquad\qquad\qquad F_{Bz} = 1{,}145\,\text{kN}$

$\qquad$ aus Gl. (92.7) $\qquad\qquad\qquad\quad F_{By} = 1{,}583\,\text{kN}$

und aus Gl. (92.2) $\qquad\qquad\qquad\quad F_{Bx} = 0{,}315\,\text{kN}$

Schließlich berechnet man aus Gl. (92.3) $\qquad F_{Ay} = 0{,}405\,\text{kN}$

$\qquad\qquad\quad$ und aus Gl. (92.4) $\qquad\qquad F_{Az} = 0{,}806\,\text{kN}$

Mit $F_1 = 3{,}5\,\text{kN}$ ergibt sich aus Gl. (92.1) für die Beträge der Komponenten der Kraft $\vec{F}_1$

$$F_{u1} = 3{,}18\,\text{kN} \qquad F_{a1} = 0{,}851\,\text{kN} \qquad F_{r1} = 1{,}197\,\text{kN}$$

und die Beträge der Kräfte $\vec{F}_A$ und $\vec{F}_B$ sind nach Gl. (87.2)

$$F_A = 0{,}902\,\text{kN} \qquad F_B = 1{,}980\,\text{kN}$$

Die Aufstellung der Gl. (92.2 bis 4) und besonders der Gl. (92.5 bis 7) wird durch Anwendung der Vektorrechnung erleichtert. Nachdem die Kraftvektoren

$$\vec{F}_1 = (\quad 0{,}243 \cdot F_1; \qquad -0{,}908 \cdot F_1; \qquad 0{,}342 \cdot F_1)$$
$$\vec{F}_2 = (-0{,}536\,\text{kN} ; \qquad\qquad 2\,\text{kN} ; \qquad 0{,}754\,\text{kN})$$
$$\vec{F}_A = (\qquad 0 \quad ; \qquad\qquad -F_{Ay}; \qquad -F_{Az})$$
$$\vec{F}_B = (\qquad -F_{Bx}; \qquad\qquad F_{By}; \qquad -F_{Bz})$$

und die Ortsvektoren der Angriffspunkte dieser Kräfte

$$\vec{r}_1 = (\ 8\,\text{cm}; \qquad 0; \qquad -2{,}64\,\text{cm})$$
$$\vec{r}_2 = (\ 4\,\text{cm}; \qquad 0; \qquad -4{,}20\,\text{cm})$$
$$\vec{r}_A = (\ 0 \quad ; \qquad 0; \qquad 0 \qquad)$$
$$\vec{r}_B = (11\,\text{cm}; \qquad 0; \qquad 0 \qquad)$$

festgelegt sind, läuft die weitere Rechnung formal ab, ohne daß man die Vorzeichen der statischen Momente aufgrund der räumlichen Anschauung festlegen muß. Man rechnet

$$\vec{M}_1 = \vec{r}_1 \times \vec{F}_1$$

$$= \begin{vmatrix} \vec{e}_x & \vec{e}_y & \vec{e}_z \\ 8\,\text{cm} & 0 & -2{,}64\,\text{cm} \\ 0{,}243\,F_1 & -0{,}908\,F_1 & 0{,}342\,F_1 \end{vmatrix} = (-2{,}40\,\text{cm} \cdot F_1;\ -3{,}38\,\text{cm} \cdot F_1;\ -7{,}26\,\text{cm} \cdot F_1)$$

$$\vec{M}_2 = \vec{r}_2 \times \vec{F}_2$$

$$= \begin{vmatrix} \vec{e}_x & \vec{e}_y & \vec{e}_z \\ 4\,\text{cm} & 0 & -4{,}20\,\text{cm} \\ -0{,}536\,\text{kN} & 2\,\text{kN} & 0{,}754\,\text{kN} \end{vmatrix} = (0{,}840\,\text{kN cm};\ -0{,}765\,\text{kN cm};\ 8{,}00\,\text{kN cm})$$

$$\vec{M}_A = \vec{r}_A \times \vec{F}_A$$

$$= \begin{vmatrix} \vec{e}_x & \vec{e}_y & \vec{e}_z \\ 0 & 0 & 0 \\ 0 & -F_{Ay} & -F_{Az} \end{vmatrix} = (0;\qquad 0;\qquad 0)$$

$$\vec{M}_B = \vec{r}_B \times \vec{F}_B$$

$$= \begin{vmatrix} \vec{e}_x & \vec{e}_y & \vec{e}_z \\ 11\,\text{cm} & 0 & 0 \\ -F_{Bx} & F_{By} & -F_{Bz} \end{vmatrix} = (0;\qquad 11\,\text{cm} \cdot F_{Bz};\quad 11\,\text{cm} \cdot F_{By})$$

Durch Addition und Nullsetzen der x-, y- und z-Komponenten der Kräfte und Momente erhält man dann die Gl. (92.2 bis 7).

6.5. Aufgaben zu Abschnitt 6

1. Ein Körper, auf den die Gewichtskraft $F_G = 4\,\text{kN}$ wirkt, ist an drei Seilen aufgehängt (**93.1**). Man berechne die Seilkräfte.

2. Eine homogene Kreisplatte mit konstanter Dicke, auf die die Eigengewichtskraft $F_G = 500\,\text{N}$ wirkt, ist entsprechend Bild **93.2** an drei parallelen Seilen aufgehängt. Man berechne die Seilkräfte.

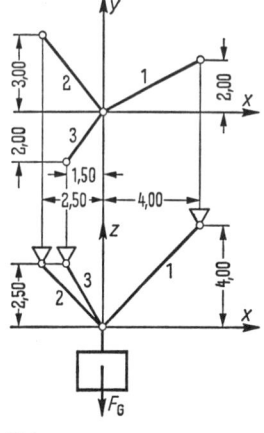

93.1

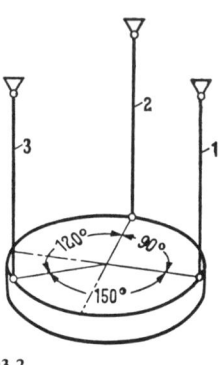

93.2

3. Das räumliche Fachwerk in Bild **94.**1 ist mit einer Last $F_G = 48$ kN belastet. Man berechne die Stabkräfte.

4. Das Maschinenteil in Bild **94.**2 wird mit der Kraft $F = 300$ N belastet. Man bestimme die Auflagerreaktionen an der Einspannstelle A.

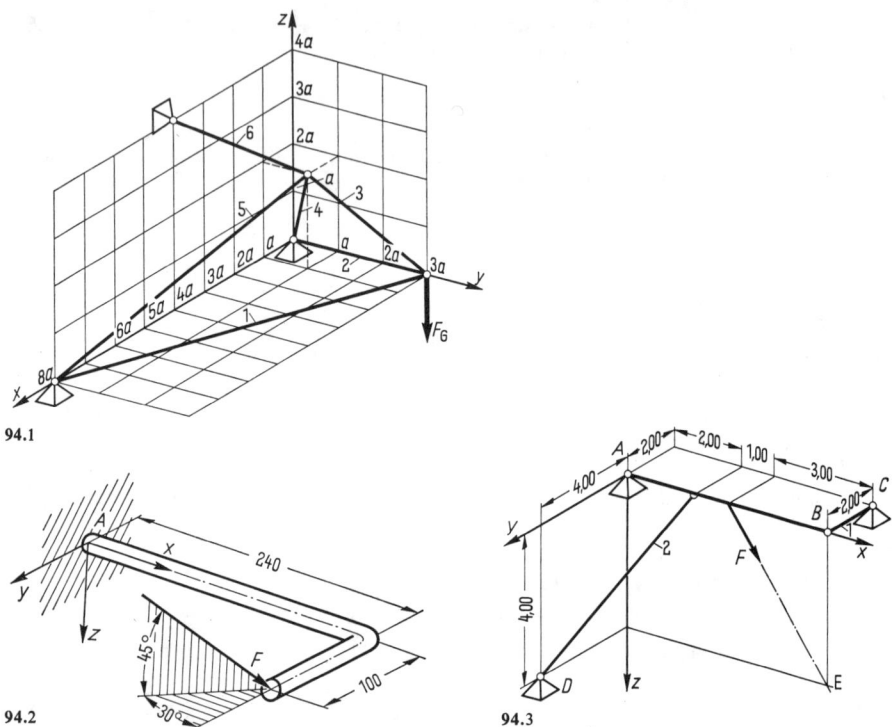

94.1

94.2

94.3

5. Ein Balken mit der Länge 6 m ist nach Bild **94.**3 gelagert und mit der Kraft $F = 25$ kN belastet. Die Wirkungslinie der Kraft $\vec{F}$ verläuft durch den Punkt E, $\vec{r}_E = (6 \text{ m}; 0; 4 \text{ m})$. Man berechne die Auflagerkraft $\vec{F}_A$ und die Stabkräfte F_{s1} und F_{s2}.

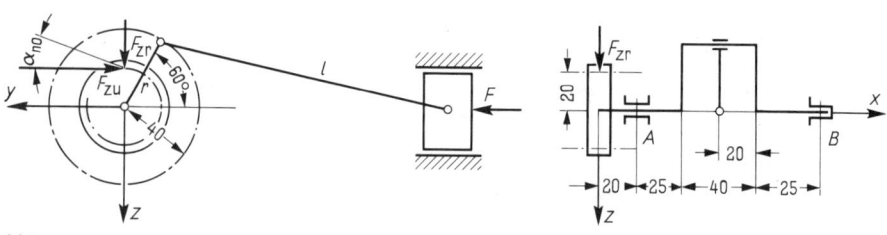

94.4

6. Für den Kurbelwinkel $\varphi = 60°$ des Schubkurbelgetriebes mit dem Schubstangenverhältnis $\lambda = r/l = 1/4$ (**94.**4) beträgt die Kolbenkraft $F = 1,5$ kN. Das Zahnrad am Ende der Kurbelwelle ist gerade verzahnt (Normaleingriffswinkel $\alpha_{no} = 20°$; F_{zt}, F_{zu}-Komponenten der Zahnkraft). Man berechne die Zahnkraft $\vec{F}_z$ und die Auflagerkräfte $\vec{F}_A$ und $\vec{F}_B$.

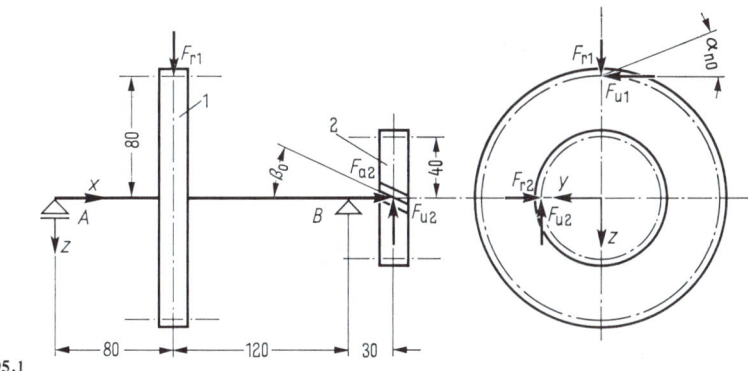

95.1

7. Eine Getriebewelle (**95.**1) überträgt ein Moment von 120 Nm. Das Rad 1 ist gerade, das Rad 2 schräg verzahnt. Der Normaleingriffswinkel beträgt bei beiden Rädern $\alpha_{no} = 20°$, der Schrägungswinkel bei Rad 2 $\beta_0 = 25°$ (s. Beispiel 2, S. 90). Man bestimme die Zahnkräfte $\vec{F}_1$ und $\vec{F}_2$, ihre Komponenten (Umfangskraft F_u, Radialkraft F_r, Axialkraft F_a) und die Auflagerkräfte $\vec{F}_A$ und $\vec{F}_B$.

8. Bild **95.**2 zeigt eine vereinfachte Darstellung einer Schräglenkeraufhängung des Hinterrades eines PKW. Das Lager A läßt nur eine Verschiebung in der x-Richtung zu. Das Lager B ist ein festes Gelenklager. Bei einer Kurvenfahrt wirkt auf das Rad von der Fahrbahn her eine Kraft, deren Normalkomponente $F_n = 6,4$ kN und deren Tangentialkomponente — die Haftkraft (s. Abschn. 10) — $F_h = 3,8$ kN ist. Für diese Belastung berechne man die Lagerkräfte F_A und F_B und die Federkraft $\vec{F}_C$.

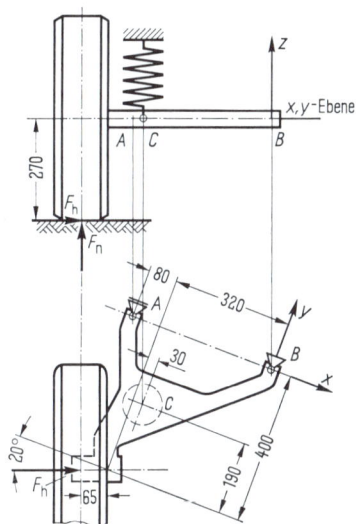

95.2

7. Schwerpunkt

7.1. Mittelpunkt paralleler Kräfte

Wir betrachten zuerst zwei parallele gleichgerichtete Kräfte $\vec{F}_1$ und $\vec{F}_2$ mit den Angriffspunkten A_1 und A_2 (96.1). Wie in Abschn. 4.1.2 gezeigt wurde, wirkt die Resultierende $\vec{F}_R$ solcher Kräfte in derselben Ebene wie die gegebenen Kräfte und hat auch dieselbe Richtung und denselben Richtungssinn wie diese; ferner ist der Betrag von $\vec{F}_R$ gleich der Summe der Beträge von $\vec{F}_1$ und $\vec{F}_2$ und die Wirkungslinie von $\vec{F}_R$ teilt den Abstand zwischen den Wirkungslinien von $\vec{F}_1$ und $\vec{F}_2$ im (innerlich) umgekehrten Verhältnis zu den Beträgen der Kräfte $\vec{F}_1$ und $\vec{F}_2$. Nach dem Strahlensatz der Geometrie folgt, daß auch der Abstand zwischen den Angriffspunkten A_1 und A_2 von der Wirkungslinie der Resultierenden in demselben Verhältnis geteilt wird, s. Bild **96.1**. Es gilt

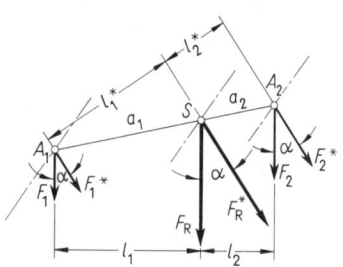

96.1 Kräftemittelpunkt zweier gleichgerichteter Kräfte

$$\frac{a_1}{a_2} = \frac{l_1}{l_2} = \frac{F_2}{F_1} \qquad (96.1)$$

Ändert man die Richtungen der Kräfte $\vec{F}_1$ und $\vec{F}_2$ in gleicher Weise, indem man bei festgehaltenen Angriffspunkten A_1 und A_2 beide Kraftvektoren um zwei durch A_1 und A_2 parallel verlaufende, aber sonst im Raum beliebig orientierte Achsen (in Bild **96.1** durch Strich-Punkt-Linien dargestellt) um denselben Winkel α dreht, so entsteht ein neues System von zwei gleichgerichteten Kräften $\vec{F}_1^*$ und $\vec{F}_2^*$. Die Resultierende $\vec{F}_R^*$ dieses neuen Kräftesystems liegt in einer Ebene mit den Kräften $\vec{F}_1^*$ und $\vec{F}_2^*$ und hat dieselbe Richtung und denselben Richtungssinn wie diese. Ihr Betrag ist gleich dem Betrag der Resultierenden des Ausgangssystems, und ihre Wirkungslinie teilt den Abstand zwischen den Angriffspunkten A_1 und A_2 unverändert in demselben Verhältnis wie die Wirkungslinie der ursprünglichen Resultierenden, s. Gl. (96.1). Aus dieser Überlegung folgt, daß die Wirkungslinie der Resultierenden eines in beschriebener Weise beliebig gedrehten Kräftesystems stets durch einen festen Punkt S geht, der als Schnittpunkt der Verbindungsgeraden der Angriffspunkte A_1 und A_2 mit der Wirkungslinie der Resultierenden des Ausgangssystems gefunden werden kann. Dieser Punkt S wird als Kräftemittelpunkt der parallelen gleichgerichteten Kräfte $\vec{F}_1$ und $\vec{F}_2$ bezeichnet.

Wir betrachten nun ein System aus $n > 2$ parallelen gleichgerichteten Kräften (97.1). Die Resultierende dieses Systems hat dieselbe Richtung und denselben Richtungssinn wie die Kräfte des Systems, und ihr Betrag ist gleich der Summe der Beträge der gegebenen Kräfte. Einen Punkt S ihrer Wirkungslinie kann man dadurch finden, daß man das System schrittweise durch wiederholtes Zusammenfassen von je zwei Kräften reduziert und die Angriffspunkte $S_{12}, S_{123}, \ldots$ der Zwischenresultierenden $\vec{F}_{R12} = \vec{F}_1 + \vec{F}_2$, $\vec{F}_{R123} = \vec{F}_{R12} + \vec{F}_3, \ldots$ jedesmal dadurch bestimmt, daß man den Abstand zwischen den Angriffspunkten der Kräfte, die man gerade zu einer Zwischenresultierenden zusammenfaßt, im umgekehrten Verhältnis zu den Beträgen der betreffenden Kräfte teilt. (In Bild **97**.1 sind die Zwischenresultierenden nicht eingezeichnet).

Dreht man nun alle n Kraftvektoren $\vec{F}_i$ um ihre festgehaltenen Angriffspunkte A_i beliebig, jedoch gleichartig, so daß wieder ein System von parallelen gleichgerichteten Kräften entsteht, so bleibt der Punkt S als Angriffspunkt der Resultierenden des gedrehten Systems erhalten, da sich seine Konstruktion wegen des Erhaltens der Angriffspunkte und der Beträge der Kräfte nicht ändert. Mit anderen Worten, bei der Drehung der Kräfte eines gleichgerichteten Kräftesystems um ihre Angriffspunkte dreht sich auch ihre Resultierende in gleicher Weise um den Punkt S als Angriffspunkt, wobei ihr Betrag erhalten bleibt. Der Punkt S heißt K r ä f t e m i t t e l p u n k t des Systems.

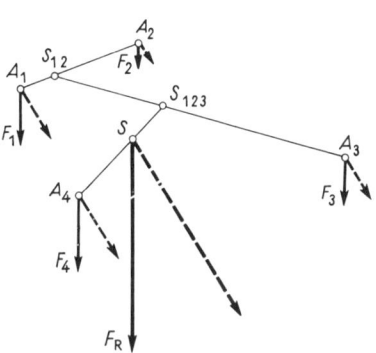

97.1 Kräftemittelpunkt eines Kräftesystems aus gleichgerichteten Kräften

Auch ein System von parallelen n i c h t gleichgerichteten Kräften besitzt einen Kräftemittelpunkt, falls es nicht auf ein resultierendes Kräftepaar führt oder ein Gleichgewichtssystem bildet. Seine Konstruktion erfolgt genauso wie bei einem gleichgerichteten System, nur daß bei Bestimmung des Angriffspunktes der Zwischenresultierenden von zwei n i c h t gleich gerichteten Kräften der Abstand zwischen ihren Angriffspunkten ä u ß e r l i c h und nicht i n n e r l i c h in umgekehrtem Verhältnis zu den Beträgen der Kräfte geteilt werden muß (s. Abschn. 4.1.2).

Praktisch bestimmt man den Kräftemittelpunkt dadurch, daß man die Wirkungslinien der Resultierenden für zwei verschiedene Drehlagen des Systems ermittelt und ihren Schnittpunkt bestimmt. Für die rechnerische Bestimmung des Kräftemittelpunktes führen wir ein x, y, z-Koordinatensystem so ein, daß die Kräfte des Systems z. B. alle in Richtung der positiven z-Achse weisen (**97**.2). In diesem Koordinatensystem gilt für die Kräfte des Systems und ihre Resultierende die Darstellung

$$\vec{F}_i = (0;\ 0;\ F_{iz}) \qquad \text{mit} \qquad F_{iz} = |\vec{F}_i| = F_i \qquad (97.1)$$

$$\vec{F}_R = (0;\ 0;\ F_R) \qquad \text{mit} \qquad F_R = \sum F_i \qquad (97.2)$$

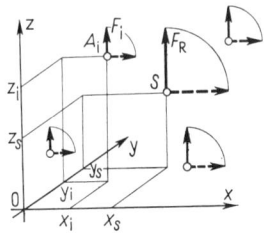

97.2 Rechnerische Bestimmung des Kräftemittelpunktes

x_i, y_i, z_i sind die Koordinaten der Angriffspunkte A_i der Kräfte.

Die Wirkungslinie der Resultierenden — die Zentralachse der Kraftschraube (s. Abschn. 6.3), die ja bei gleichgerichteten Kräftesystemen aus einer einzigen resultierenden Kraft besteht — verläuft parallel zur z-Achse. Die Koordinaten x_S, y_S ihrer Punkte berechnen wir aus der Forderung, daß das statische Moment der Resultierenden bezüglich der x- bzw. der y-Achse jeweils gleich der Summe der statischen Momente der Einzelkräfte des Systems bezüglich derselben Koordinatenachsen ist. Nach den Gl. (86.1) bzw. Gl. (87.1) unter Berücksichtigung von Gl. (97.1 und 2) folgt

$$y_S\, F_R = \sum y_i\, F_i \qquad x_S\, F_R = \sum x_i\, F_i \qquad (98.1)$$

Dreht man nun alle Kräfte des Systems so, daß sie alle in die Richtung der positiven x-Achse (in Bild **97.**2 gestrichelt) weisen, so erhält man die Koordinaten y_S, z_S der Punkte der Wirkungslinie der Resultierenden, die jetzt parallel zur x-Achse verläuft, entsprechend aus den nachstehenden Gleichungen

$$z_S\, F_R = \sum z_i\, F_i \qquad y_S\, F_R = \sum y_i\, F_i \qquad (98.2)$$

Zusammenfassend folgt aus Gl. (98.1) und Gl. (98.2) für die Koordinaten x_S, y_S, z_S des Kraftmittelpunktes S, den man als Schnittpunkt der beiden ermittelten Wirkungslinien erhält

$$x_S = \frac{1}{F_R} \sum x_i\, F_i \qquad y_S = \frac{1}{F_R} \sum y_i\, F_i \qquad z_S = \frac{1}{F_R} \sum z_i\, F_i \qquad (98.3)$$

mit $\qquad F_R = \sum F_i$

7.2. Schwerpunkt eines Körpers

Die Schwerkraft oder Gewichtskraft ist diejenige Kraft, die auf den Körper infolge der Erdanziehung wirkt. Sie ist eine Raumkraft, d. h., sie ist auf den ganzen Körper verteilt. Denkt man sich den Körper in viele Teilchen zerlegt, so wirkt an jedem Teilchen mit dem Rauminhalt ΔV_i eine Gewichtskraft $\Delta \vec{F}_{Gi}$ ($i = 1, 2, 3, \ldots, n$; n = Anzahl der Teilchen, in die der Körper zerlegt ist). In Bild **98.**1a ist zur besseren Übersicht nur ein Teilchen gezeichnet. Alle Teilgewichtskräfte $\Delta \vec{F}_{Gi}$ sind in die lotrechte Richtung, also zum Erdmittelpunkt hin gerichtet und können als parallele Kräfte angesehen werden, da der Abstand zum Erdmittelpunkt im Vergleich mit den Abmessungen des Körpers sehr groß ist. Dreht man den Körper im Raum (**98.**1b), so wirken die Teilgewichtskräfte unverändert lotrecht und ihre Vektoren drehen sich relativ zu einem körperfesten x, y, z-Koordinatensystem. Sind die Abmessungen der Teilchen ΔV_i gegenüber den Abmessungen des Körpers klein, so kann man näherungsweise annehmen, daß bei der Drehung die Angriffspunkte der Teilgewichtskräfte relativ zum Körper unverändert bleiben. Drehen sich aber die Vektoren der Teilgewichtskräfte $\Delta \vec{F}_{Gi}$ bei der Drehung des ganzen Körpers um die festen Angriffspunkte, so dreht sich nach den Ausführungen im vorigen

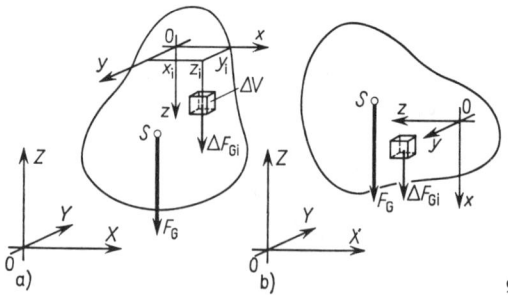

98.1 Schwerpunkt eines Körpers

Abschnitt auch die Resultierende der Teilgewichtskräfte — die Gewichts- oder Schwerkraft $\vec{F}_G$ — um einen bezüglich des Körpers festen Punkt, den Kräftemittelpunkt der auf den Körper verteilten Gewichtskräfte, der als Schwerpunkt S des Körpers bezeichnet wird.

Der Schwerpunkt eines Körpers ist derjenige feste Punkt bezüglich des Körpers, durch den — unabhängig von seiner Lage im Raum — stets die Wirkungslinie der auf ihn wirkenden resultierenden Gewichtskraft hindurchgeht.

Jede Gerade bzw. Ebene durch den Schwerpunkt wird Schwerelinie bzw. Schwereebene genannt.

Wird ein Körper an einem Faden aufgehängt, so nimmt der Faden im Gleichgewichtszustand bezüglich des Körpers eine Lage ein, in der er mit einer Körperschwerelinie zusammenfällt (**99.1** a). Für einen zweiten Aufhängepunkt (**99.1** b) erhält man eine zweite Schwerelinie, und der Schnittpunkt der beiden Schwerelinien ergibt den Schwerpunkt. Auf diese Weise läßt sich der Schwerpunkt experimentell bestimmen.

Ein in seinem Schwerpunkt aufgehänger oder unterstützter Körper bleibt für beliebige Lagen im Gleichgewicht (**99.1** c).

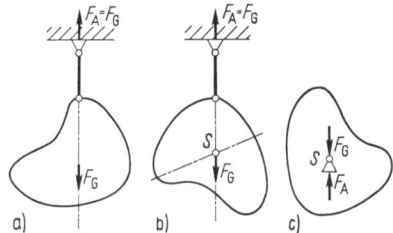

99.1 Experimentelle Schwerpunktsbestimmung (a und b) und in seinem Schwerpunkt unterstützter Körper (c)

Für ein körperfestes x, y, z-Koordinatensystem ergibt sich nach Gl. (98.3) für die Schwerpunktkoordinaten zunächst

$$x_S \approx \frac{1}{F_G} \sum x_i \, \Delta F_{Gi} \qquad y_S \approx \frac{1}{F_G} \sum y_i \, \Delta F_{Gi} \qquad z_S \approx \frac{1}{F_G} \sum z_i \, \Delta F_{Gi} \qquad (99.1)$$

mit $\qquad F_G = \sum \Delta F_{Gi}$

Die $\approx$-Zeichen müssen in Gl. (99.1) deswegen gesetzt werden, weil die Angriffspunkte der Teilgewichtskräfte $\Delta \vec{F}_G$ nicht bekannt sind und daher für die Teilgewichtskraft des i-ten Teilchens jeweils näherungsweise irgend ein Punkt mit den Koordinaten x_i, y_i, z_i dieses Teilchens angenommen wird (**98.1**). Aus diesem Grunde sind die rechten Seiten der Gl. (99.1) nur Näherungswerte für die Schwerpunktkoordinaten x_S, y_S, z_S. Sie geben sie um so genauer an, je feiner der Körper unterteilt wird. Genau erhält man die Schwerpunktkoordinaten des Körpers, wenn man die Grenzwerte der Summen in Gl. (99.1) für den Fall bestimmt, daß die Anzahl der Teilchen, in die der Körper zerlegt wird, $n \to \infty$ wächst, wobei gleichzeitig alle Teilkräfte $\Delta F_{Gi} \to 0$ abnehmen. Man bezeichnet diese Grenzwerte der Summen als Integrale und schreibt

$$x_S = \frac{1}{F_G} \int x \, dF_G \qquad y_S = \frac{1}{F_G} \int y \, dF_G \qquad z_S = \frac{1}{F_G} \int z \, dF_G \qquad (99.2)$$

mit $\qquad F_G = \int dF_G$

Wie man aus der Kinetik weiß, läßt sich die auf den Körper wirkende Gewichtskraft durch die Masse m des Körpers und die Fallbeschleunigung g ausdrücken. Es gilt

$$F_G = m \, g \qquad \Delta F_{Gi} = \Delta m_i \, g \qquad (99.3)$$

Setzt man diese Ausdrücke in Gl. (99.1) ein, so kürzt sich die Fallbeschleunigung g heraus, und man erhält nach der Grenzwertbildung statt Gl. (99.2)

$$x_S = \frac{1}{m} \int x \, dm \qquad y_S = \frac{1}{m} \int y \, dm \qquad z_S = \frac{1}{m} \int z \, dm \qquad (100.1)$$

mit $m = \int dm$

Der Schwerpunkt ist also nur von der Massenverteilung und nicht von der konstanten Fallbeschleunigung abhängig. Er wird daher auch als Massenmittelpunkt bezeichnet.

In den vorhergehenden Betrachtungen wurde angenommen, daß die Fallbeschleunigung konstant ist. Wird die Änderung der Fallbeschleunigung innerhalb des Körpers berücksichtigt, so kann man nur von einem durch Gl. (100.1) definierten Massenmittelpunkt, jedoch nicht von dem Schwerpunkt des Körpers sprechen. Da bei nichtkonstanter Fallbeschleunigung sich bei der Drehung des Körpers auch die Beträge der Teilschwerkräfte $\Delta \vec{F}_{Gi}$ ändern, gibt es dann auch keinen festen Körperpunkt, durch den stets die resultierende Schwerkraft hindurchgeht. Der Betrag der resultierenden Schwerkraft ist dann ebenfalls von der Lage des Körpers im Raum abhängig.

Dichte

Der Quotient

$$\bar{\varrho} = \frac{\Delta m}{\Delta V} \qquad (100.2)$$

heißt durchschnittliche Dichte des Volumenelementes eines Körpers ΔV mit der Masse Δm (**100.1**).

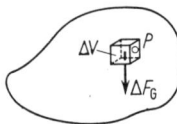

100.1
Zur Definition der Dichte

Ist P ein Punkt des Volumenelementes ΔV und läßt man $\Delta V \to 0$ gehen, wobei P stets in ΔV liegen bleibt, so heißt der Grenzwert des Quotienten Gl. (100.2)

$$\varrho = \lim_{\Delta V \to 0} \frac{\Delta m}{\Delta V} = \frac{dm}{dV} \qquad (100.3)$$

Dichte im Punkt P des Körpers.

Ist die Dichte ϱ in jedem Punkt eines Körpers gleich groß ($\varrho = \varrho_0 = $ const), so heißt der Körper homogen. Ist sie nicht konstant, also eine mit den Koordinaten x, y, z des Punktes P veränderliche Funktion $\varrho = \varrho\,(x, y, z)$, so heißt der Körper inhomogen.

Für einen homogenen Körper mit dem Volumen V, auf den die Gewichtskraft F_G wirkt, gilt nach Gl. (99.3)

$$F_G = \varrho g V \qquad dF_G = \varrho g \, dV \qquad (100.4)$$

Setzt man diese Ausdrücke in Gl. (99.2) ein, so kürzt sich ϱg heraus, und man erhält

$$x_S = \frac{1}{V} \int x \, dV \qquad y_S = \frac{1}{V} \int y \, dV \qquad z_S = \frac{1}{V} \int z \, dV \qquad (100.5)$$

mit $V = \int dV$

Der Schwerpunkt eines homogenen Körpers ist nur von der geometrischen Gestalt und den Abmessungen des Körpers abhängig.

Im folgenden beschränken wir uns auf die Betrachtung homogener Körper.

7.3. Schwerpunkte von Flächen und Linien

Wir betrachten einen flächenhaften Körper, z. B. ein gebogenes Blechstück. Solche Körper, die als Schale bezeichnet werden, können durch die Angabe der sogenannten Mittelfläche und der Wanddicke t an jeder Stelle der Mittelfläche beschrieben werden (101.1). Bezeichnen wir mit A den Flächeninhalt der Mittelfläche einer homogenen Schale mit konstanter Wanddicke t, so ist das Volumen V der Schale und das Volumenelement dV gegeben durch

$$V = t\,A \qquad dV = t\,dA$$

Setzt man diese Ausdrücke in die Gl. (100.5) ein, so kürzt sich t heraus und man erhält

$$x_S = \frac{1}{A}\int x\,dA \qquad y_S = \frac{1}{A}\int y\,dA \qquad z_S = \frac{1}{A}\int z\,dA \qquad (101.1)$$

mit $A = \int dA$

Da die Schwerpunktkoordinaten in Gl. (101.1) nur von der geometrischen Gestalt der gegebenen Fläche (Mittelfläche) abhängen, sagt man, daß durch sie der Flächenschwerpunkt gegeben ist.

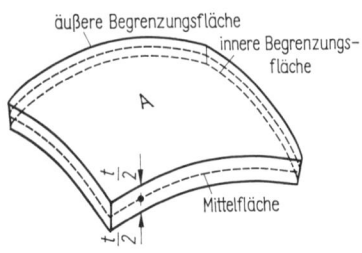

101.1 Schale

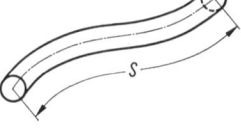

101.2 Gekrümmter Balken

Hat der Körper die Gestalt eines Balkens (s. die Definition des Balkens in Abschn. 8.1) mit konstantem Querschnitt A (z. B. ein Stück Draht) und ist s die Bogenlänge der Balkenachse (101.2), die im allgemeinen eine Raumkurve ist, so gilt für sein Volumen V und das Volumenelement dV

$$V = A\,s \qquad dV = A\,ds$$

Mit diesen Beziehungen gehen die Gl. (100.5) nach Herauskürzen von A über in

$$x_S = \frac{1}{s}\int x\,ds \qquad y_S = \frac{1}{s}\int y\,ds \qquad z_S = \frac{1}{s}\int z\,ds \qquad (101.2)$$

mit $s = \int ds$

Da die Schwerpunktkoordinaten x_S, y_S, z_S in Gl. (101.2) nur von der geometrischen Gestalt der gegebenen Raumkurve (z. B. Balkenachse) abhängen, bezeichnet man den durch sie gegebenen Punkt als Kurven- oder Linienschwerpunkt.

Besonders häufig werden die Schwerpunkte von ebenen Flächenstücken und ebenen Linien bestimmt. Legt man das ebene Flächen- bzw. Kurvenstück in die x, y-Ebene, so ist die Schwerpunktskoordinate $z_S = 0$, d.h. bei ebenen Gebilden entfällt für die Berechnung in Gl. (101.1) und Gl. (101.2) jeweils die letzte Gleichung.

7.4. Schwerpunkte zusammengesetzter Gebilde

Die Begriffe homogener Körper, Fläche, Linie wollen wir im folgenden unter dem Sammelbegriff Gebilde zusammenfassen.

Oft läßt sich ein Gebilde aus einfachen Teilgebilden aufbauen, deren Schwerpunkte bekannt sind. So kann z.B. ein Trapez aus zwei Dreiecken, eine Maschinenwelle aus Zylindern und Kegelstümpfen aufgebaut werden. Der Schwerpunkt solcher zusammengesetzter Gebilde läßt sich nach den Gl. (99.1) berechnen, wobei dann in diesen Gleichungen die Ungefährzeichen durch Gleichheitszeichen zu ersetzen sind, da die Schwerpunktkoordinaten der Teilschwerpunkte bekannt sind. Sind x_i, y_i, z_i die Schwerpunktkoordinaten der Teilkörper mit den Gewichten F_{Gi} und x_S, y_S, z_S die Schwerpunktkoordinaten des Gesamtkörpers mit dem Gewicht $F_G = \Sigma F_{Gi}$, so gilt nach Gl. (99.1)

$$x_S \sum F_{Gi} = \sum x_i F_{Gi} \qquad y_S \sum F_{Gi} = \sum y_i F_{Gi} \qquad z_S \sum F_{Gi} = \sum z_i F_{Gi} \qquad (102.1)$$

Handelt es sich um geometrische Schwerpunkte von Körpern, Flächen und Linien, so sind in Gl. (102.1) F_{Gi} durch V_i, A_i oder s_i zu ersetzen. Bei ebenen, in der x, y-Ebene liegenden Gebilden entfällt für Berechnungen die letzte Gleichung in Gl. (102.1), da $z_S = 0$.

Die Gl. (102.1) enthalten eine Erweiterung des Begriffes statisches Moment auf skalare Größen. Ursprünglich haben wir nämlich diesen Begriff für Kräfte, also für vektorielle Größen, definiert, und in den Gl. (102.1), die aus den Gl. (99.1) bzw. Gl. (99.2) folgten, bedeuten die rechten Seiten Summen der statischen Momente. Wir benutzen aber dieselben Gl. (102.1) zur Berechnung von geometrischen Schwerpunkten, wobei Rauminhalte, Flächeninhalte und Bogenlängen skalare Größen sind. Bei Berechnung eines Flächenschwerpunktes z.B. werden in der ersten Gleichung von Gl. (102.1) die Schwerpunktkoordinaten x_i, also die „positiven und negativen Abstände" der Teilschwerpunkte von der y, z-Ebene, mit den zugehörigen Flächeninhalten A_i multipliziert.

Man bezeichnet das Produkt $x_i A_i$ als statisches Moment oder auch als Moment 1. Ordnung[1]**) der Fläche mit dem Inhalt A_i bezüglich der y, z-Ebene bei einer Raumfläche, oder bezüglich der y-Achse bei einem ebenen Flächenstück in der x, y-Ebene.**

Entsprechend heißt $y_i A_i$ das statische Moment der Fläche A_i bezüglich der x, z-Ebene, oder bezüglich der x-Achse bei einem ebenen Flächenstück in der x, y-Ebene, und $z_i A_i$ das statische Moment der Fläche A_i bezüglich der x, y-Ebene. Genauso spricht man von statischen Momenten bzw. Momenten 1. Ordnung der Rauminhalte, Bogenlängen und Massen.

Die Gl. (102.1) sind eine Aussage des Momentensatzes (s. Abschn. 4.2.2) und bedeuten in Worten:

Die Summe der statischen Momente der Teilgebilde bezüglich einer Ebene oder Achse ist gleich dem statischen Moment des Gesamtgebildes bezüglich derselben Ebene oder Achse.

---

[1]) s. Teil 3, Abschn. 4.1.

Ist die Summe der statischen Momente der Teilgebilde bezüglich einer Ebene oder Geraden gleich Null, so geht die Bezugsebene oder Bezugsgerade durch den Schwerpunkt des Gesamtgebildes.

Ist z. B. $\Sigma\, x_i\, F_{Gi} = 0$, so liegt der Schwerpunkt in der y, z-Ebene.

7.5. Bestimmung von Schwerpunkten

7.5.1. Gebilde mit Symmetrieachsen und Symmetrieebenen

Symmetrieachsen und Symmetrieebenen von Gebilden sind Schwereachsen und Schwereebenen.

Symmetrisch liegende Teile eines Gebildes haben nämlich auch symmetrisch liegende Schwerpunkte S_1 und S_1' bezüglich derselben Symmetrieachse bzw. Symmetrieebene (103.1). Da aufgrund der Gleichheit der Teile auch die auf sie wirkenden Gewichtskräfte gleich groß sind, halbiert der Schwerpunkt S des Gesamtgebildes den Abstand zwischen den Teilschwerpunkten und liegt somit auf der Symmetrieachse bzw. in der Symmetrieebene.

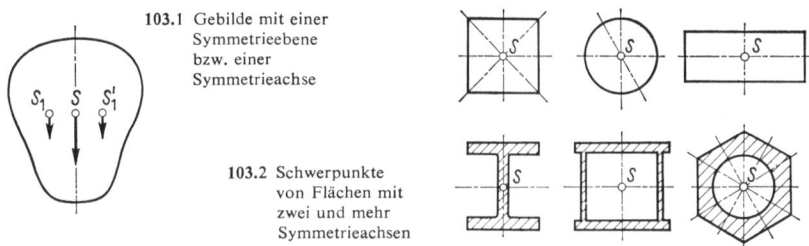

103.1 Gebilde mit einer Symmetrieebene bzw. einer Symmetrieachse

103.2 Schwerpunkte von Flächen mit zwei und mehr Symmetrieachsen

Demnach ist bei räumlichen Gebilden mit d r e i oder mehr Symmetrieebenen der Schwerpunkt als gemeinsamer Punkt dieser Symmetrieebenen festgelegt (z. B. Quader, Kugel, Zylinder, Ellipsoid und die Oberflächen dieser Körper), bei ebenen Gebilden mit z w e i oder mehr Symmetrieachsen als Schnittpunkte dieser Achsen (103.2).

Die Schnittgerade von zwei Symmetrieebenen ist eine Schwerelinie. Der Schwerpunkt eines R o t a t i o n s k ö r p e r s oder einer R o t a t i o n s f l ä c h e liegt auf der Rotationsachse, denn diese ist als Schnittgerade von unendlich vielen Symmetrieebenen eine Schwerelinie.

7.5.2. Einige einfache Gebilde

Nachstehend sind die Schwerpunkte einiger einfacher Linien und Flächen angegeben, die durch formelmäßige Integration oder nach Gl. (102.1) bestimmt werden können. Schwerpunkte anderer einfacher Gebilde findet man in Taschenbüchern und Formelsammlungen.

Linienschwerpunkte

Geradenabschnitt (103.3). Aus Symmetriegründen wird der Geradenabschnitt von seinem Schwerpunkt halbiert.

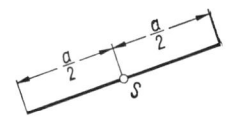

103.3 Schwerpunkt eines Geradenabschnittes

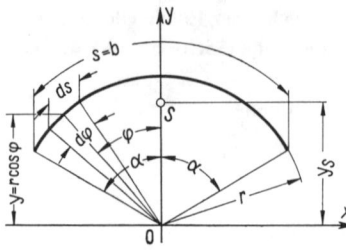

Kreisbogen (104.1). Der Schwerpunkt eines Kreis-bogens liegt auf der Winkelhalbierenden seines Zentriwinkels, die als Symmetrielinie eine Schwerelinie ist. Sein Abstand vom Kreismittelpunkt ist

$$y_S = r \, \frac{\sin \alpha}{\alpha} \qquad (104.1)$$

104.1 Schwerpunkt eines Kreisbogens

Halbkreis. Hier ist $\alpha = \pi/2$ und $y_S = (2/\pi)\, r = 0{,}637\, r$.

Die y_S-Koordinate berechnet man nach Gl. (101.2). Mit der Gesamtlänge des Bogens $s = b = 2\alpha r$, dem Bogenelement $ds = r\, d\varphi$ und dem Abstand $y = r \cos \varphi$ des Bogenelementes von der x-Achse folgt

$$y_S = \frac{1}{2\alpha r} \int\limits_{-\alpha}^{\alpha} r \cos \varphi \, r \, d\varphi = \frac{r^2}{2\alpha r} \left[\sin \varphi\right]_{-\alpha}^{\alpha} = \frac{r}{2\alpha} \left[\sin \alpha - \sin(-\alpha)\right] = r\, \frac{\sin \alpha}{\alpha}$$

Flächenschwerpunkte

Dreieck (104.2). Der Schwerpunkt eines Dreiecks ist der Schnittpunkt seiner Seiten-halbierenden, die Schwerelinien sind. Er hat daher von jeder Dreieckseite den Abstand $h/3$, wenn h jeweils die zugehörige Dreieckhöhe ist.

Dies sieht man wie folgt ein: Zerlegt man das Dreieck in schmale, zu einer Dreieckseite parallele Streifen (in Bild **104.2** sind nur einige Streifen eingezeichnet), so liegen die Streifenschwerpunkte jeweils in der Mitte des zugehörigen Streifens, d.h. sie liegen alle auf der Seitenhalbierenden. Dann liegt aber auch der Schwerpunkt des ganzen Dreiecks auf der Seitenhalbierenden, und die Seitenhalbierende ist eine Schwerelinie. In Bild **104.2**b ist der Schwerpunkt eines rechtwink-ligen Dreiecks angegeben. Dieser Sonderfall kommt in den Anwendungen sehr häufig vor.

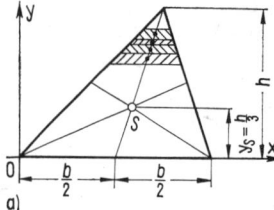

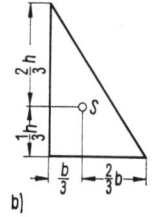

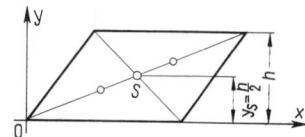

104.3 Schwerpunkt eines Parallelogramms

a)   b)

104.2 Schwerpunkt eines Dreiecks

Parallelogramm (104.3). Der Schwerpunkt eines Parallelogramms ist der Schnittpunkt seiner Diagonalen.

Dies zeigt man z.B. dadurch, daß man das Parallelogramm durch eine Diagonale in zwei Drei-ecke zerlegt. Die Dreieckschwerpunkte liegen auf den Seitenhalbierenden der Dreiecke und damit auf der Parallelogrammdiagonalen. Daher liegt auch der Gesamtschwerpunkt, der Schwer-punkt des Parallelogramms, der auf der Geraden durch die beiden Teilschwerpunkte liegen muß, auf der Parallelogrammdiagonalen. Die Diagonale des Parallelogramms ist eine Schwerelinie

Trapez (105.1 a). Die Verbindungsgerade der Halbierungspunkte der parallelen Seiten des Trapezes ist eine Schwerelinie (das folgt aus einer analogen Betrachtung wie beim Dreieck, indem man das Trapez in Streifen parallel zu seinen parallelen Seiten zerlegt), und der Schwerpunkt liegt über der Basisseite in der Höhe

$$y_S = \frac{h}{3} \cdot \frac{a + 2b}{a + b} \qquad (105.1)$$

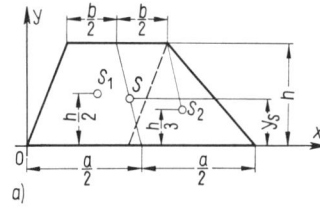

105.1

Schwerpunkt
eines Trapezes

a) rechnerische
Bestimmung

b) zeichnerische
Ermittlung

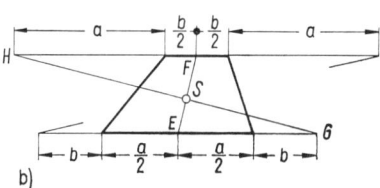

Man erhält diese Formel durch Zerlegung des Trapezes in Teilflächen, deren Schwerpunkte bekannt sind (z. B. Parallelogramm und Dreieck, s. Bild **105.**1 a, oder zwei Dreiecke) und Berechnung des Schwerpunktes des Trapezes aus den Schwerpunkten dieser Teilflächen nach Gl. (102.1) wie folgt:

Parallelogrammfläche: $A_1 = b\,h$ $y_{S1} = \dfrac{h}{2}$

Dreieckfläche: $A_2 = (a - b)\,\dfrac{h}{2}$ $y_{S2} = \dfrac{h}{3}$

$$(A_1 + A_2)\,y_S = A_1\,y_{S1} + A_2\,y_{S2}$$

$$\frac{a + b}{2}\,h\,y_S = b\,h\,\frac{h}{2} + (a - b)\,\frac{h}{2}\,\frac{h}{3}$$

Die Auflösung nach y_S ergibt Gl. (105.1).

Auf zeichnerischem Wege kann man den Schwerpunkt eines Trapezes durch die in Bild **105.**1 b angegebene Konstruktion bestimmen.

Die Richtigkeit dieser Konstruktion folgt aus der aufgrund der Ähnlichkeit der Dreiecke *SGE* und *SHF* sich ergebenden Beziehung

$$\frac{y_S}{h - y_S} = \frac{(a/2) + b}{(b/2) + a}$$

deren Auflösung nach y_S die Gl. (105.1) ergibt.

Kreissektor (105.2). Der Schwerpunkt eines Kreissektors liegt auf der Winkelhalbierenden seines Zentriwinkels, die als Symmetrielinie eine Schwerelinie ist, und sein Abstand vom Kreismittelpunkt ist

$$y_S = \frac{2}{3}\,r\,\frac{\sin \alpha}{\alpha} \qquad (105.2)$$

Halbkreisfläche: $\alpha = \dfrac{\pi}{2}$ $y_S = \dfrac{4}{3\pi}\,r = 0,424\,r$

Viertelkreisfläche: $\alpha = \dfrac{\pi}{4}$ $y_S = 0,600\,r$

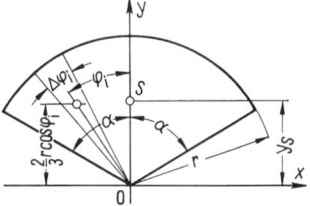

105.2 Schwerpunkt eines Kreissektors

Man denkt sich den Kreissektor in n Teilsektoren zerlegt. Werden diese näherungsweise als Dreiecke aufgefaßt, so ist

$A_i \approx \frac{1}{2} r\, r\, \Delta\varphi_i$ der Flächeninhalt des i-ten Teilsektors

$y_{Si} \approx \frac{2}{3} r \cos \varphi_i$ der Abstand des Schwerpunktes des i-ten Teilsektors von der x-Achse

Mit dem Gesamtflächeninhalt $A = (r^2/2)\, 2\alpha$ gilt nach Gl. (99.1)

$$y_S \approx \frac{1}{A} \sum_{i=1}^{n} A_i\, y_{Si} = \frac{1}{r^2 \alpha} \sum_{i=1}^{n} \frac{1}{3}\, r^3 \cos \varphi_i\, \Delta\varphi_i$$

woraus sich durch Bilden des Grenzwertes $n \to \infty$ mit $\Delta\varphi_i \to 0$, Kürzen und Auswertung des Integrals die Gl. (105.2) wie folgt ergibt

$$y_S = \frac{r}{3\alpha} \int_{-\alpha}^{\alpha} \cos \varphi\, d\varphi = \frac{r}{3\alpha} [\sin \varphi]_{-\alpha}^{\alpha} = \frac{2}{3}\, r\, \frac{\sin \alpha}{\alpha}$$

7.5.3. Zusammengesetzte Gebilde

Rechnerisch wird der Schwerpunkt eines zusammengesetzten Gebildes aus Gl. (102.1) ermittelt. Dabei ist es aus rechnerischen Gründen vorteilhaft, das Koordinatensystem so zu legen, daß der Koordinatenursprung in der Nähe des gesuchten Schwerpunktes liegt und daß die Koordinatenachsen, wenn möglich, durch einige Teilschwerpunkte gehen. Dann haben die Schwerpunktkoordinaten etwa gleiche Größenordnung und einige statische Momente sind gleich Null, wodurch die Berechnung einfacher wird (s. Beispiele). Nach einem anderen Gesichtspunkt ist es auch oft günstig, das Koordinatensystem so zu legen, daß alle Schwerpunktkoordinaten positiv oder gleich Null sind. Dadurch wird die Möglichkeit der Vorzeichenfehler verringert.

Bei zeichnerischer Bestimmung des Schwerpunktes eines zusammengesetzten ebenen Gebildes betrachtet man das Gebilde als System von parallelen Kräften und bestimmt den Kräftemittelpunkt dieses Systems, indem man für zwei verschiedene, am besten um 90° sich unterscheidende Richtungen der parallelen Kräfte die Wirkungslinien ihrer Resultierenden z.B. nach dem Seileckverfahren (Abschn. 4.1.2) bestimmt und ihren Schnittpunkt ermittelt.

Auch Schwerpunkte von räumlichen Gebilden können zeichnerisch bestimmt werden. Jedoch muß dann bei einem Gebilde ohne Symmetrien in zwei verschiedenen Projektionsebenen gearbeitet und das Seileckverfahren dreimal durchgeführt werden.

Beispiel 1. Der Flächenschwerpunkt des in Bild **107**.1 gegebenen Profils soll bestimmt werden. Rechnerische Bestimmung: Das Profil wird in sechs Teilflächen mit bekannten Schwerpunkten zerlegt, die Halbkreisringfläche wird dabei als Differenz der zwei Halbkreisflächen $A_5 - A_6$ aufgefaßt. In Spalte 2 der nachstehenden Tafel sind die Flächeninhalte dieser Teilflächen, in den Spalten 3 und 4 die Koordinaten ihrer Schwerpunkte für das entsprechend Bild **107**.1 eingeführte Koordinatensystem angegeben. In den Spalten 5 und 6 sind dann die statischen Momente der Teilflächen bezüglich der y- und x-Achse und deren Summen berechnet.

Nach Gl. (102.1) erhält man

$$x_S = \frac{1749\ \text{mm}^3}{307\ \text{mm}^2} = 5{,}70\ \text{mm}$$

$$y_S = \frac{-1638\ \text{mm}^3}{307\ \text{mm}^2} = -5{,}34\ \text{mm}$$

1	2	3	4	5	6
i	$\dfrac{A_i}{\text{mm}^2}$	$\dfrac{x_i}{\text{mm}}$	$\dfrac{y_i}{\text{mm}}$	$\dfrac{x_i\,A_i}{\text{mm}^3}$	$\dfrac{y_i\,A_i}{\text{mm}^3}$
1	18	−8,67	−26	−156	−468
2	44	−8	−17,5	−352	−770
3	80	0	−10	0	−800
4	40	5	10	200	400
5	226	15,09	0	3410	0
6	−101	13,40	0	−1353	0
$\sum$	307			1749	−1638

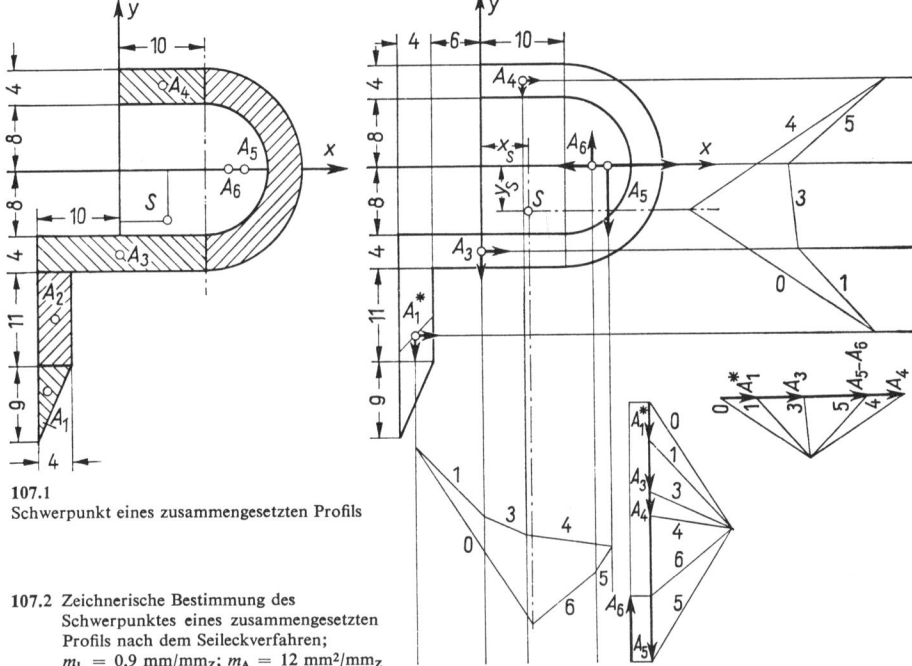

107.1
Schwerpunkt eines zusammengesetzten Profils

107.2 Zeichnerische Bestimmung des
Schwerpunktes eines zusammengesetzten
Profils nach dem Seileckverfahren;
$m_L = 0{,}9\ \text{mm/mm}_z;\ m_A = 12\ \text{mm}^2/\text{mm}_z$

Zeichnerische Bestimmung (107.2): Bei zeichnerischer Behandlung der Aufgabe kann man
die Flächen A_1 und A_2 zu einer Trapezfläche A_1^* zusammenfassen und ihren Schwerpunkt nach
der in Abschn. 7.5.2 angegebenen Konstruktion bestimmen. Die Schwerpunkte der Halbkreisflächen werden nach Gl. (105.2) berechnet und in die Zeichnung eingetragen. Bei der Deutung
der Flächen als Kräfte „wirkt" die abzuziehende Fläche A_6 den übrigen Flächen (Kräften)
entgegen. In Bild 107.2 sind für zwei Richtungen die Wirkungslinien der „resultierenden Fläche"
nach dem Seileckverfahren bestimmt, und der gesuchte Flächenschwerpunkt ist als Schnittpunkt
dieser Wirkungslinien ermittelt. Aus der Zeichnung liest man ab

$$x_S = 5{,}7\ \text{mm} \qquad y_S = -5{,}4\ \text{mm}$$

Beispiel 2. Der Schwerpunkt des Dachbinders (108.1), der aus Stäben mit gleichem Profil besteht, ist zu bestimmen.

Da die Stabgewichtskräfte den Stablängen proportional sind, wird der gesuchte Schwerpunkt als Linienschwerpunkt ermittelt. Die in Bild **108.**1 nicht gegebenen Stablängen werden nach Pythagoras berechnet. Das Koordinatensystem legen wir so, daß die Koordinatenachsen durch je zwei Teilschwerpunkte gehen. Die Rechnung erfolgt in der nachstehenden Tabelle.

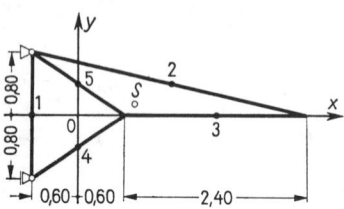

Stab i	l_i m	x_i m	y_i m	$x_i\, l_i$ m^2	$y_i\, l_i$ m^2
1	1,6	−0,6	0	−0,96	0
2	3,69	1,2	0,4	4,43	1,476
3	2,4	1,8	0	4,32	0
4	1,44	0	−0,4	0	−0,576
5	1,44	0	0,4	0	0,576
$\sum$	10,57			7,79	1,476

108.1 Schwerpunkt eines Dachbinders

$$x_\mathrm{S} = \frac{7,79 \ \mathrm{m}^2}{10,57 \ \mathrm{m}} = 0,737 \ \mathrm{m} \qquad y_\mathrm{S} = \frac{1,476 \ \mathrm{m}^2}{10,57 \ \mathrm{m}} = 0,140 \ \mathrm{m}$$

7.5.4. Experimentelle und andere Verfahren

Ist die Bestimmung des Schwerpunktes durch formelmäßige Integration oder durch Zerlegen des Gebildes in einfache Teilgebilde, deren Schwerpunkte bekannt sind, nicht möglich, so ist man auf andere Methoden angewiesen. So lassen sich die Integrale in Gl. (100.5), Gl. (101.1 und 2) durch graphische oder numerische Integration oder auf instrumentellem Wege (Planimeter, Potenzplanimeter) auswerten. Ferner kann man den Schwerpunkt experimentell bestimmen, z. B. so, wie es in Abschn. 7.2 (99.1) beschrieben wurde. Eine andere experimentell-rechnerische Methode besteht darin, daß man den Körper an zwei Stellen abstützt und eine Auflagerkraft (oder beide) mißt. Mit dem bekannten Gewicht des Körpers und einer Auflagerkraft (oder mit beiden bekannten Auflagerkräften) läßt sich dann die Lage der Wirkungslinie der auf den Körper wirkenden Gewichtskraft aus den Gleichgewichtsbedingungen berechnen.

Beispiel 3. Das Gewicht der Pleuelstange (**108.**2) ist $F_\mathrm{G} = 7,65$ N, der Abstand zwischen den Auflagerstellen $l = 152$ mm. Mit Hilfe einer Waage mißt man die Auflagerkraft $F_\mathrm{A} = 5,60$ N. Aus der Momentengleichgewichtsbedingung bezüglich des Punktes B folgt

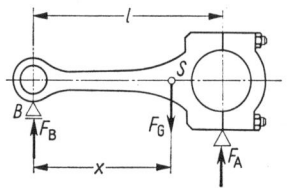

$$\sum M_{\mathrm{i}B} = 0 = F_\mathrm{G}\, x - F_\mathrm{A}\, l = 7,65 \ \mathrm{N} \cdot x - 5,60 \ \mathrm{N} \cdot 152 \ \mathrm{mm}$$

$$x = 111,3 \ \mathrm{mm}$$

Bei Berücksichtigung der Symmetrien der Pleuelstange ist damit die Lage ihres Schwerpunktes bestimmt.

108.2 Bestimmung des Schwerpunktes einer Pleuelstange

7.6. Aufgaben zu Abschnitt 7

1. Man bestimme die Flächenschwerpunkte der Querschnitte (**109.**1a bis e).

2. Die Profile (**109.**1 b und c) sollen aus Blech gestanzt werden. Damit längs der Schnittkanten die Schnittkraft konstant ist und der Stempel nicht auf Biegung beansprucht wird, muß die Stempel-

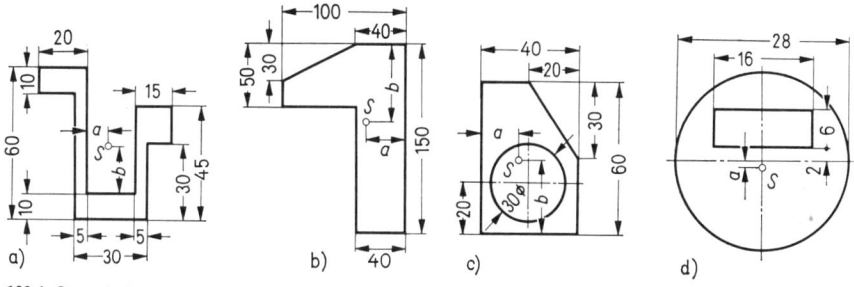

109.1 Querschnitte

kraft im Linienschwerpunkt des Profils angreifen. Man bestimme die Linienschwerpunkte der Profile.

3. Ein Träger ist aus zwei Trägern mit den Profilen Normalprofil L 100 × 50 × 8 DIN 1029 und Normalprofil ⊏ 180 DIN 1026 zusammengesetzt (**109.2**). Man bestimme den Schwerpunkt des zusammengesetzten Querschnittes. (Schwerpunkte und Querschnittflächen der einzelnen Profile entnehme man einem Ingenieurtaschenbuch.)

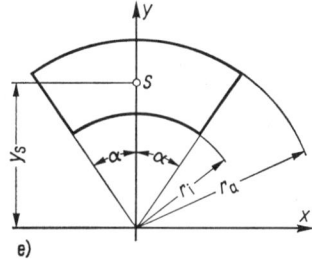

4. Der Drehkran (**109.3**) besteht aus sieben Stäben mit gleichem Profil. Man bestimme den Abstand a des Schwerpunktes des Drehkranes von der Drehachse.

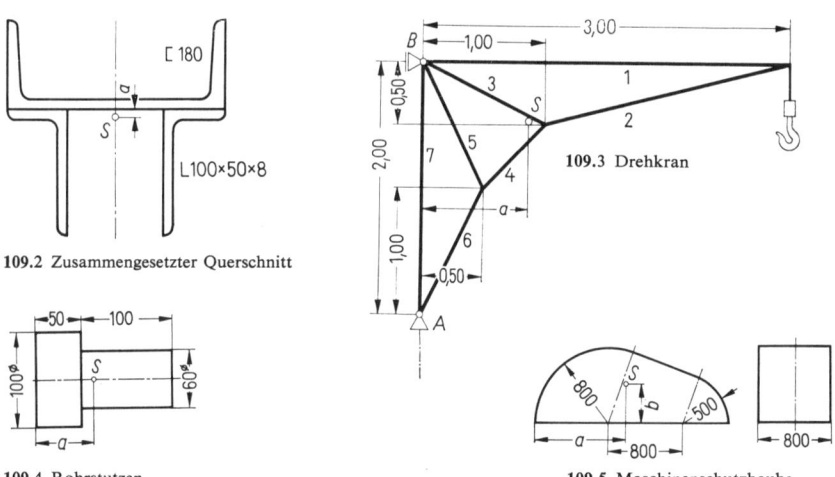

109.2 Zusammengesetzter Querschnitt

109.3 Drehkran

109.4 Rohrstutzen

109.5 Maschinenschutzhaube

5. Wo liegt der Schwerpunkt des dünnwandigen[1]) Rohrstutzens (**109.4**)?

6. In Bild **109.5** ist eine Maschinenschutzhaube aus Blech in zwei Ansichten dargestellt. Man bestimme ihren Schwerpunkt[1]).

[1]) Die Blechdicke kann gegenüber anderen Abmessungen vernachlässigt werden.

8. Schnittgrößen des Balkens

Bei der Untersuchung mechanischer Systeme haben wir uns bis jetzt darauf beschränkt, Auflagerreaktionen und Zwischenreaktionen zwischen den als starr angenommenen Teilen des Systems zu bestimmen. Die Kenntnis dieser Kräfte allein genügt jedoch nicht, um Konstruktionsteile zu bemessen und ihnen die notwendige Gestalt zu geben, so daß sie den Beanspruchungen, denen sie ausgesetzt sind, standhalten. Vielmehr ist es erforderlich, auch alle inneren Kräfte zu kennen, die innerhalb eines Teiles wirken. Mit Hilfe der Statik starrer Körper lassen sich nach der Schnittmethode nur die Resultierenden der inneren Kräfte (110.1 b) bestimmen, nicht aber ihre Verteilung auf die Schnittfläche (110.1 c). Die Untersuchung dieser Verteilung ist Aufgabe der Festigkeits- bzw. Elastizitätslehre. Sie ist bei einer beliebigen Gestalt des Konstruktionsteils sehr kompliziert. Daher werden in der Festigkeitslehre Körper mit speziellen einfachen Formen, die bei den Konstruktionselementen häufig vorkommen, gesondert behandelt. Die Berücksichtigung der speziellen Gestalt führt zu wesentlichen Vereinfachungen.

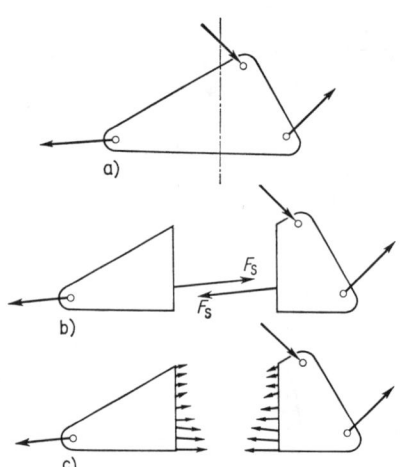

Ein wichtiges Bauelement der Technik ist der Balken. Zur vollständigen Bestimmung der inneren Kräfte in einem Balken ist es zunächst erforderlich, die resultierenden Wirkungen der auf bestimmte Querschnittflächen verteilten inneren Kräfte zu kennen. Diese resultierenden Kräfte bzw. Kräftepaare können nach der Schnittmethode, also allein mit Hilfe der Statik starrer Körper, ermittelt werden. Ihrer systematischen Bestimmung, die neben der Ermittlung der Auflagerreaktionen eine wichtige Aufgabe der Statik ist, wenden wir uns in den folgenden Abschnitten zu.

110.1 Schnittmethode
a) nichtzerschnittenes Konstruktionsteil
b) Resultierende der inneren Kräfte für einen Schnitt
c) auf die Schnittfläche verteilte innere Kräfte

8.1. Normalkraft, Querkraft, Biegemoment

Einen Balken beschreibt man durch seine Achse — eine Gerade oder eine beliebig geformte Raumkurve — und die jedem Punkt der Achse zugeordneten Querschnitte, die man durch ebene Schnitte senkrecht zur Balkenachse erhält. Die Balkenachse verbindet die Flächenschwerpunkte der Querschnitte[1]), und ihre Länge ist im Vergleich zu den Abmessungen der Querschnitte groß. Man verlangt gewöhnlich, daß die Länge der Balkenachse mindestens das 10fache der Querabmessungen des Balkens beträgt. Von einem Balken wird ferner gefordert, daß er einer Verbiegung Widerstand entgegensetzt, daß er biegesteif ist. Ein Seil ist demnach kein Balken; Maschinenwellen, Träger, Schienen, Bretter, Federn sind Balken.

Wir betrachten zunächst einen Balken mit gerader Achse. Der Balkenquerschnitt kann längs der Achse entweder konstant sein, dann ist der Balken ein Prisma oder ein Zylinder, oder auch veränderlich. Ferner setzen wir voraus, daß der Balken mit einem ebenen Kräftesystem belastet ist, dessen Ebene — die Lastebene — die Balkenachse enthält

111.1 Balken

(111.1). Zur Beschreibung der auftretenden Größen führen wir ein rechtwinkliges x, y, z-System ein, dessen x-Achse mit der Balkenachse zusammenfällt und dessen x, z-Ebene die Lastebene ist.

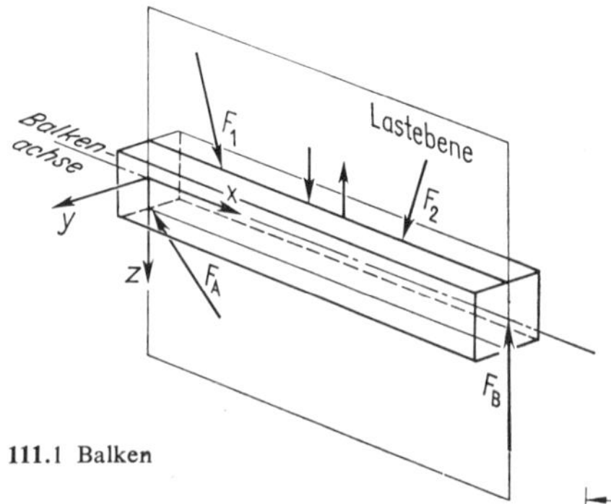

In Bild 111.2 ist ein Balken auf zwei Stützen dargestellt, der mit einer Kraft $\vec{F}$ belastet ist. Nachdem die Auflagerkräfte $\vec{F}_A$ und $\vec{F}_B$ bestimmt sind — Lageplan 111.2a, Krafteck 111.2b —, denken wir uns den Balken an einer Stelle x, die wir untersuchen wollen, mit

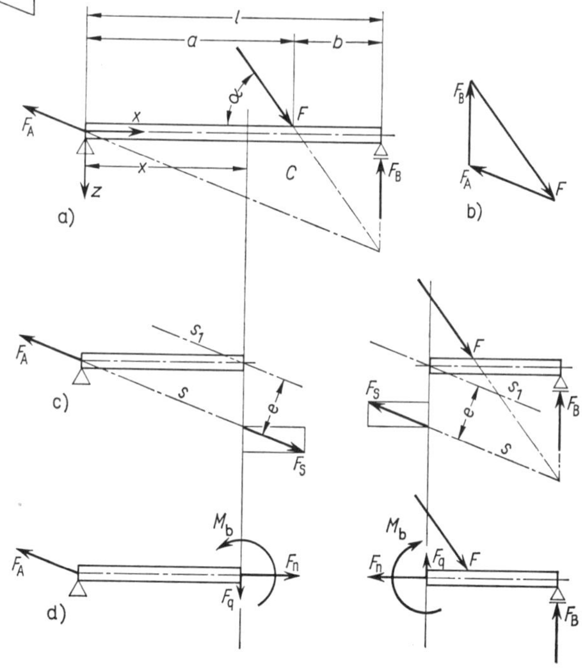

111.2 Definition der Schnittgrößen

---

[1]) Man beachte, daß die Balkenachse und der Balkenquerschnitt erst durch ihre Lage zueinander erklärt sind. Man kann diese Begriffe nicht unabhängig voneinander definieren.

einer Ebene senkrecht zur Balkenachse geschnitten und dann das Gleichgewicht der beiden Balkenteile durch Anbringen der Schnittkräfte wieder hergestellt (**111**.2c). Nach dem Reaktionsaxiom sind die zur Herstellung des Gleichgewichtes am linken und rechten Balkenteil anzubringenden Kräfte entgegengesetzt gleich und haben dieselbe Wirkungslinie (in Bild **111**.2c sind die beiden Balkenteile auseinandergerückt gezeichnet). Die am linken Balkenteil angreifende Schnittkraft $\vec{F}_S$ stellt die Wirkung des rechten Balkenteiles auf den linken dar. Sie ist die Resultierende der auf die Schnittfläche verteilten Kräfte, ihre Wirkungslinie braucht jedoch nicht durch die Querschnittsfläche des Balkens an der Schnittstelle zu gehen! Wir reduzieren die Schnittkraft $\vec{F}_S$ auf eine Dyname (s. Abschn. 4.2.4) in bezug auf den Schwerpunkt der Schnittfläche und zerlegen dort die Kraft $\vec{F}_S$ der Dyname in Komponenten $F_{Sx} = F_n$ und $F_{Sz} = F_q$ parallel und senkrecht zur Balkenachse. Das Moment der Dyname $\vec{M}_b$ hat den Betrag $|M_b| = eF_S$ (**111**.2c, d).

Man nennt die Größen

F_n **Normalkraft (oder Längskraft)**

F_q **Querkraft**

M_b **Biegemoment**

F_n, F_q, M_b **Schnittgrößen, Beanspruchungsgrößen oder Schnittreaktionen**[1]

Die auf den rechten Balkenteil wirkende Schnittkraft läßt sich ebenfalls auf den Querschnittsschwerpunkt reduzieren und dort in Komponenten zerlegen (**111**.2d).

Bei einer Schnittstelle unterscheidet man das positive und das negative Schnittufer.

Ein Schnittufer heißt positiv, wenn der Vektor der äußeren Flächennormale[2] **$\vec{n}$ der Schnittfläche denselben Richtungssinn wie die x-Achse hat (112.1). Ist sein Richtungssinn dem der x-Achse entgegengesetzt, so heißt das Schnittufer negativ.**

112.1 Positive Schnittgrößen am positiven Schnittufer

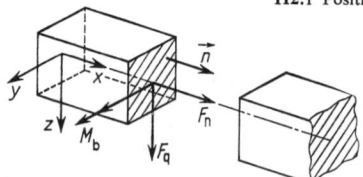

Da die Schnittgrößen am positiven und negativen Schnittufer nach dem Reaktionsaxiom paarweise entgegengesetzt gleich sind (**111**.2d), genügt es, entweder die Schnittgrößen am positiven oder die am negativen Schnittufer anzugeben. Wir verabreden:

Als Schnittgrößen F_n, F_q, M_b für eine Stelle x der Balkenachse geben wir stets die skalaren Komponenten der Vektoren der Schnittgrößen am positiven Schnittufer an. Demnach sind die Schnittgrößen dann positiv, wenn die zugehörigen Vektoren am positiven Schnittufer in Richtung positiver Koordinatenachsen weisen (112.1).

Bei dem Balken in Bild **111**.2 sind für jede Schnittstelle x im Intervall $0 < x < a$ alle drei Schnittgrößen positiv. Die Normalkraft F_n und die Querkraft F_q ändern sich in diesem Intervall nicht, sind also konstant. Das Biegemoment M_b ist linear veränderlich, da der Hebelarm e des Versatzkräftepaares sich proportional zu dem Abstand x der Schnittstelle vom Auflager A ändert; es ist gleich Null am Auflager A und erreicht seinen größten Wert für $x = a$. Entsprechend kann man überlegen, wie sich die Schnittgrößen im Intervall $a < x < l$ ändern (s. Beispiel 1, S. 114).

---

[1] Wie in der Festigkeitslehre gezeigt wird, lassen sich mit Hilfe der Beanspruchungsgrößen Beanspruchungen des Balkens an der Schnittstelle feststellen.

[2] Als äußere Flächennormale bezeichnet man einen Vektor, der auf der Oberfläche des Körpers senkrecht steht und nach außen, also nicht in das Körperinnere, weist.

Die an Hand des speziellen Beispiels gegebene Definition der Schnittgrößen gilt allgemein. Um die Schnittgrößen an einer Stelle eines beliebig belasteten und beliebig gelagerten Balkens zu bestimmen, geht man wie folgt vor (**113**.1):

Zuerst werden die Auflagerreaktionen bestimmt, denn zur Bestimmung der Schnittgrößen ist i. a. die Kenntnis aller am Balken angreifenden äußeren Kräfte, also auch der Auflagerkräfte, erforderlich.

Nur für Schnitte durch Kragteile kann man die Schnittgrößen ohne vorherige Ermittlung der Auflagerreaktionen bestimmen, da ja an Kragteilen keine Auflagerkräfte angreifen. Beispiel: einseitig eingespannter Balken (s. Beispiel 3, S. 116).

Sind die Auflagerreaktionen bestimmt, so braucht man für die anschließende Untersuchung keinen Unterschied zwischen Auflagerreaktionen und von vornherein gegebenen Kräften zu machen. Es ist z. B. dann nicht wichtig, ob die Kraft $\vec{F}_A$ in Bild **113**.1 eine Auflagerkraft oder eine gegebene Gewichtskraft ist.

Zur Ermittlung der Schnittgrößen an einer Stelle denkt man sich dann den Balken an dieser Stelle durchgeschnitten und bestimmt die Dyname bezüglich des Schwerpunktes der Schnittfläche, die das Gleichgewicht des abgeschnittenen Balkenteiles herstellt (in den Bildern **113**.1 b, c ist jeweils nur der linke Balkenteil gezeichnet). Die skalaren Komponenten F_n, F_q, M_b dieser Dyname sind die gesuchten Beanspruchungsgrößen.

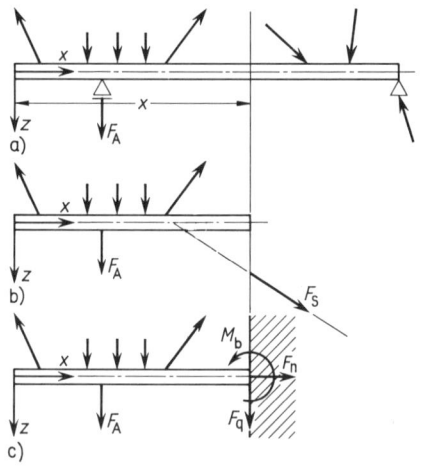

Bei rechnerischer Behandlung setzt man die Schnittgrößen an der Schnittstelle positiv entsprechend Bild **113**.1 c an, so daß ihre Vektoren am positiven Schnittufer in Richtung positiver Koordinatenachsen zeigen, und berechnet sie dann aus den rechnerischen Gleichgewichtsbedingungen für den abgeschnittenen Balkenteil

$$F_n + \sum F_{ix} = 0 \qquad (113.1)$$
$$F_q + \sum F_{iz} = 0 \qquad (113.2)$$
$$M_b + \sum M_i = 0 \qquad (113.3)$$

Als Bezugspunkt für die Momente in Gl. (113.3) wählt man zweckmäßig den Schwerpunkt der Schnittfläche. Dann kommen in Gl. (113.3) Normalkraft und Querkraft nicht vor (denn ihre Wirkungslinien gehen durch den Bezugspunkt und ihre stati-

113.1 Schnittgrößen eines beliebig belasteten Balkens

schen Momente sind daher gleich Null), und das Biegemoment M_b kann unabhängig von den andern Schnittgrößen allein aus dieser Gleichung berechnet werden.

Die Schnittgrößen hängen von der Lage der Schnittstelle ab, d. h. sie sind Funktionen der x-Koordinate

$$F_n = F_n(x) \qquad F_q = F_q(x) \qquad M_b = M_b(x)$$

Um einen besseren Überblick über diese Funktionen zu haben, veranschaulicht man sie als Kurven in rechtwinkligen Koordinatensystemen. Wir wollen die positiven Richtungen der F_n-, F_q- und M_b-Achse gleich der positiven Richtung der z-Achse wählen, dann werden positive Schnittgrößen von der x-Achse aus „nach unten" abgetragen (s. die folgenden Beispiele).

Es sei bemerkt, daß es sich bei der Bestimmung der Schnittgrößen eigentlich immer um die gleiche Aufgabe handelt, nämlich die Auflagerreaktionen eines einseitig eingespannten Balkens zu bestimmen (**113.**1 c), d. h. eine ganz spezielle Aufgabe der Bestimmung der Auflagerreaktionen zu lösen.

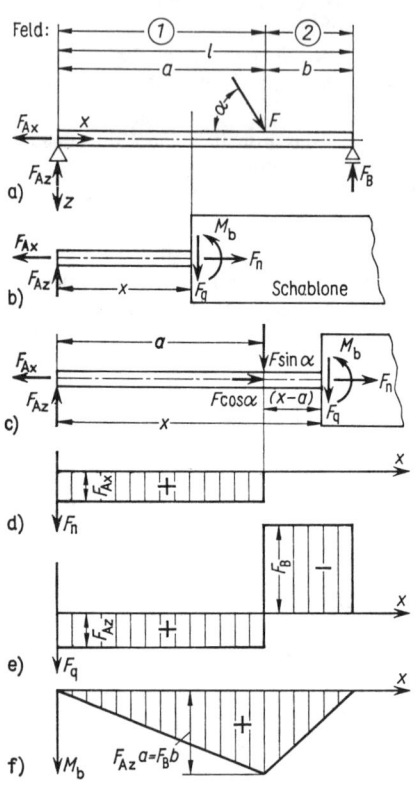

a) Lageplan   b) Schnitt in Feld ①
c) Schnitt in Feld ②   d) Normalkraftverlauf
e) Querkraftverlauf   f) Biegemomentverlauf

114.1 Balken mit Einzellast

Eine Hilfe bei dem Anschreiben der Gleichgewichtsbedingungen Gl. (113.1 bis 3) kann dem Anfänger ein Papierstreifen (Schablone) leisten, auf dessen Rand man die Symbole für positive Schnittgrößen zeichnet (**114.**1 b, c). Legt man den Papierstreifen so auf die Zeichnung, daß der Papierrand mit den eingezeichneten Symbolen mit der Stelle zusammenfällt, an der die Beanspruchungsgrößen bestimmt werden sollen, und der rechte Teil des Balkens vom Papierstreifen verdeckt ist, so sind auf der Zeichnung nur diejenigen Kräfte und Momente zu sehen, die im Gleichgewicht sind. Durch Verschieben des Papierstreifens von links nach rechts erfaßt man nacheinander alle Balkenstellen.

Beispiel 1. Wir bestimmen rechnerisch die Schnittgrößen des Balkens auf zwei Stützen in Bild **114.**1, den wir bereits betrachtet haben (**111.**2).

Zuerst berechnen wir die Auflagerreaktionen. Aus den Gleichgewichtsbedingungen

$$\sum F_{\mathrm{ix}} = 0 = -F_{\mathrm{Ax}} + F \cos \alpha$$
$$\sum M_{\mathrm{iA}} = 0 = F_{\mathrm{B}}\, l - (F \sin \alpha)\, a$$
$$\sum M_{\mathrm{iB}} = 0 = -F_{\mathrm{Az}}\, l + (F \sin \alpha)\, b$$

folgt

$$F_{\mathrm{Ax}} = F \cos \alpha$$
$$F_{\mathrm{Az}} = F \sin \alpha \cdot \frac{b}{a+b}$$
$$F_{\mathrm{B}} = F \sin \alpha \cdot \frac{a}{a+b}$$

Zur Berechnung der Auflagerkräfte eines Balkens auf zwei Stützen verwendet man zweckmäßig zwei Momentengleichgewichtsbedingungen. Dann tritt in jeder Gleichung nur eine Unbekannte auf, so daß die Auflagerkräfte unabhängig voneinander ermittelt werden können. Die Gleichgewichtsbedingung $\sum F_{\mathrm{iz}} = 0$ kann zur Rechenkontrolle herangezogen werden. Für das betrachtete Beispiel ergibt sie

$$\sum F_{\mathrm{iz}} = F \sin \alpha - F_{\mathrm{Az}} - F_{\mathrm{B}} = F \sin \alpha - F \sin \alpha \cdot \frac{b}{a+b} - F \sin \alpha \cdot \frac{a}{a+b}$$
$$= F \sin \alpha \cdot \left(1 - \frac{a+b}{a+b}\right) = 0$$

Schneidet man den Balken an der Stelle x im Feld ①: $0 < x < a$ (**114.**1 b), so ergibt sich nach Gl. (113.1 bis 3)

$$F_{\mathrm{n1}} - F_{\mathrm{Ax}} = 0 \qquad F_{\mathrm{q1}} - F_{\mathrm{Az}} = 0 \qquad M_{\mathrm{b1}} - F_{\mathrm{Az}}\, x = 0$$

Aus diesen Gleichungen folgt durch Einsetzen der berechneten Werte für die Auflagerkräfte

$$F_{n1} = F \cos \alpha \qquad F_{q1} = F \sin \alpha \cdot \frac{b}{a+b} \qquad M_{b1} = \left(F \sin \alpha \cdot \frac{b}{a+b}\right) x$$

Für eine Schnittstelle im Feld ②: $a < x < l$ (114.1c), folgt nach Gl. (113.1 bis 3) entsprechend

$$F_{n2} - F_{Ax} + F \cos \alpha = 0$$
$$F_{q2} - F_{Az} + F \sin \alpha = 0$$
$$M_{b2} - F_{Az}\, x + F \sin \alpha \cdot (x - a) = 0$$

und nach Einsetzen der Werte für F_{Ax} und F_{Az} und Umformen

$$F_{n2} = 0$$

$$F_{q2} = -F \sin \alpha \cdot \frac{a}{a+b} = -F_B$$

$$M_{b2} = -\left(F \sin \alpha \cdot \frac{a}{a+b}\right) x + (F \sin \alpha)\, a$$

In den Bildern **114.**1 d, e, f ist der Verlauf der Schnittgrößen graphisch dargestellt. Das maximale Biegemoment tritt an der Stelle $x = a$ auf

$$M_{b\,max} = F_{Az}\, a = F_B\, b = F \sin \alpha \cdot \frac{a\, b}{a+b}$$

Die von der x-Achse und den Kurven $F_n(x)$, $F_q(x)$ und $M_b(x)$ eingeschlossenen, in Bild **114.**1 schraffierten Flächen bezeichnet man als Normalkraft-, Querkraft- und Biegemomentfläche.

Ist ein Balken durch eine auf ihn stetig verteilte, senkrecht zu seiner Achse wirkende Kraft belastet (z.B. durch sein Eigengewicht), und wirkt auf ein Balkenelement mit der Länge Δx eine Kraft ΔF (117.1a), so heißt der Quotient

$$\frac{\Delta F}{\Delta x}$$ **durchschnittliche Belastungsintensität des Balkenelementes**

und der Grenzwert

$$\lim_{\Delta x \to 0} \frac{\Delta F}{\Delta x} = \frac{dF}{dx} = q(x)$$ **Belastungsintensität an der Stelle x des Balkens**

Die Belastung eines Balkens durch eine längs seiner Achse verteilte Kraft wird durch die Belastungsintensitätsfunktion, kurz die Belastungsintensität $q(x)$, beschrieben. Ist $q(x) = $ const, so spricht man von einer konstanten Streckenlast.

Beispiel 2. Ein Balken auf zwei Stützen hat die Länge l und ist mit einer konstanten Streckenlast (Belastungsintensität $q_0 = $ const) belastet (116.1a). Da keine Kräfte in der x-Richtung wirken, ist die x-Komponente der Auflagerkraft $\vec{F}_A$ gleich Null, und aufgrund der symmetrischen Belastung folgt

$$F_A = F_B = \frac{q\, l}{2}$$

Schneidet man den Balken zur Bestimmung der Schnittgrößen an einer beliebigen Stelle x (116.1b), so kann die Streckenlast, die auf den linken Balkenteil wirkt, durch eine ihr statisch gleichwertige Einzelkraft mit dem Betrag qx und dem Angriffspunkt an der Stelle $x/2$ ersetzt werden.

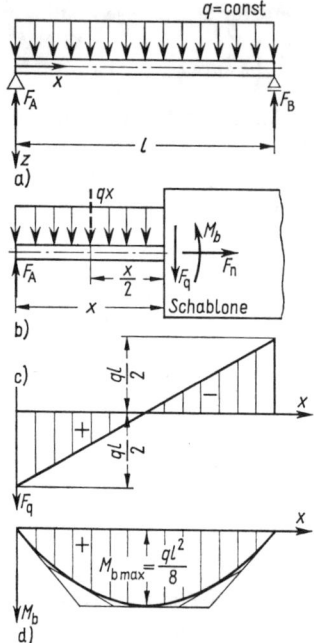

a)

b)

c)

d)

Die Gleichgewichtsbedingungen Gl. (113.1 bis 3) ergeben

$$F_n = 0$$

$$F_q - F_A + q\,x = 0$$

$$M_b - F_A\,x + q\,x\,\frac{x}{2} = 0$$

woraus für die Schnittgrößen mit $F_A = q\,l/2$ folgt

$$\left.\begin{aligned} F_n &= 0 \\ F_q &= q\left(\frac{l}{2} - x\right) \\ M_b &= \frac{q}{2}\,x\,(l - x) \end{aligned}\right\} \qquad (116.1)$$

In den Bildern **116.1**c, d ist der Querkraft- und Biegemomentverlauf gezeichnet. Die F_q-Linie ist eine Gerade, die M_b-Linie eine Parabel. Das maximale Biegemoment $M_{b\,max} = q\,l^2/8$ tritt an der Stelle $x = l/2$ auf. An dieser Stelle ist die Querkraft $F_q = 0$.

116.1 Balken mit konstanter Streckenlast
    a) Lageplan   b) Schnitt durch den Balken
    c) Querkraftverlauf   d) Biegemomentverlauf

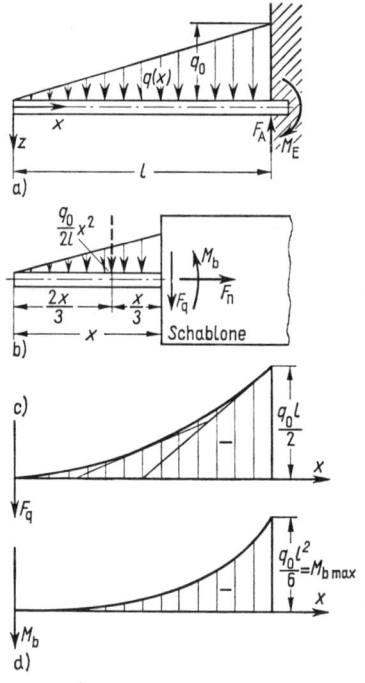

a)

b)

c)

d)

Beispiel 3. Der einseitig eingespannte Träger in Bild **116.2**a ist mit einer dreieckförmig verteilten Streckenlast belastet. Die Belastungsintensität ist durch die Gleichung $q(x) = (q_0/l)\,x$ gegeben, wobei q_0 die Belastungsintensität an der Stelle $x = l$ ist. Die Bestimmung der Auflagerreaktionen ist hier nicht erforderlich, da für eine beliebige Schnittstelle x (**116.2**b) am linken Balkenteil keine Auflagerkräfte wirken. Die Streckenlast des linken Balkenteils ist statisch äquivalent einer Einzelkraft, deren Betrag $(^1/_2)\,(q_0/l)\,x^2$ der Dreieckfläche unter der Kurve der Belastungsintensität $q(x)$ proportional ist und deren Wirkungslinie durch den geometrischen Schwerpunkt der Dreieckfläche geht und damit den Abstand $x/3$ von der Schnittstelle x hat. Nach Gl. (113.1 bis 3) folgt

$$F_n = 0$$

$$F_q + \frac{q_0}{2l}\,x^2 = 0$$

$$M_b + \frac{q_0}{2l}\cdot x^2 \cdot \frac{x}{3} = 0$$

116.2 Freiträger mit Dreiecklast
    a) Lageplan   b) Schnitt durch den Balken
    c) Querkraftverlauf   d) Biegemomentverlauf

und man erhält für die Schnittgrößen (s. Bilder **116.**2c, d)

$$F_n = 0 \qquad F_q(x) = -\frac{q_0}{2l}x^2 \qquad M_b(x) = -\frac{q_0}{6l}x^3 \qquad (117.1)$$

Die Auflagerreaktionen stehen mit den Schnittgrößen am negativen (rechten) Schnittufer an der Einspannstelle im Gleichgewicht. Ihre Beträge sind

$$F_A = |F_q(l)| = \frac{1}{2}q_0\,l \qquad M_E = |M_b(l)| = \frac{1}{6}q_0\,l^2$$

und ihre Richtungen sind in Bild **116.**2a angegeben.

8.2. Beziehungen zwischen Belastung, Querkraft und Biegemoment

Leitet man die für die Querkraft und das Biegemoment in Beispiel 2, S. 115 erhaltenen Gl. (116.1) nach der x-Koordinate ab, so ergibt sich

$$\frac{dF_q}{dx} = -q \qquad \frac{dM_b}{dx} = \frac{q\,l}{2} - q\,x = F_q$$

Die Ableitung der Querkraft ergibt also die negative Belastung und die Ableitung des Biegemomentes die Querkraft. Dasselbe stellt man fest durch Ableitung der Gl. (117.1) für das Beispiel 3, S. 116. Wie wir nun zeigen wollen, gelten diese Beziehungen zwischen der Belastung und den Schnittgrößen nicht nur für die speziellen Beispiele, sondern auch ganz allgemein.

Zum Beweis denken wir uns aus einem durch eine Streckenlast mit der Belastungsintensität $q(x)$ beliebig belasteten und beliebig gelagerten Balken (**117.**1a) ein Balkenstück der Länge Δx herausgeschnitten und das Gleichgewicht durch Anbringen der Schnittgrößen wieder hergestellt. In Bild **117.**1b ist dieses Balkenelement vergrößert herausgezeichnet.

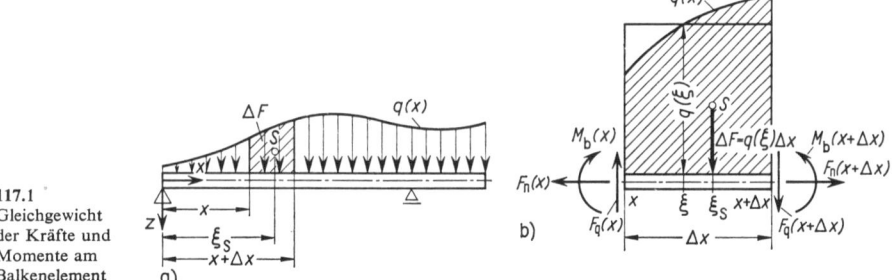

117.1
Gleichgewicht
der Kräfte und
Momente am
Balkenelement

Die Streckenlast, die auf das Balkenelement wirkt, ersetzen wir durch eine statisch gleichwertige Einzelkraft $\Delta\vec{F}$, für deren Betrag geschrieben werden kann

$$\Delta F = q(\xi)\,\Delta x$$

wobei ξ eine Stelle zwischen x und $x + \Delta x$ bedeutet; denn der Betrag dieser Einzelkraft ist dem Inhalt der in Bild **117.**1b schraffierten Fläche unter der Kurve $q(x)$ bzw. dem Inhalt des in Bild **117.**1b eingezeichneten und dieser Fläche inhaltsgleichen Rechtecks proportional. Die Wirkungslinie von $\Delta\vec{F}$ geht durch den Schwerpunkt der Fläche unter der Kurve $q(x)$, dessen x-Koordinate mit ξ_S bezeichnet ist. Die Gleichgewichtsbedingungen für das Balkenelement lauten, wenn wir die Stelle $x + \Delta x$ als Bezugspunkt für die Momentengleichgewichtsbedingung wählen

$$\left.\begin{aligned} \sum F_{ix} &= 0 = F_n(x + \Delta x) - F_n(x) \\ \sum F_{iz} &= 0 = F_q(x + \Delta x) - F_q(x) + q(\xi)\,\Delta x \\ \sum M_i &= 0 = M_b(x + \Delta x) - M_b(x) - F_q(x)\,\Delta x + q(\xi)\,\Delta x(x + \Delta x - \xi_S) \end{aligned}\right\} \quad (118.1)$$

Die erste Gleichgewichtsbedingung besagt, daß sich bei Fehlen der äußeren Kräfte in der x-Richtung die Normalkraft mit x nicht ändert

$$F_n(x) = \text{const}$$

Durch Division der beiden anderen Gleichgewichtsbedingungen durch Δx folgt

$$\begin{aligned} \frac{F_q(x + \Delta x) - F_q(x)}{\Delta x} + q(\xi) &= 0 \\[2mm] \frac{M_b(x + \Delta x) - M_b(x)}{\Delta x} - F_q(x) + q(\xi)\,(x + \Delta x - \xi_S) &= 0 \end{aligned} \qquad (118.2)$$

Läßt man in Gl. (118.2) $\Delta x \to 0$ gehen, so streben $\xi \to x$ und $\xi_S \to x$, also $(x + \Delta x - \xi_S) \to 0$, und die Grenzwerte der Differenzenquotienten der Funktionen F_q und M_b sind die Ableitungen dieser Funktionen an der Stelle x, so daß aus Gl. (118.2) die nachstehenden Beziehungen folgen, die wir bereits an speziellen Beispielen erkannt haben

$$\frac{dF_q}{dx} = -q(x) \qquad\qquad \frac{dM_b}{dx} = F_q(x) \qquad (118.3)$$

Die Ableitung der Querkraft nach der Ortskoordinate x ist gleich der negativen Belastungsintensität.

Die Ableitung des Biegemomentes nach der Ortskoordinate x ist gleich der Querkraft.

Die Ableitung einer Funktion kann geometrisch als Steigung der Tangente an die Funktionskurve gedeutet werden. Aufgrund dieser geometrischen Deutung folgen über die Beziehungen zwischen Kurvenverlauf der Belastungsintensität, der Querkraft und des Biegemomentes nachstehende Aussagen, die die Ermittlung der Schnittgrößen erleichtern und für Kontrollen herangezogen werden können.

1. An den Stellen, an denen die Querkraft gleich Null wird, nimmt das Biegemoment Extremwerte an (119.1a)[1]).

2. An den Stellen, an denen die Belastungsintensität gleich Null wird, nimmt die Querkraft Extremwerte an (119.1a)[1]).

3. In den Feldern, in denen keine Lasten angreifen, also $q(x) \equiv 0$ ist, ist die Querkraft konstant (Kurvenbild: eine zur x-Achse parallele Gerade) und das Biegemoment linear veränderlich (Kurvenbild: Gerade, deren Steigung der Querkraft proportional ist, s. z. B. Bild 114.1).

---

[1]) Es sei denn, es liegt ein Sattelpunkt vor, was in der Praxis kaum vorkommt.

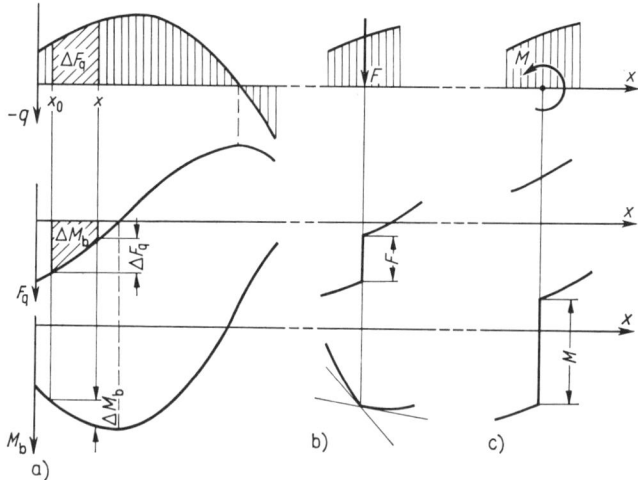

119.1 Beziehungen zwischen Belastung, Querkraft und Biegemoment
a) Streckenlast   b) Einzelkraft   c) Einzelmoment

Beim Überschreiten einer Balkenstelle, an der eine Einzelkraft angreift, ändert sich die Summe in Gl. (113.2) sprunghaft um den Betrag der zur Balkenachse senkrechten Komponente dieser Kraft. Ebenso ändert sich beim Überschreiten einer Stelle, an der ein äußeres Einzelmoment angreift, die Summe in Gl. (113.3) sprunghaft um den Betrag des Einzelmomentes. Aus dieser Überlegung und unter Berücksichtigung der geometrischen Deutung der Querkraft als Steigung der Tangente an die Biegemomentlinie folgt:

4. An der Angriffsstelle einer zur Balkenachse senkrechten Einzelkraft hat die Querkraftlinie einen Sprung, der dem Betrage der Einzelkraft proportional ist, und die Biegemomentlinie einen Knick (sprunghafte Änderung der Tangentensteigung, s. Bild 119.1 b).

5. An der Angriffsstelle eines Einzelmomentes hat die Biegemomentlinie einen Sprung, der dem Betrag des Einzelmomentes proportional ist (119.1c).

Für ein Balkenende, das frei (also nicht gelagert) oder gelenkig gelagert ist und an dem keine Einzelkräfte und Einzelmomente außer der Auflagerkraft angreifen, gilt:

freies Balkenende	$F_q = 0$ $M_b = 0$	(119.1)
gelenkig gelagertes Balkenende	$M_b = 0$	(119.2)

Dies folgt unmittelbar aus der Definition der Schnittgrößen.

Da Integration als Umkehroperation der Differentiation aufgefaßt werden kann, können die Beziehungen Gl. (118.3) auch in der Integralform geschrieben werden. In Bild **119.**1a ist die Kurve $M_b(x)$ die Integralkurve von $F_q(x)$ und die Kurve $F_q(x)$ wiederum die Integralkurve von $-q(x)$. Sind $F_q(x_0) = F_{q0}$ und $M_b(x_0) = M_{b0}$ die Werte der Querkraft und des Biegemomentes an der Stelle $x = x_0$, so sind die Änderungen $\Delta F_q = F_q(x) - F_{q0}$ und $\Delta M_b = M_b(x) - M_0$, die die Querkraft und das Biegemoment beim Fortschreiten zu einer Stelle x erfahren, aufgrund der geometrischen Deutung des Integrals als Fläche den in Bild **119.**1a schraffierten Flächen unter den Kurven $F_q(x)$ und $-q(x)$ proportional.

Demnach gelten mit u als Integrationsvariable die Beziehungen

$$\Delta F_q = F_q(x) - F_{q0} = -\int_{x_0}^{x} q(u)\, du \tag{120.1}$$

$$\Delta M_b = M_b(x) - M_{b0} = \int_{x_0}^{x} F_q(u)\, du \tag{120.2}$$

Sie entsprechen den Beziehungen Gl. (118.3).

Ist die Streckenlast durch die Belastungsintensitätsfunktion $q(x)$ gegeben, so können der Querkraft- und Biegemomentverlauf durch Integration aus den Gl. (120.1) und (120.2) ermittelt werden.

Beispiel 4. Am freien Ende des Freiträgers in Beispiel 3, S. 116, sind die Querkraft und das Biegemoment gleich Null. Mit $F_q(0) = F_{q0} = 0$, $M_b(0) = M_{b0} = 0$ und $q(x) = (q_0/l)\, x$ folgt nach Gl. (120.1) und Gl. (120.2)

$$F_q(x) = -\int_0^x \frac{q_0}{l} u\, du = -\frac{q_0}{l} \frac{x^2}{2}$$

$$M_b(x) = \int_0^x -\frac{q_0}{l} \frac{u^2}{2}\, du = -\frac{q_0}{6l} x^3$$

Ist ein Balken mit der Länge l an seinen Enden entweder nicht gelagert (freies Ende) oder gelenkig gelagert (s. Beispiele 1 (**114.**1), 2 (**116.**1) und 5 (**121.**1)), so ist das Biegemoment an seinen Enden nach Gl. (119.1) und Gl. (119.2) gleich Null. Greifen ferner an diesem Balken keine Einzelmomente an, so daß die Biegemomentfunktion $M_b(x)$ stetig ist und als Flächeninhaltsfunktion der Fläche unter der Querkraftkurve $F_q(x)$ aufgefaßt werden kann, so folgt aus Gl. (120.2) mit $x_0 = 0$, $x = l$, $M_b(0) = M_{b0} = 0$ und $M_b(l) = 0$

$$\int_0^l F_q(x)\, dx = 0 \tag{120.3}$$

Gl. (120.3) besagt, daß in diesem Fall die positiven und negativen Flächenanteile unter der Querkraftlinie einander gleich sind (s. Beispiele 1, 2 und 5). Im allgemeinen Fall, wenn am Balken auch Einzelmomente angreifen, ist das Integral in Gl. (120.3) i. a. nicht Null, sondern gleich der Summe der am Balken angreifenden Einzelmomente

$$\int_0^l F_q(x)\, dx = \sum M_i \tag{120.4}$$

Die positiven und negativen Flächenanteile unter der Querkraftlinie sind in diesem Fall i. a. nicht einander gleich (s. Beispiele 3 und 6). Dies kann wie folgt gezeigt werden.

Da die Schnittreaktionen mit Hilfe der Gleichgewichtsbedingungen der Statik berechnet werden, gilt für sie sinngemäß der Überlagerungssatz aus Abschn. 4.3, S. 58:

Schnittreaktionen für Teilbelastungen überlagern sich additiv.

Für einen mit einem Einzelmoment M_i belasteten Balken
(**121.1**) gilt

$$\int_0^l F_{qMi}(x)\,dx$$

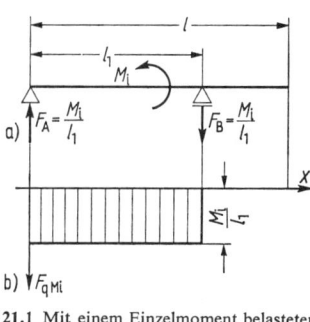

$$= \int_0^{l_1} \frac{M_i}{l_1}\,dx + \int_{l_1}^l 0\,dx = \frac{M_i}{l_1}\,l_1 = M_i$$

$$\int_0^l F_{qMi}(x)\,dx = M_i \qquad\qquad (121.1)$$

121.1 Mit einem Einzelmoment belasteter Balken
a) Lageplan   b) Querkraftlinie

Ist ein Balken durch Kräfte und Einzelmomente $M_1, M_2, \ldots, M_i, \ldots, M_n$ belastet,
so gilt für die Teilbelastung allein durch Kräfte nach Gl. (120.3)

$$\int_0^l F_{qF}(x)\,dx = 0 \qquad\qquad (121.2)$$

und für die Teilbelastungen jeweils mit einem Einzelmoment M_i die Gl. (121.1) mit
$i = 1, 2, \ldots, n$. Addiert man die linken und rechten Seiten der Beziehungen Gl. (121.2)
und Gl. (121.1) für $i = 1, 2, \ldots, n$, so folgt unter Beachtung der Integrationsregeln

$$\int_0^l F_{qF}(x)\,dx + \int_0^l F_{qM1}(x)\,dx + \cdots + \int_0^l F_{qMn}(x)\,dx = \sum_{i=1}^n M_i$$

$$\int_0^l (F_{qF}(x)\,dx + F_{qM1}(x) + \cdots + F_{qMn}(x))\,dx = \sum_{i=1}^n M_i$$

$$\int_0^l F_q(x)\,dx = \sum_{i=1}^n M_i$$

wobei $F_q(x) = F_{qF}(x) + F_{qM1}(x) + \cdots + F_{qMn}(x)$

nach dem Überlagerungssatz die Querkraftfunktion für die Gesamtbelastung ist. Damit
ist die Richtigkeit der Aussage Gl. (120.4) gezeigt.
Die Gl. (120.1) und (120.2) zusammen mit Gl. (113.1) bis (113.3) bilden die Grundlage
für die rechnerische (tabellarische) und zeichnerische Bestimmung des Verlaufs der
Schnittgrößen (s. Abschn. 8.3). Die Beachtung der in diesem Abschnitt aufgestellten Beziehungen erspart bei der Ermittlung der Querkraft- und Biegemomentlinie viel Arbeit.
Aufgrund dieser Beziehungen kann zuerst der grundsätzliche Verlauf der Schnittgrößen
festgestellt werden. Zur Festlegung ihres genauen Verlaufes braucht man dann oft nur
für wenige Stellen die Werte der Schnittgrößen nach Gl. (113.1) bis (113.3) zu berechnen.

Beispiel 5. Die Schnittgrößen des Trägers auf zwei Stützen mit Kragarm sollen bestimmt werden
(**122.1**). Zur Berechnung der Auflagerkräfte ersetzen wir die Streckenlast durch eine statisch
gleichwertige Einzelkraft $F_2 = (4\,\text{kN/m}) \cdot 6\,\text{m} = 24\,\text{kN}$. Da keine Kräfte in der x-Richtung
vorhanden sind, ist $F_{Ax} = 0$. Die Auflagerkräfte berechnet man wie folgt

$$\sum M_{iB} = 0 = F_A \cdot 6\,\text{m} - 30\,\text{kN} \cdot 4\,\text{m} + 24\,\text{kN} \cdot 1\,\text{m} \qquad F_A = 16\,\text{kN}$$

$$\sum M_{iA} = 0 = F_B \cdot 6\,\text{m} - 30\,\text{kN} \cdot 2\,\text{m} - 24\,\text{kN} \cdot 7\,\text{m} \qquad F_B = 38\,\text{kN}$$

Probe: $\sum F_{iz} = 0 = (-16 + 30 - 38 + 24)\,\text{kN}$

Grundsätzlicher Verlauf der Schnittgrößen

Normalkraft: $F_n = 0$, da keine Kräfte in der x-Richtung auftreten.

Querkraft: In den Feldern ① und ② konstant (keine Lasten), in den Feldern ③ und ④ geradlinig veränderlich (konstante Streckenlast), an der Stelle 4 gleich Null (freies Ende). An den Stellen 0, 1 und 3 Sprünge (Angriffspunkte von Einzelkräften).

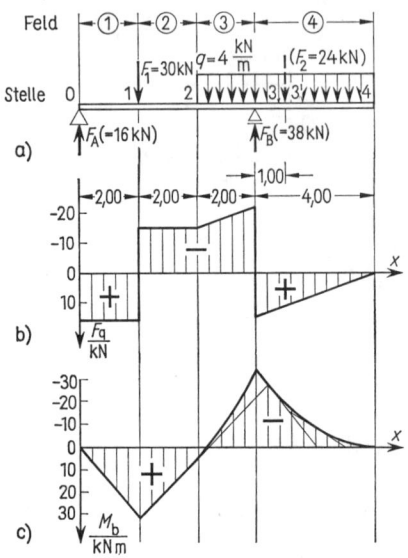

a)

b)

c)

Biegemoment: In den Feldern ① und ② geradlinig (keine Lasten) und in den Feldern ③ und ④ parabolisch (konstante Streckenlast) veränderlich, an den Balkenenden gleich Null (Gelenklager und freies Ende), Knicke an den Stellen 1 und 2 (Einzelkräfte), keine Sprünge, da keine Einzelmomente angreifen.

Zur genauen Festlegung der Querkraft- und der Biegemomentlinie genügt es, die Werte der Schnittgrößen an den Stellen 1, 2 und 3 nach Gl. (113.2 und 3) zu berechnen (s. Wertetabelle).

Stelle	F_q/kN	$M_b/kN\,m$
1	16	32
2	−14	4
3	−22	−32
3′	16	−32

122.1
Balken mit Kragarm
a) Lageplan
b) Querkraftlinie
c) Biegemomentlinie

Man berechnet z. B. die Schnittgröße für die Stelle 3 wie folgt

$$F_q - 16\,kN + 30\,kN + 2\,m \cdot 4\,kN/m = 0$$
$$M_b - 16\,kN \cdot 6\,m + 30\,kN \cdot 4\,m + 2\,m\,(4\,kN/m) \cdot 1\,m = 0$$

Daraus folgt:

$$F_q = -22\,kN \qquad M_b = -32\,kNm$$

oder kürzer, durch Betrachtung des Gleichgewichtes am rechten Trägerteil

$$-F_q - 38\,kN + 4\,m\,(4\,kN/m) = 0 \qquad F_q = -22\,kN$$
$$M_b + 4\,m\,(4\,kN/m) \cdot 2\,m = 0 \qquad M_b = -32\,kNm$$

Man beachte: Die Geraden der Querkraftlinie haben in den Feldern ③ und ④ dieselbe Steigung (da in beiden Feldern $q =$ const denselben Wert hat). An der Stelle 2 geht die Gerade der Biegemomentlinie ohne Knick in den Parabelbogen über. Das Biegemoment nimmt an den Stellen 1 und 3 Extremwerte an. An diesen Stellen schneidet die Querkraftlinie die x-Achse.

Beispiel 6. Für die Tragkonstruktion in Bild **123.1**, die aus einem Hauptträger mit einem steif angeschlossenen Arm und einer Pendelstütze besteht, soll der Verlauf der Schnittgrößen im Hauptträger bestimmt werden.

Zuerst werden die Auflagerkräfte ermittelt. Da die Wirkungslinie der Pendelstützkraft $\vec{F}_B$ bekannt ist, gilt

$$\frac{F_{Bz}}{F_{Bx}} = \frac{0,8\,m}{1\,m}$$

Aus dieser Gleichung zusammen mit der Momentengleichgewichtsbedingung

$$\sum M_{iA} = 0 = F_{Bx} \cdot 0,4\,m + F_{Bz} \cdot 1\,m - 6\,kN \cdot 2\,m$$

berechnet man zuerst

$$F_{Bx} = 10\,kN \qquad F_{Bz} = 8\,kN$$

Mit den bekannten Werten für die Komponenten F_{Bx} und F_{Bz} folgt dann aus den Kräftegleichgewichtsbedingungen

$$\sum F_{ix} = 0 = - F_{Ax} + F_{Bx} \qquad F_{Ax} = F_{Bx} = 10 \text{ kN}$$

$$\sum F_{iz} = 0 = - F_{Az} + F_{Bz} - 6 \text{ kN} \qquad F_{Az} = 2 \text{ kN}$$

Zur Berechnung der Beanspruchungsgrößen eines Balkens ist es zweckmäßig, alle an ihm nicht direkt angreifenden Kräfte auf seine Achse zu reduzieren. Durch Reduktion der Kraft $\vec{F}_B$ in unserem Beispiel auf die Stelle 1 kommt ein Versatzmoment 4 kNm hinzu. Anders aufgefaßt, sind die in Bild 123.1 b an der Stelle 1 des Hauptträgers eingezeichneten Kräfte und Momente die Schnittreaktionen, die man erhält, wenn man den steif angeschlossenen Arm unmittelbar unterhalb der Stelle 1 vom Hauptträger abtrennt. Sie stellen die Wirkung des Arms auf den Hauptträger dar.

Grundsätzlicher Verlauf der Schnittgrößen

Querkraft und Normalkraft: In den Feldern ① und ② jeweils konstant (keine Lasten), Sprünge an den Stellen 0, 1 und 2 (Einzelkräfte).

Biegemoment: In den Feldern ① und ② geradlinig veränderlich (keine Lasten), Null an den Stellen 0 und 2 (ein gelenkig gelagertes und ein freies Balkenende), Sprung an der Stelle 1 (Einzelmoment).

Zur genauen Festlegung des Schnittgrößenverlaufs reicht die Berechnung der Schnittgrößen an der Stelle 1 nach Gl. (113.1 bis 3) aus.

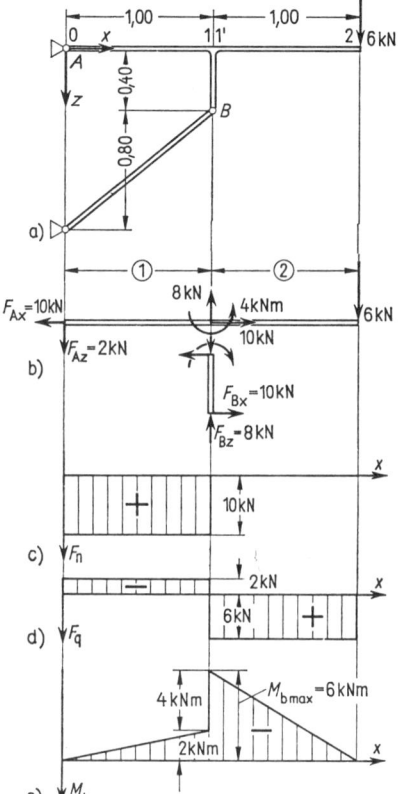

123.1 Tragkonstruktion
a) Lageplan
b) auf den Hauptträger reduzierte Belastung
c) Normalkraftlinie d) Querkraftlinie
e) Biegemomentlinie

8.3. Zeichnerische und tabellarische Bestimmung des Schnittgrößenverlaufs

Auf zeichnerischem Wege läßt sich der Biegemomentverlauf durch Konstruktion des Seilecks für die senkrecht zur Balkenachse wirkenden Kräfte bestimmen. In Bild **124.1** sind die Auflagekräfte des mit drei Kräften belasteten Balkens auf zwei Stützen nach dem Seileckverfahren (Abschn. 4.1.2) ermittelt. Wir behaupten, daß die Strecken S_M, die auf den zur Balkenachse senkrechten Geraden zwischen den Seilstrahlen des Seilecks liegen, den Biegemomenten an den zugehörigen Balkenstellen proportional sind, daß also mit m_M als Maßstabsfaktor (s. Abschn. 1.2) gilt

$$M_b = m_M S_M \tag{123.1}$$

Beweis. Der Betrag des Biegemomentes an der Balkenstelle x ist gleich dem Betrag des statischen Momentes der Resultierenden aller links von x angreifenden Kräfte bezüglich der Stelle x. Für die in Bild **124**.1 gewählte Balkenstelle x in Feld ② ist diese Resultierende $\vec{F}_{RA1} = \vec{F}_A + \vec{F}_1$. Einen Punkt ihrer Wirkungslinie findet man als Schnittpunkt der Seilstrahlen s und 1, die den Polstrahlen s und 1 im Krafteck entsprechen. Bezeichnet man mit d den Abstand der Balkenstelle x von der Wirkungslinie der Resultierenden $\vec{F}_{RA1}$, so ist der Betrag des Biegemomentes an der Stelle x

$$M_b = F_{RA1}\, d \tag{124.1}$$

Sind m_F und m_L der Kräfte- und der Längenmaßstabsfaktor, so gelten die Beziehungen

$$F_{RA1} = m_F\, S_{RA1} \qquad F_H = m_F\, S_H \qquad d = m_L\, S_d \tag{124.2}$$

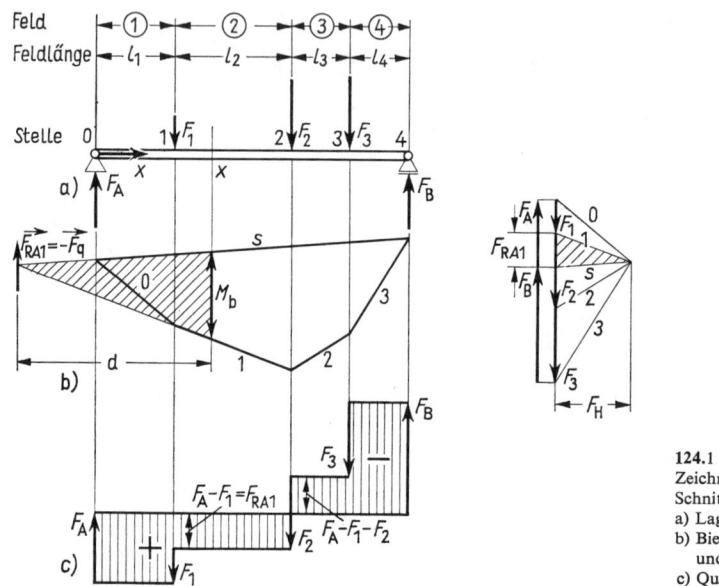

124.1
Zeichnerische Bestimmung des
Schnittgrößenverlaufs
a) Lageplan
b) Biegemomentlinie aus Seil-
und Krafteck
c) Querkraftlinie aus Krafteck

Dabei sind S_{RA1}, S_H und S_d die Zeichenstrecken, durch die in Bild **124**.1 die Kräfte F_{RA1} und F_H[1] und der wahre Abstand d dargestellt sind. Aus der Ähnlichkeit der im Kraft- und Seileck schraffierten Dreiecke folgt

$$\frac{S_M}{S_d} = \frac{S_{RA1}}{S_H} \qquad \text{oder} \qquad S_M\, S_H = S_{RA1}\, S_d \tag{124.3}$$

Ersetzt man in der letzten Beziehung S_{RA1} durch F_{RA1}/m_F und S_d durch d/m_L nach Gl. (124.2) und multipliziert beide Seiten der Beziehung mit dem Produkt $m_F\, m_L$, so ergibt sich unter Beachtung der Gl. (124.1)

$$m_F\, m_L\, S_H \cdot S_M = F_{RA1}\, d = M_b \tag{124.4}$$

Aus dieser Gleichung folgt die Richtigkeit der Behauptung, denn das Produkt $m_F\, m_L\, S_H$ ist unabhängig von der gewählten Balkenstelle x, also eine Konstante, und M_b somit S_M proportional. Durch Vergleich von Gl. (124.4) mit Gl. (123.1) folgt für den Biegemomentmaßstabsfaktor

$$\underline{m_M = m_F\, m_L\, S_H} \tag{124.5}$$

[1] F_H kann als Betrag der bei allen Seilkräften gleich großen Horizontalkomponente gedeutet werden.

Die Stufenkurve der Querkraftlinie kann auf zeichnerischem Wege dadurch gefunden werden, daß man die Höhen der einzelnen Stufen im Krafteck abgreift und über der x-Achse aufträgt (**124.**1 c). Wie das Bild durch Kraftpfeile andeutet, beginnt man dabei mit der Konstruktion zweckmäßig am rechten Balkenende.

Merkregel. An einer Balkenstelle x wird das Biegemoment in beschriebener Weise als Strecke zwischen den S e i l s t r a h l e n i und k (Maßstabfaktor m_M) und die Querkraft als Strecke zwischen den zugehörigen P o l s t r a h l e n i und k im Krafteck (Maßstabfaktor m_F) dargestellt ($i, k = 0, 1, 2, 3, \ldots, s$; im Feld ② des Bildes **124.**1 ist z. B. $i = 1$ und $k = s$).

Streckenlasten können bei zeichnerischer Bestimmung der Biegemomentlinie nach dem geschilderten Verfahren dadurch erfaßt werden, daß man sie durch Einzelkräfte ersetzt. Man unterteilt die Balkenachse in Abschnitte und ersetzt in jedem Abschnitt die Streckenlast durch ihre resultierende Einzelkraft, deren Wirkungslinie durch den Schwerpunkt der Fläche unter der Kurve der Belastungsintensität $q(x)$ geht (**125.**1). Die Anzahl der Einzelkräfte soll dabei nicht zu groß gewählt werden, denn mit der Anzahl der Kräfte steigt auch der Zeichenaufwand, und die Zeichengenauigkeit nimmt schließlich nicht mehr zu; durch Häufen unvermeidlicher Zeichenfehler kann die Zeichengenauigkeit sogar abnehmen. Oft genügt es, eine Streckenlast durch zwei oder drei Einzelkräfte zu ersetzen. Durch die Ersatzbelastung werden die Auflagerreaktionen nicht geändert, da die Ersatzbelastung der gegebenen Streckenbelastung statisch gleichwertig ist. Das mit den Einzelkräften konstruierte Seileck liefert jedoch nur für die Abschnittsgrenzen genaue Werte für das Biegemoment, denn nur für Schnitte durch diese Stellen sind die Ersatzbelastungen des linken und rechten Balkenteils der ursprünglichen Belastung statisch gleichwertig und daher auch Querkraft und Biegemoment durch die Ersatzbelastung nicht verändert worden. Insbesondere folgt aus der Gleichheit der Querkräfte an den Abschnittsgrenzen in den beiden Belastungsfällen, daß an diesen Stellen die Seilstrahlen als Tangenten an die Biegemomentlinie bei Ersatzbelastung auch gleichzeitig Tangenten an die Biegemomentlinie bei gegebener Belastung sind; denn nach geometrischer Deutung der Gl. (118.3) ist die Steigung der Tangente an die Biegemomentlinie der Querkraft proportional. Die Biegemomentlinie für die Streckenbelastung kann daher bequem näherungsweise konstruiert werden, indem man sie in ihr Tangentenpolygon, das Seileck, einzeichnet (**125.**1).

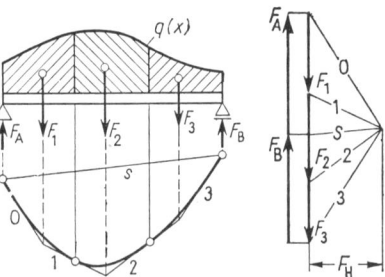

125.1 Zeichnerische Bestimmung der Biegemomentlinie bei Streckenbelastung

Nach Gl. (120.1 und 2) ist das Biegemoment $M_b(x)$ das zweifache Integral der negativen Belastungsintensität $- q(x)$. Daher ist das beschriebene Verfahren, das mit Hilfe der Seileckkonstruktion aus der Belastung die Biegemomentlinie ermittelt, ein graphisches Integrationsverfahren. Es entspricht vollkommen dem in der Mathematik bekannten Verfahren der graphischen Integration.

Die Anwendung des Seileckverfahrens zur Bestimmung der Biegemomentlinie lohnt sich hauptsächlich dann, wenn am Balken viele Kräfte angreifen (z.B. Biegemomentverlauf in einer mehrfach abgestuften Maschinenwelle infolge Eigengewichtbelastung). Bei wenigen Kräften kommt man im allgemeinen rechnerisch schneller zum Ziel. Die folgenden Beispiele wurden jedoch mit Absicht einfach gewählt, um das Grundsätzliche klarer hervortreten zu lassen.

Beispiel 7. Für die einmal abgestufte Maschinenwelle (126.1) soll der Verlauf der Schnittgrößen infolge der Belastung durch das Eigengewicht zeichnerisch bestimmt werden.

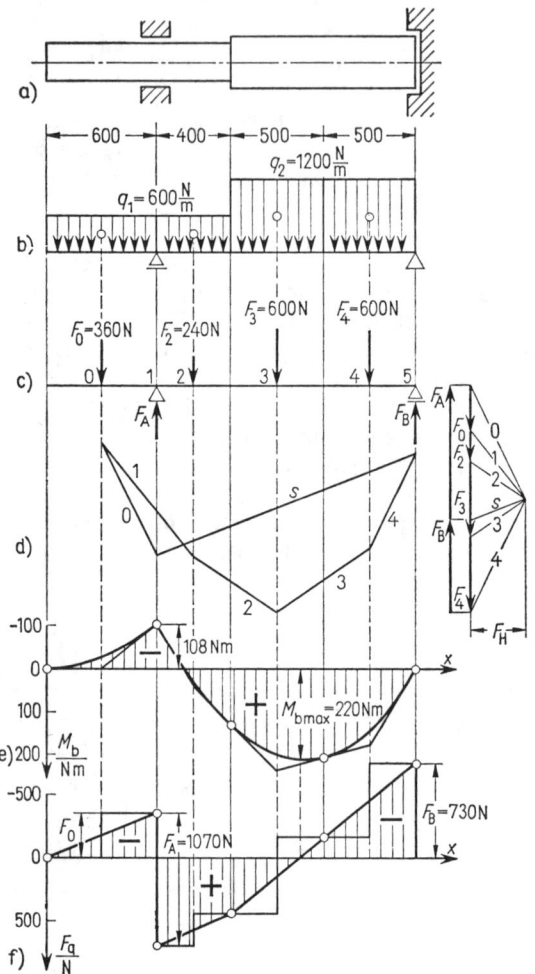

Die Streckenbelastung (126.1 b) wird durch Belastung mit Einzelkräften nach Bild 126.1 c ersetzt und für diese Ersatzbelastung die Biegemomentlinie durch Seileckkonstruktion bestimmt (126.1 d).

Maßstabfaktoren:

$$m_L = 40 \text{ cm/cm}_z$$
$$m_F = 600 \text{ N/cm}_z$$
$$S_H = 0{,}75 \text{ cm}_z$$

und nach Gl. (117.5)

$$m_M = 40 \frac{\text{cm}}{\text{cm}_z} \cdot 600 \frac{\text{N}}{\text{cm}_z} \cdot 0{,}75 \text{ cm}_z$$

$$= 18\,000 \frac{\text{N cm}}{\text{cm}_z} = 180 \frac{\text{N m}}{\text{cm}_z}$$

126.1 Abgestufte Welle unter Eigengewichtbelastung
a) Welle
b) Belastung
c) Ersatzbelastung aus Einzelkräften
d) Seileck und Krafteck
e) Biegemomentlinie
f) Querkraftlinie

In Feld ② überschneiden sich die Seilstrahlen. Das bedeutet einen Vorzeichenwechsel des Biegemomentes. Das Vorzeichen des Biegemomentes in Feld ① ist negativ, wie man durch einen gedachten Schnitt in diesem Feld feststellt. In Bild 126.1 e ist der Biegemomentverlauf auf ein rechtwinkliges Koordinatensystem umgezeichnet, die Ordinaten wurden aus Bild 126.1 d abgegriffen und über der x-Achse aufgetragen. In Bild 126.1 f wird zuerst die Querkraftlinie für die Ersatzbelastung (Stufenkurve) mit Hilfe des Kraftecks konstruiert. In den durch kleine Kreise gekennzeichneten Punkten ist der Biegemoment- und Querkraftverlauf durch die Ersatzbelastung genau erfaßt (Abschnittsgrenzen!). Da die gegebene Streckenbelastung stückweise konstant ist, setzt sich die Querkraftlinie aus Geraden und die Biegemomentlinie aus Parabelbogen zusammen. Die Biegemomentlinie und die Querkraftlinie für die Streckenbelastung können nun leicht in die Bilder **126.**1 e und f eingezeichnet werden.

Beispiel 8. Für den einseitig eingespannten Träger (**127.1**) soll der Schnittgrößenverlauf zeichnerisch bestimmt werden.

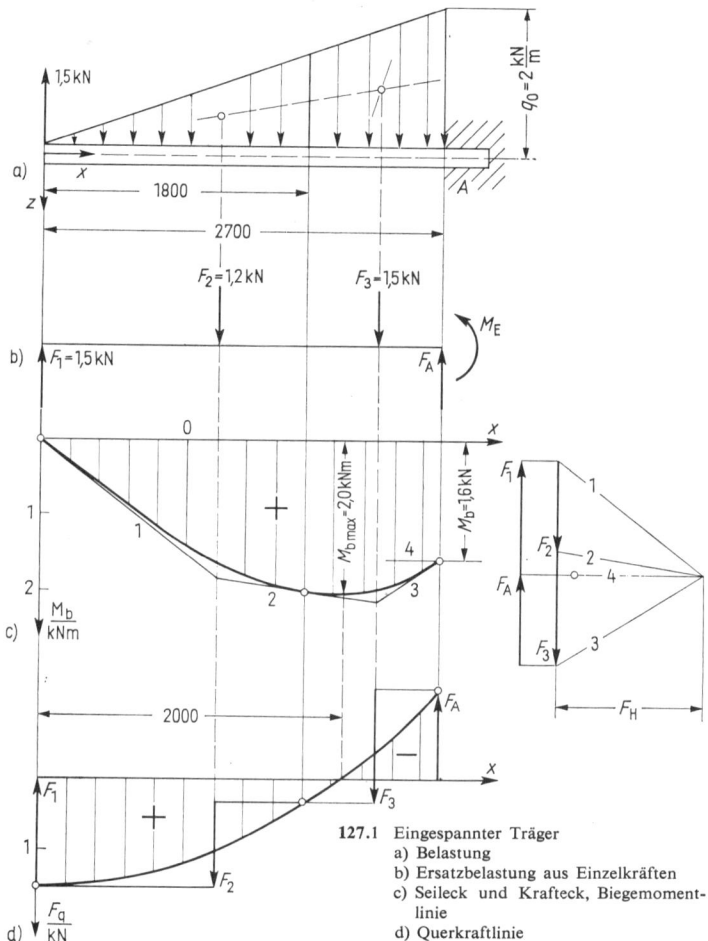

127.1 Eingespannter Träger
a) Belastung
b) Ersatzbelastung aus Einzelkräften
c) Seileck und Krafteck, Biegemomentlinie
d) Querkraftlinie

Die dreieckförmige Streckenlast wird nach Bild **127.**1 a u. b durch zwei Einzelkräfte ersetzt. Die Angriffspunkte dieser Einzelkräfte werden als Schwerpunkte der Dreieck- und Trapezfläche durch die in Abschn. 7.5.2 angegebene Konstruktion ermittelt (**104.**2 b und **105.**1 b).

Für den Träger mit der Ersatzbelastung (**126.**1 b) wird dann die Biegemomentlinie durch Seileckkonstruktion bestimmt.

Maßstabfaktoren:

$$m_L = 0.5 \, \frac{m}{cm_z} \qquad m_F = 2 \, \frac{kN}{cm_z} \qquad S_H = 2 \, cm_z$$

und nach Gl. (124.5)

$$m_M = 0.5 \, \frac{m}{cm_z} \cdot 2 \, \frac{kN}{cm_z} \cdot 2 \, cm_z = 2 \, \frac{kNm}{cm_z}$$

Das Seileck ist in diesem Beispiel offen (die Seilstrahlen 0 und 4 verlaufen parallel, s. Abschn. 4.1.2), da die Kräfte $\vec{F}_1$, $\vec{F}_2$, $\vec{F}_3$ und $\vec{F}_A$ kein Gleichgewichtssystem bilden, sondern einem Kräftepaar äquivalent sind, das dem Einspannmoment $\vec{M}_E$ entgegengesetzt gleich ist. Da alle am Träger angreifenden Kräfte bereits allein durch Krafteckkonstruktion bestimmt sind, konnte der Pol in der Krafteckfigur gleich so gewählt werden, daß eine Umzeichnung der Biegemomentlinie auf ein rechtwinkliges Koordinatensystem nicht erforderlich ist (horizontaler Pol- bzw. Seilstrahl 0). Die Biegemomentlinie für die gegebene Belastung (Parabel 3. Grades) wird durch Einzeichnen in das Seileck für die Ersatzbelastung als Tangentenpolygon gewonnen (127.1 c). In Bild 127.1 d ist die Querkraftlinie (Parabel 2. Grades) angegeben, die wie in Beispiel 7 konstruiert wird.

Auch bei rechnerischer Bestimmung der Schnittgrößen ist es häufig zweckmäßig, zu einer Ersatzbelastung, die nur aus Einzelkräften besteht, überzugehen. Die Rechnung kann dann in Tabellenform, wie sie in dem Rechenschema Tafel 128.2 für das Beispiel in Bild 124.1 angegeben ist, durchgeführt werden. Für den Übergang von einer Stelle i unmittelbar vor dem Angriffspunkt der Kraft F_i zur Stelle $i + 1$ unmittelbar vor dem Angriffspunkt der Kraft F_{i+1} folgt aus der Betrachtung des Gleichgewichtes des herausgeschnittenen $(i + 1)$ten Balkenfeldes (128.1):

$$F_{q,i+1} - F_{qi} + F_i = 0$$

$$M_{b,i+1} - M_{bi} + (F_i - F_{qi}) \, l_{i+1} = 0$$

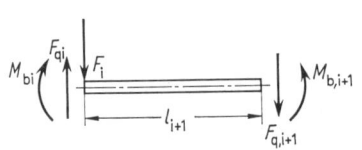

128.1 Gleichgewicht am Balkenfeld

und mit $F_i - F_{qi} = - F_{q,i+1}$ aus der ersten Gleichung

$$F_{q,i+1} = F_{qi} - F_i \qquad (128.1)$$

$$M_{b,i+1} = M_{bi} + F_{q,i+1} \, l_{i+1}$$

Für andere Belastungsarten (z.B. stückweise konstante Streckenbelastung) lassen sich entsprechende Rechenschemata entwickeln.

Tafel 128.2 Rechenschema

Stelle i	Feldlänge l_i	Kraft F_i	Querkraft F_{qi}	$l_i F_{qi}$	Biegemoment M_{bi}
0	—	$F_0 = - F_A$	$F_{q0} = 0$	—	$M_{b0} = 0$
1	l_1	F_1	$F_{q1} = F_{qA}$	$l_1 F_{q1}$	$M_{b1} = M_{b0} + l_1 F_{q1}$
2	l_2	F_2	$F_{q2} = F_{q1} - F_1$	$l_2 F_{q2}$	$M_{b2} = M_{b1} + l_2 F_{q2}$
3	l_3	F_3	$F_{q3} = F_{q2} - F_2$	$l_3 F_{q3}$	$M_{b3} = M_{b2} + l_3 F_{q3}$
4	l_4	F_4	$F_{q4} = F_{q3} - F_3$	$l_4 F_{q4}$	$M_{b4} = M_{b3} + l_4 F_{q4} = 0!$

Rechenproben: $F_{q4} + F_B = 0$ $M_{b4} = 0$

Beispiel 9. Wir bestimmen den Verlauf der Schnittgrößen für die Welle in Beispiel 7, S. 126, bei der Ersatzbelastung (**126**.1c) in dem Rechenschema nach Tafel (**128**.2).

Auflagerkräfte

$$\sum M_{Bi} = 0 = F_A \cdot 1,4\,m - 360\,N \cdot 1,7\,m - 240\,N \cdot 1,2\,m - 600\,N \cdot 0,75\,m - 600\,N \cdot 0,25\,m$$

$$F_A = 1071\,N$$

$$\sum M_{Ai} = 0 = F_B \cdot 1,4\,m - 600\,N \cdot 1,15\,m - 600\,N \cdot 0,65\,m - 240\,N \cdot 0,2\,m + 360\,N \cdot 0,3\,m$$

$$F_B = 729\,N$$

Stelle i	Feldlänge l_i/m	Kraft F_i/N	Querkraft F_{qi}/N	$l_i\,F_{qi}$/Nm	Biegemoment M_{bi}/Nm
0	–	360	0	–	0
1	0,3	-1071	-360	-108	-108
2	0,2	240	711	142	34
3	0,45	600	471	212	246
4	0,5	600	-129	-65	181
5	0,25	-729	-729	-182	$-1 \approx 0$
$\sum$	1,70				

8.4. Ebene Tragwerke aus Balken

Die Schnittgrößen eines Tragwerkes oder einer anderen Konstruktion aus Balken sind dann vollständig bekannt, wenn man den Schnittgrößenverlauf in allen Teilen (Balken) der Konstruktion kennt. Man bestimmt zuerst die Auflager- und Zwischenreaktionen und ermittelt dann die Schnittgrößen in den einzelnen Balken genau so, wie es in den vorangegangenen Abschnitten gezeigt wurde. In den nachfolgenden Beispielen ist der Schnittgrößenverlauf in einem Gelenkträger (Beispiel 10) und einem Rahmen (Beispiel 11) bestimmt.

Gelenk- oder Gerber-Träger. Einen durch mehr als zwei Gelenklager statisch unbestimmt gestützten Balken bezeichnet man als Durchlaufträger. Der Durchlaufträger in Bild **129**.1a ist zweifach statisch unbestimmt (s. Abschn. 5.2). Durch Einbau

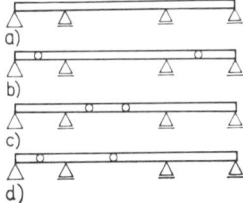

129.1 a) Statisch unbestimmter Durchlaufträger
b, c, d) statisch bestimmte Gelenkträger

von Zwischengelenken läßt sich ein dem Durchlaufträger entsprechendes Tragwerk aus mehreren durch Gelenke zusammengeschlossenen geraden Balken erzeugen, das jedoch

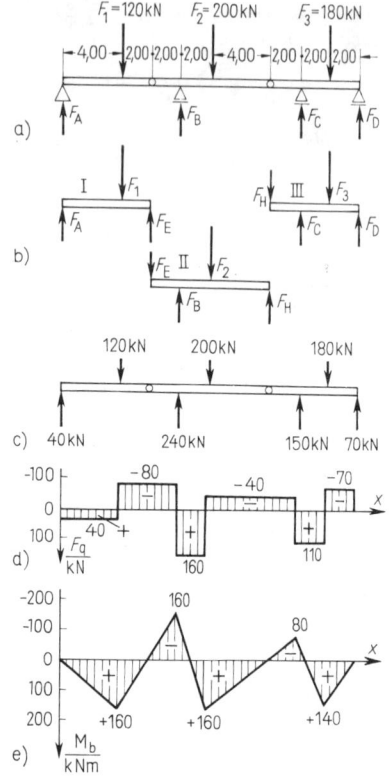

a)

b)

c)

d)

e)

130.1 Gerber-Träger

statisch bestimmt ist. Ein solches Tragwerk wird als Gelenk- oder Gerber-Träger bezeichnet (129.1 b,c und d).

Rahmen und Bogenträger nennt man Tragwerke aus Balken mit geknickten und gekrümmten Achsen (68.2c bis f und 69.1).

Beispiel 10. Die Schnittgrößen des Gerber-Trägers (130.1 a) sollen bestimmt werden.

Als erstes ermitteln wir die Auflagerkräfte. Dazu zerlegen wir das Tragwerk in drei Scheiben und machen diese unter Beachtung des Reaktionsaxioms für die Gelenkkräfte frei (130.1 b). Da das Tragwerk nur durch senkrechte Kräfte belastet ist, haben auch die Auflagerkraft $\vec{F}_A$ und die Gelenkkräfte $\vec{F}_E$ und $\vec{F}_H$ senkrechte Richtung.

Die Scheibe I läßt sich als Balken auf zwei Stützen berechnen. Aus den Gleichgewichtsbedingungen folgt

$$\sum M_{iA} = 6\,m \cdot F_E - 4\,m \cdot 120\,kN = 0$$

$$F_E = 80\,kN$$

$$\sum M_{iE} = 6\,m \cdot F_A - 2\,m \cdot 120\,kN = 0$$

$$F_A = 40\,kN$$

Mit der bekannten Gelenkkraft F_E können nun die unbekannten Kräfte an der Scheibe II ermittelt werden

$$\sum M_{iB} = 0 = 6\,m \cdot F_H - 2\,m \cdot 200\,kN + 2\,m \cdot 80\,kN \qquad F_H = 40\,kN$$

$$\sum M_{iH} = 0 = 6\,m \cdot F_B - 4\,m \cdot 200\,kN - 2\,m \cdot 80\,kN \qquad F_B = 240\,kN$$

Schließlich folgt mit der bekannten Gelenkkraft F_H aus den Gleichgewichtsbedingungen für die Scheibe III

$$\sum M_{iD} = 0 = 4\,m \cdot F_C - 6\,m \cdot 40\,kN - 2\,m \cdot 180\,kN \qquad F_C = 150\,kN$$

$$\sum M_{iC} = 0 = 4\,m \cdot F_D + 2\,m \cdot 40\,kN - 2\,m \cdot 180\,kN \qquad F_D = 70\,kN$$

Kontrolle: $F_A + F_B + F_C + F_D = F_1 + F_2 + F_3 = 500\,kN$

Nachdem die Auflagerkräfte bestimmt sind, denken wir uns die drei Scheiben wieder durch Gelenke zu einem Tragwerk zusammengeschlossen und betrachten den Gerber-Träger als einen einzigen Balken, der sich unter der Wirkung der sieben Kräfte $\vec{F}_1$, $\vec{F}_2$, $\vec{F}_3$, $\vec{F}_A$, $\vec{F}_B$, $\vec{F}_C$ und $\vec{F}_D$ im Gleichgewicht befindet (130.1 c). Ausgehend von diesem Bild sind in den Bildern 130.1 d und e der Querkraft- und Biegemomentverlauf gezeichnet. Beachtet man, daß an den Gelenkstellen E und H das Biegemoment verschwinden muß[1]), so genügt es, für die Zeichnung der Biegemomentlinie die Biegemomente an den drei Angriffsstellen der Kräfte $\vec{F}_1$, $\vec{F}_2$ und $\vec{F}_3$ zu berechnen.

---

[1]) Das sieht man am besten aus Bild 130.1 b. Alle Enden der drei Balkenteile können als gelenkig gelagert aufgefaßt werden. An einem gelenkig gelagerten Ende ist aber $M_b = 0$, s.S. 119.

Beispiel 11. Wir bestimmen den Schnittgrößenverlauf im Rahmen **131.**1a. $l = 3$ m, $F = 6$ kN, $q = 1,2$ kN/m.

Für die Berechnung der Auflagerkräfte ersetzen wir die Streckenbelastung (Winddruck) durch ihre Resultierende $F_\mathrm{W} = 1,2$ kN/m $\cdot$ 3 m $= 3,6$ kN. Aus den Gleichgewichtsbedingungen folgt:

$$\sum M_\mathrm{iA} = 0 = 6\ \mathrm{m} \cdot F_\mathrm{BY} - 4\ \mathrm{m} \cdot 6\ \mathrm{kN} + 1,5\ \mathrm{m} \cdot 3,6\ \mathrm{kN} \qquad F_\mathrm{BY} = 3,1\ \mathrm{kN}$$

$$\sum M_\mathrm{iB} = 0 = 6\ \mathrm{m} \cdot F_\mathrm{A} - 2\ \mathrm{m} \cdot 6\ \mathrm{kN} - 1,5\ \mathrm{m} \cdot 3,6\ \mathrm{kN} \qquad F_\mathrm{A} = 2,9\ \mathrm{kN}$$

$$\sum F_\mathrm{iX} = 0 = F_\mathrm{BX} - 3,6\ \mathrm{kN} \qquad F_\mathrm{BX} = 3,6\ \mathrm{kN}$$

Zur Beschreibung der Schnittgrößen ordnen wir jedem Punkt der Balkenachse ein rechtwinkliges x, y, z-Koordinatensystem zu, dessen x-Achse mit der Tangente an die Balkenachse und dessen z-Achse mit deren Normale zusammenfällt (**131.**1a); die y-Achse ergänzt das System zu einem Rechtssystem. Die Schnittgrößen sind positiv, wenn ihre Vektoren am positiven Schnittufer in Richtung der positiven x-, y- und z-Achse weisen.

Zuerst berechnen wir die Schnittgrößen im Feld ① des Rahmens, wobei wir die Schnittstelle durch den Winkel φ festlegen. Die Schnittgrößen werden an der Schnittstelle positiv angesetzt (**131.**1b) und die Gleichgewichtsbedingungen für den abgeschnittenen Trägerteil angeschrieben.

φ	$\dfrac{F_\mathrm{n}}{\mathrm{kN}}$	$\dfrac{F_\mathrm{q}}{\mathrm{kN}}$	$\dfrac{M_\mathrm{b}}{\mathrm{kNm}}$
0°	−2,90	0	0
15°	−2,80	0,75	0,30
30°	−2,51	1,45	1,17
45°	−2,05	2,05	2,55
60°	−1,45	2,51	4,35
75°	−0,75	2,80	6,45
90°	0	2,90	8,70

$$\sum F_\mathrm{iX} = 0 = F_\mathrm{n} \sin \varphi + F_\mathrm{q} \cos \varphi$$
$$\sum F_\mathrm{iY} = 0 = F_\mathrm{n} \cos \varphi - F_\mathrm{q} \sin \varphi + F_\mathrm{A}$$
$$\sum M_\mathrm{i} = 0 = M_\mathrm{b} - F_\mathrm{A}\, l\, (1 - \cos \varphi)$$

Aus diesen Gleichgewichtsbedingungen ergibt sich

$$\left.\begin{aligned} F_\mathrm{n} &= -F_\mathrm{A} \cos \varphi \\ F_\mathrm{q} &= F_\mathrm{A} \sin \varphi \\ M_\mathrm{b} &= F_\mathrm{A}\, l\, (1 - \cos \varphi) \end{aligned}\right\} \qquad (131.1)$$

In der nebenstehenden Tabelle sind die Schnittgrößen für einige Schnittstellen nach Gl. (131.1) berechnet.

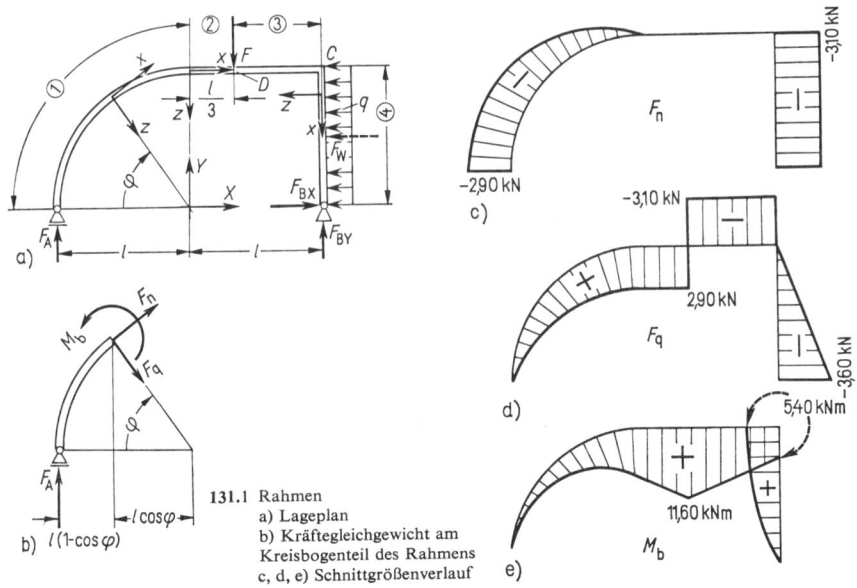

131.1 Rahmen
a) Lageplan
b) Kräftegleichgewicht am Kreisbogenteil des Rahmens
c, d, e) Schnittgrößenverlauf

Die resultierende Schnittkraft $\vec{F}_S = \vec{F}_n + \vec{F}_q$ ist im kreisbogenförmigen Teil des Rahmens von der Lage der Schnittstelle, d.h. vom Winkel φ, unabhängig, für jeden Schnitt gilt: $\vec{F}_S = \vec{F}_n + \vec{F}_q = -\vec{F}_A$. Ihre Komponenten — die Normalkraft F_n und die Querkraft F_q — ändern sich jedoch mit der Lage der Schnittstelle, da sich das x, y, z-Koordinatensystem, in dem die Zerlegung in Komponenten durchgeführt wird, mit der Lage der Schnittstelle ändert.

In den Feldern ②, ③ und ④ ist die Balkenachse jeweils eine Gerade. In den Feldern ② und ③ greifen keine Lasten an, daher sind dort die Normalkraft und die Querkraft jeweils konstant und das Biegemoment geradlinig veränderlich. Im Feld ④ mit konstanter Streckenbelastung verlaufen die Normalkraft- und Querkraftlinie geradlinig und die Biegemomentlinie ist eine Parabel. Ferner ist das Biegemoment an der Stelle B gleich Null (Gelenk). Für die Festlegung des Schnittgrößenverlaufs in den Feldern ② bis ④ genügt es, die Schnittgrößen an den Stellen C und D zu berechnen. In den Bildern **131.**1 c, d und e ist der Verlauf der Schnittgrößen graphisch dargestellt, indem jeweils die betreffende Schnittgröße als Ordinate senkrecht zur Balkenachse positiv in Richtung der positiven z-Achse abgetragen wurde.

8.5. Schnittgrößen eines räumlich beanspruchten Balkens

Die Schnittgrößen eines Balkens, dessen Achse eine beliebige Raumkurve ist und der sich unter der Wirkung eines räumlichen Kräftesystems im Gleichgewicht befindet, werden in derselben Weise wie im ebenen Fall definiert (s. Abschn. 8.1).

Um die Schnittgrößen an einer Balkenstelle zu bestimmen, denken wir uns den Balken an dieser Stelle mit einer Ebene senkrecht zur Balkenachse geschnitten und bestimmen die Dyname $\vec{F}_S$, $\vec{M}_S$ bezüglich des Schwerpunktes der Schnittfläche, die das Gleichgewicht des abgeschnittenen Balkenteils wieder herstellt (**132.**1 a). Jedem Punkt der Balkenachse ordnen wir ein rechtwinkliges x, y, z-Koordinatensystem zu, dessen x-Achse mit der Tangente an die Balkenachse zusammenfällt und dessen y- und z-Achse in der Balkenquerschnittebene liegen. Die skalaren Komponenten der Vektoren $\vec{F}_S$ und $\vec{M}_S$ der Dyname bezüglich dieses Koordinatensystems nennt man Schnittgrößen. Der räumlich beanspruchte Balken hat sechs Schnittgrößen, die im einzelnen wie folgt bezeichnet werden (**132.**1 b):

$$F_{Sx} = F_n \qquad\qquad\qquad\qquad \textbf{Normalkraft}$$
$$F_{Sy} = F_{qy} \qquad F_{Sz} = F_{qz} \qquad \textbf{Querkräfte}$$
$$M_{Sx} = M_t \qquad\qquad\qquad\qquad \textbf{Torsionsmoment}$$
$$M_{Sy} = M_{by} \qquad M_{Sz} = M_{bz} \qquad \textbf{Biegemomente}$$

Die Schnittgrößen sind positiv, wenn die zugehörigen Vektoren am positiven Schnittufer in Richtung positiver Koordinatenachsen weisen (s. auch Abschn. 8.1).

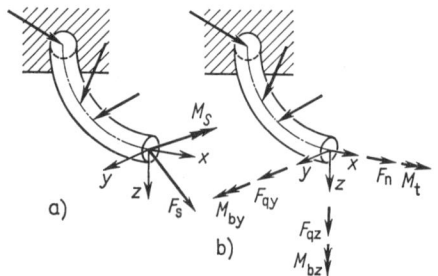

a)   b)

Rechnerisch bestimmt man die Schnittgrößen dadurch, daß man sie an der Schnittstelle positiv entsprechend Bild **132.**1 b ansetzt und dann aus den Gleichgewichtsbedingungen Gl. (88.2 und 3) für den abgeschnittenen Balkenteil berechnet. Als Bezugspunkt für die statischen Momente bei

132.1 Schnittgrößen eines räumlich beanspruchten Balkens

der Aufstellung der Gleichungen für das Momentengleichgewicht wählt man zweckmäßig den Schwerpunkt der Schnittfläche.

Beispiel 12. Ein halbkreisförmiger Balken mit dem Radius a ist an einem Ende eingespannt und an seinem anderen Ende mit einer Kraft $\vec{F}_1$ in Richtung der Balkenachse und einer Kraft $\vec{F}_2$ senkrecht zur Ebene, in der die Balkenachse liegt, belastet (**133.**1a)[1]). Die Schnittgrößen des Balkens sollen bestimmt werden.

Die Schnittstelle legen wir zweckmäßig durch den Winkel φ fest. In Bild **133.**1b ist der abge-

schnittene Balkenteil mit den an der Schnittstelle positiv an - gesetzten Schnittgrößen in zwei Ansichten gezeichnet. Die Gleichgewichtsbedingungen für den abgeschnittenen Balkenteil, bezogen auf das der Schnittstelle zugeordnete x, y, z-Koordinaten- system, lauten

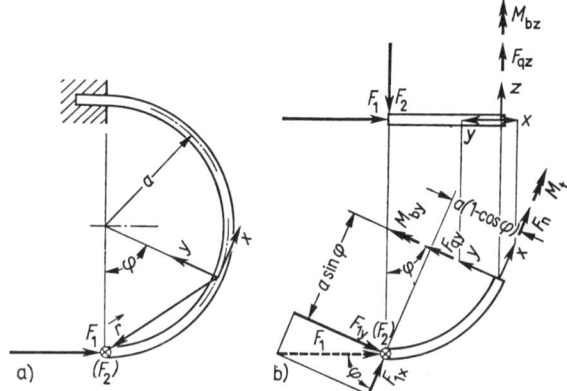

133.1 Halbkreisförmiger einseitig ein- gespannter Balken
a) Lageplan
b) Kräfte und Momente am ab- geschnittenen Balkenteil

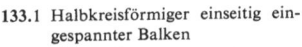

$$\sum F_{ix} = 0 = F_n + F_{1x} \qquad \sum M_{ix} = 0 = M_t - F_2\, a\,(1 - \cos\varphi)$$
$$\sum F_{iy} = 0 = F_{qy} - F_{1y} \qquad \sum M_{iy} = 0 = M_{by} - F_2\, a \sin\varphi$$
$$\sum F_{iz} = 0 = F_{qz} - F_2 \qquad \sum M_{iz} = 0 = M_{bz} + F_1\, a\,(1 - \cos\varphi)$$

Mit $\qquad F_{1x} = F_1 \cos\varphi \qquad$ und $\qquad F_{1y} = F_1 \sin\varphi$

erhält man aus diesen Gleichungen für die Schnittgrößen als Funktionen des Winkels φ

$$\left.\begin{array}{ll} F_n = -F_1 \cos\varphi & M_t = F_2\, a\,(1 - \cos\varphi) \\[4pt] F_{qy} = F_1 \sin\varphi & M_{by} = F_2\, a \sin\varphi \\[4pt] F_{qz} = F_2 & M_{bz} = -F_1\, a\,(1 - \cos\varphi) \end{array}\right\} \qquad (133.1)$$

Aus Gl. (133.1) folgt insbesondere, daß die Beträge des Torsionsmomentes M_t und des Biege- momentes M_{bz} an der Einspannstelle ($\varphi = \pi$, $\cos\pi = -1$), der Betrag des Biegemomentes M_{by} für $\varphi = \pi/2$, $\sin(\pi/2) = 1$, am größten sind.

Wir wollen die gestellte Aufgabe noch einmal mit Hilfe der Vektorrechnung lösen. Dazu legen wir den gemeinsamen Angriffspunkt der Kräfte $\vec{F}_1$ und $\vec{F}_2$ durch den Ortsvektor

$$\vec{r} = \left\{ \begin{array}{c} -a \sin\varphi \\ a\,(1 - \cos\varphi) \\ 0 \end{array} \right\}$$

fest (**133.**1a) und fassen die Kräfte $\vec{F}_1$ und $\vec{F}_2$ zu der Resultierenden

$$\vec{F}_R = \left\{ \begin{array}{c} F_1 \cos\varphi \\ -F_1 \sin\varphi \\ -F_2 \end{array} \right\}$$

zusammen.

[1]) Die Symbole $\odot$ bzw. $\otimes$ in den Bildern **133.**1 und **134.**1 bedeuten Kräfte, deren Vektoren senk- recht auf der Zeichenebene stehen und die auf den Betrachter zu bzw. vom Betrachter weg ge- richtet sind. Die Betragsangaben für diese Kräfte sind in Klammern gesetzt.

Die weitere Rechnung verläuft formal ohne Zuhilfenahme der räumlichen Anschauung. Das statische Moment der Kraft $\vec{F}_R$ bezüglich der Schnittstelle ist

$$\vec{M}_R = \vec{r} \times \vec{F}_R = \begin{vmatrix} \vec{e}_x & \vec{e}_y & \vec{e}_z \\ -a\sin\varphi & a(1-\cos\varphi) & 0 \\ F_1\cos\varphi & -F_1\sin\varphi & -F_2 \end{vmatrix} = \begin{Bmatrix} -F_2\,a\,(1-\cos\varphi) \\ -F_2\,a\sin\varphi \\ F_1\,a\,(1-\cos\varphi) \end{Bmatrix}$$

Mit
$$\vec{F}_S = \begin{Bmatrix} F_n \\ F_{qy} \\ F_{qz} \end{Bmatrix} \qquad \vec{M}_S = \begin{Bmatrix} M_t \\ M_{by} \\ M_{bz} \end{Bmatrix}$$

lauten die Gleichgewichtsbedingungen für den abgeschnittenen Balkenteil in Vektorform

$$\vec{F}_S + \vec{F}_R = 0 \qquad \vec{M}_S + \vec{M}_R = 0$$

Es ist also

$$F_S = -\vec{F}_R \qquad \vec{M}_S = -\vec{M}_R$$

Diesen zwei vektoriellen Beziehungen entsprechen die sechs skalaren Beziehungen Gl. (133.1).

Beispiel 13. Wir bestimmen den Schnittgrößenverlauf in der Vorgelegewelle aus Beispiel 2, S. 90 (**91.**1 a bis c). Alle äußeren Kräfte, die auf die Welle wirken, haben wir in diesem Beispiel bereits berechnet, sie sind in Bild **134.**1 noch einmal zusammengestellt[1]).

Für die Untersuchung des grundsätzlichen Schnittgrößenverlaufs in einem durch eine räumliche Kräftegruppe belasteten Balken mit gerader Achse gelten entsprechende allgemeine Regeln, wie wir sie in Abschn. 8.2 für den ebenen Belastungsfall aufgestellt haben. Insbesondere gilt, daß in den Feldern, in denen keine Lasten angreifen, die Schnittkräfte F_n, F_{qy}, F_{qz} und das Torsionsmoment M_t konstant sind und die Biegemomente M_{by} und M_{bz} sich linear ändern. Zur Festlegung des genauen Verlaufs der Schnittgrößen in unserem Beispiel genügt es daher, die Schnittgrößen an den Feldgrenzen der drei Felder der Vorgelegewelle zu berechnen. Da die Welle gelenkig gelagert ist, sind die Schnittmomente an den Wellenenden gleich Null. Man beachte ferner, daß zwischen der Belastung in der z-Richtung, der Querkraft F_{qz} und dem Biegemoment M_{by} die Beziehungen Gl. (118.3) bzw. Gl. (120.1 und 2) und zwischen der Belastung in der y-Richtung, der Querkraft F_{qy} und dem Biegemoment analoge Beziehungen ($dF_{qy}/dx = -q_y$, $dM_{bz}/dx = -F_{qy}$) bestehen. In den Bildern **134.**1 ist der Schnittgrößenverlauf graphisch dargestellt.

134.1 Schnittgrößen der Vorgelegewelle eines zweistufigen Schrägstirnradgetriebes

1) S. Fußnote S. 133.

Die M_t-Linie und die M_{by}-Linie haben an den inneren Feldgrenzen Sprünge, da an diesen Stellen Einzelmomente in der x- und y-Richtung angreifen. Für die Bemessung des Querschnitts eines Balkens (speziell einer Welle) und die Berechnung der Verformungen interessieren häufig auch Resultierende der Schnittgrößen (s. Festigkeitslehre). Für den Schnitt unmittelbar links vom Kleinrad ($x = 80$ mm) erhält man z. B. für die Beträge des resultierenden Biegemomentes und der resultierenden Querkraft

$$M_{b\,res} = \sqrt{M_{by}^2 + M_{bz}^2} = \sqrt{11{,}8^2 + 47{,}5^2}\ \text{Nm} = 48{,}9\ \text{Nm}$$

$$F_{q\,res} = \sqrt{F_{qy}^2 + F_{qz}^2} = \sqrt{52^2 + 1595^2}\ \text{N} = 1596\ \text{N}$$

Die Beträge des resultierenden Schnittmomentes und der resultierenden Schnittkraft an dieser Stelle sind

$$M_S = \sqrt{M_t^2 + M_{by}^2 + M_{bz}^2} = \sqrt{84^2 + 11{,}8^2 + 47{,}5^2}\ \text{Nm} = 97{,}2\ \text{Nm}$$

$$F_S = \sqrt{F_n^2 + F_{qy}^2 + F_{qz}^2} = \sqrt{536^2 + 52^2 + 1595^2}\ \text{N} = 1683\ \text{N}$$

8.6. Aufgaben zu Abschnitt 8

In den nachstehenden Aufgaben ist jeweils für das angegebene Tragwerk oder Bauteil der Schnittgrößenverlauf zu ermitteln.

1. Balken mit Einzellasten (**135**.1).
2. Kransäule in Aufgabe 5, S. 61 (**61**.3).
3. Stößel in Aufgabe 4, S. 61 (**61**.2).
4. Waagrechter Balken des Tragwerkes (**135**.2).
5. Träger mit Streckenlast (**135**.3).
6. Kragbalken mit Dreieckslast und Einzelkraft (**135**.4).
7. Träger mit Streckenlasten (**136**.1).
8. Waagrechter Balken des Rahmenträgers (**136**.2).
9. Man bestimme den Biegemomentverlauf in Aufgabe 1 und Aufgabe 7 mit Hilfe des Seileckverfahrens.

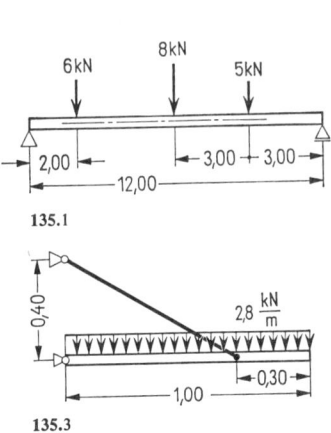

135.1

135.3

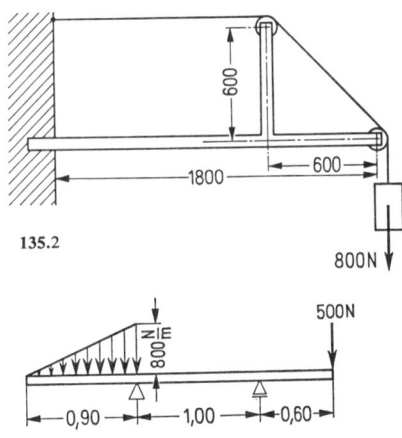

135.2

135.4

10. Man bestimme den Biegemomentverlauf im Kragbalken (**136**.3) mit Hilfe des Seileck-verfahrens für die folgenden drei Belastungsfälle:
a) $F = 100$ N,   b) $F = 200$ N,   c) $F = 400$ N.

11. Gelenkträger mit Einzellasten (**136**.4).

12. Gelenkbrückenträger (**136**.5).

13. Rahmen mit Streckenlast und Einzellast (**136**.6).

14. Gelenkrahmen in Aufgabe 10a, S. 80 (**79**.4).

15. Sicherungsring (Seegerring) für Bohrungen (**136**.7), der zur Verhinderung der Längsverschie-bung einer lose gelagerten Welle dient. $F = 120$ N.

16. Balken AB in Aufgabe 5, S. 94 (**94**.3).

17. Getriebewelle in Aufgabe 7, S. 95a (**95**.1).

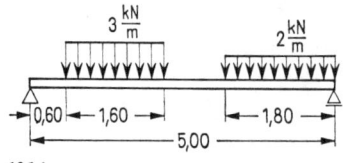

136.1

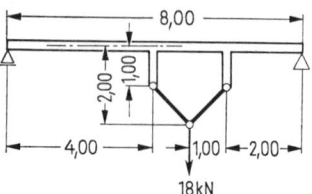

136.2

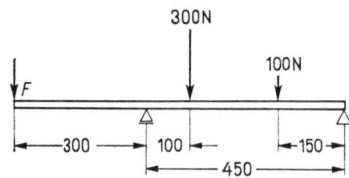

136.3

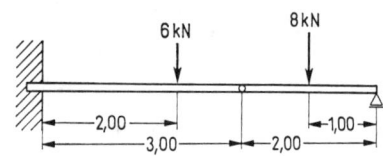

136.4

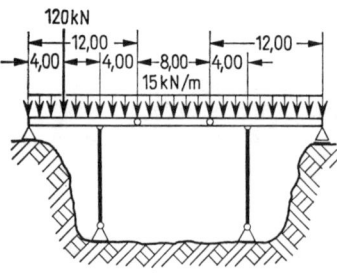

136.5

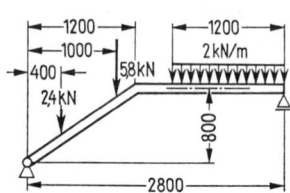

136.6

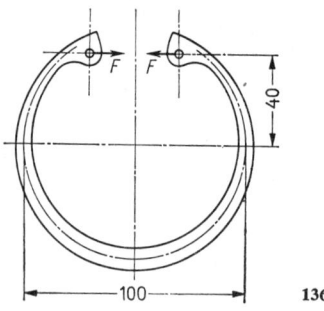

136.7

9. Ebene Fachwerke

9.1. Definitionen, Annahmen und Voraussetzungen

Als Fachwerke bezeichnet man Konstruktionen aus geraden starren Stäben, die in sich unverschieblich sind.

Fachwerke dienen zur Aufnahme von Lasten. Man verwendet sie z. B. beim Bau von Brücken, Gerüsten, Dachbindern und Kränen. Die Berechnung der in den Fachwerken auftretenden Kräfte vereinfacht sich wesentlich, wenn man folgende Annahmen macht:

1. Die Stäbe sind miteinander durch reibungsfreie Gelenke in den sogenannten Knotenpunkten des Fachwerkes verbunden.

2. Jeder Stab ist nur an zwei Gelenke (Knotenpunkte) angeschlossen.

3. Die äußeren Kräfte greifen nur in den Knotenpunkten an.

Ein Fachwerk, das diesen Annahmen genügt, nennt man ideal. In einem idealen Fachwerk sind alle Stäbe Pendelstützen (s. Abschn. 5.3) und somit Normalkräfte die einzigen möglichen Schnittgrößen, die längs jedes Stabes konstant sind und als Stabkräfte bezeichnet werden.

In Wirklichkeit gibt es keine idealen Fachwerke. Die Stäbe werden gewöhnlich fest miteinander vernietet, verschraubt oder verschweißt; bei gelenkiger Gestaltung der Verbindung treten Reibungskräfte auf. Oft laufen Stäbe über mehrere Knotenpunkte hinweg. Schließlich greifen auch Kräfte wie Eigengewichtskräfte oder Winddruckkräfte längs der Stäbe, also zwischen den Knoten an. Daher treten in wirklichen Fachwerken in den Stäben nicht nur Normalkräfte, sondern auch Querkräfte, Biege- und Torsionsmomente auf. Die Erfahrung zeigt jedoch, daß man ein für praktische Belange ausreichendes Bild über die Kräfteverhältnisse in einem wirklichen Fachwerk erhält, wenn man es als ideales Fachwerk behandelt. Die Fehler, die man dabei begeht, sind meist gering, die Vorteile der sehr vereinfachten Berechnung (nur Normalkräfte!) jedoch erheblich.

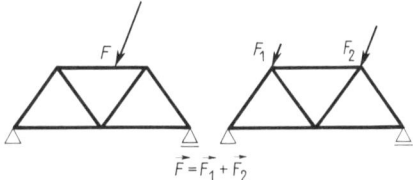

137.1 Ersatz einer Kraft, die nicht an einem Knotenpunkt angreift, durch zwei an den Knotenpunkten angreifende Kräfte

Eine Kraft, die nicht an einem Knotenpunkt angreift und nicht vernachlässigt werden darf, ersetzt man durch ein gleichwertiges System aus zwei parallelen Kräften an den Stabenden, d.h. an den benachbarten Knotenpunkten (**137.1**). Dadurch wird die Wirkung des betreffenden Stabes auf das übrige Fachwerk nicht geändert. Die Beanspruchung des Stabes selbst kann nachträglich in einer gesonderten Rechnung berücksichtigt werden.

Als ebene Fachwerke bezeichnet man solche Fachwerke, bei denen alle Stabachsen und die Wirkungslinien aller äußeren Kräfte in einer gemeinsamen Ebene liegen. Lassen sich die Auflagerkräfte eines Fachwerks allein aus den Gleichgewichtsbedingungen der Statik ermitteln, so ist das Fachwerk statisch bestimmt gelagert (s. Abschn. 5.2) und man nennt es äußerlich statisch bestimmt. Da wir ein Fachwerk als in sich starr vorausgesetzt haben, kann es als ein starrer Körper angesehen werden. Ein ebenes äußerlich statisch bestimmtes Fachwerk weist demnach drei unabhängige Auflagerreaktionen auf. Ein Fachwerk heißt innerlich statisch bestimmt, wenn alle Stabkräfte allein mit Hilfe der Gleichgewichtsbedingungen der Statik bestimmt werden können (138.1).

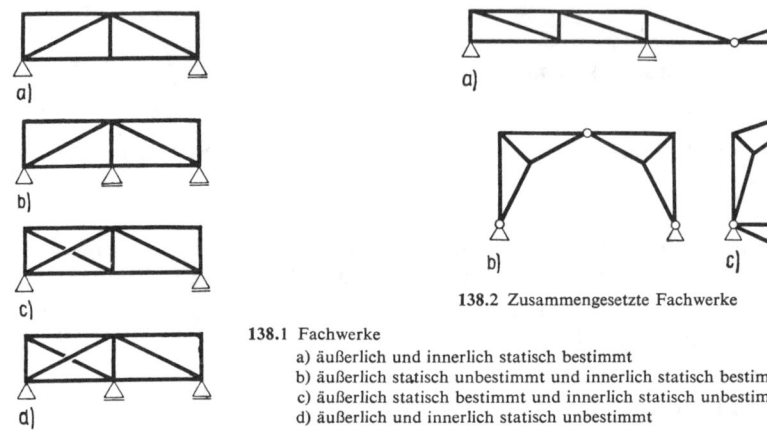

138.1 Fachwerke
  a) äußerlich und innerlich statisch bestimmt
  b) äußerlich statisch unbestimmt und innerlich statisch bestimmt
  c) äußerlich statisch bestimmt und innerlich statisch unbestimmt
  d) äußerlich und innerlich statisch unbestimmt

138.2 Zusammengesetzte Fachwerke

Aus Fachwerken können Gerber-Träger (138.2a), Dreigelenkbogen (138.2b) und andere, kompliziertere Tragwerke aufgebaut werden. Solche zusammengesetzten Fachwerke können entweder in sich unverschieblich (also wieder Fachwerke im Sinne unserer Definition, Bild 138.2c) oder auch verschieblich sein (138.2a und b).

Ist das ganze ebene Fachwerk im Gleichgewicht, so sind auch die an einem beliebigen freigemachten Knotenpunkt angreifenden Kräfte (Stabkräfte und äußere Kräfte) im Gleichgewicht. Da die Kräfte an einem Knotenpunkt ein zentrales Kräftesystem bilden, müssen sie zwei rechnerische Gleichgewichtsbedingungen erfüllen (s. Abschn. 3.2). Wir denken uns diese Gleichgewichtsbedingungen für alle Knoten des Fachwerks hingeschrieben. Mit den Bezeichnungen

k Anzahl der Knotenpunkte des Fachwerks

s Anzahl der Stäbe, die gleichzeitig auch die Anzahl der unbekannten Stabkräfte ist

stehen dann für die Bestimmung der zusammen mit den drei Auflagerkomponenten insgesamt $s + 3$ unbekannten Kräften $2k$ Gleichungen zur Verfügung. Die Unbekannten können nur dann berechnet werden, wenn ihre Anzahl mit der Anzahl der Gleichungen übereinstimmt, also wenn $s + 3 = 2k$ ist.

Die notwendige Bedingung für die innerliche statische Bestimmtheit eines statisch bestimmt gelagerten Fachwerks ist

$$s = 2k - 3 \qquad\qquad (138.1)$$

Die Abzählbedingung Gl. (138.1) entspricht der Abzählbedingung in Abschn. 5.2 und ist wie diese eine notwendige, jedoch keine hinreichende Bedingung. Ist $s > 2k - 3$, so ist das Fachwerk innerlich statisch unbestimmt, ist $s < 2k - 3$, so ist es verschieblich, also nicht tragfähig.

Das Fachwerk in Bild 139.1a aus $s = 3$ Stäben mit $k = 3$ Knoten stellt das einfachste Fachwerk dar (Stabdreieck). Es ist innerlich statisch bestimmt, Gl. (138.1) ist erfüllt: $3 = 2 \cdot 3 - 3$. Ergänzt man dieses Fachwerk durch zwei weitere Stäbe an zwei Knotenpunkten entsprechend Bild 139.1b, so kommen mit den beiden Stäben zwei unbekannte Stabkräfte hinzu, jedoch mit dem zusätzlichen Knotenpunkt auch zwei weitere Gleichgewichtsbedingungen, so daß Gl. (138.1) wieder erfüllt ist. Dieses „Aufbauverfahren" kann man nun mehrmals wiederholen (139.1c, d), indem man in jedem Aufbauschritt zwei zusätzliche Stäbe an zwei benachbarte Knotenpunkte, die an den Enden eines Stabes liegen, anschließt. Da jedesmal auch ein zusätzlicher Knotenpunkt gewonnen wird, bleibt Gl. (138.1) erfüllt. Man bezeichnet Fachwerke, die sich auf diese Weise aus Dreiecken aufbauen lassen, als einfache Fachwerke. Für einfache Fachwerke ist Gl. (138.1) eine notwendige und hinreichende Bedingung für statische Bestimmtheit.

Bild 139.2 zeigt Beispiele für statisch unbestimmte, Bild 139.3 Beispiele für nicht einfache statisch bestimmte Fachwerke.

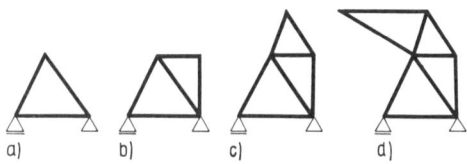

139.1 Aufbau eines einfachen Fachwerks

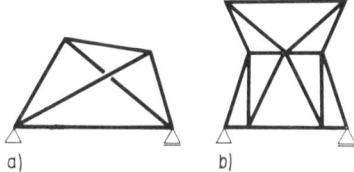

139.2 Innerlich statisch unbestimmte Fachwerke

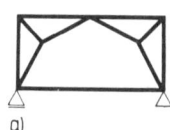 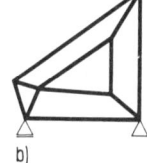

139.3 Nichteinfache statisch bestimmte Fachwerke

9.2. Zeichnerische Behandlung

Wir setzen voraus, daß das Fachwerk, dessen Stabkräfte bestimmt werden sollen, äußerlich und innerlich statisch bestimmt ist und daß seine Auflagerreaktionen bereits auf zeichnerischem oder rechnerischem Wege ermittelt wurden. Im vorigen Abschnitt haben wir festgestellt, daß an jedem Knotenpunkt des Fachwerks je ein zentrales Kräftesystem wirkt, das im Gleichgewicht ist. Die notwendige und hinreichende zeichnerische Bedingung für das Gleichgewicht eines zentralen Kräftesystems ist das geschlossene Krafteck (s. Abschn. 3.1.3). Auf zeichnerischem Wege lassen sich daher die Stabkräfte eines Fachwerks dadurch bestimmen, daß man für jeden Knotenpunkt das zugehörige geschlossene Krafteck zeichnet. Dies gelingt für einen Knotenpunkt nur dann, wenn von den an ihm angreifenden Stabkräften nicht mehr als zwei unbekannt sind und mindestens eine Kraft (äußere Kraft oder Stabkraft) bekannt ist. Man beginnt daher mit der Ermittlung der Stabkräfte an einem durch äußere Kräfte (Auflagerkräfte oder gegebene Kräfte) belasteten Knotenpunkt, an den nur zwei Stäbe angeschlossen sind. Hat man die an diesem Knotenpunkt angreifenden Stabkräfte bestimmt, so kennt man nach dem Reaktionsaxiom auch die Kräfte, mit denen die vom ersten Knotenpunkt ausgehenden Stäbe auf die Nachbarknotenpunkte wirken. Wenn nun mit diesen zusätzlich bekannten Stabkräften an einem der Nachbarknoten (oder an beiden) nicht mehr als zwei Stabkräfte unbekannt sind, so können sie durch Zeichnen eines geschlossenen Kraftecks ermittelt werden. Dadurch werden weitere Stabkräfte an weiteren Knotenpunkten bekannt. Durch solches Fortschreiten von Knoten zu Knoten gelingt es oft, alle Stabkräfte des Fachwerks zu ermitteln.

Beim Dachbinder **140.**2a, dessen Auflagerkräfte bereits bestimmt sind, kann mit der Ermittlung der Stabkräfte am Knotenpunkt I oder V begonnen werden. Wir entscheiden uns für den Knotenpunkt I und bestimmen die Kräfte in den Stäben 1 und 2, Krafteck (**140.**2b, I). Die Stabkraft F_{s1} zieht am Knoten I, die Stabkraft 2 drückt auf ihn; dies kennzeichnen wir im Lageplan durch Pfeile in der unmittelbaren Nähe des Knotens I (**140.**2a). Mit seinem anderen Ende zieht der Stab 1 mit der nun bekannten Stabkraft F_{s1} am Knoten III, der Stab 2 drückt dagegen auf den Knoten II mit der nun ebenfalls bekannten Stabkraft F_{s2}, was wir wieder durch Pfeile im Lageplan kennzeichnen. Stab 1 ist ein Z u g s t a b, er wird auf Zug beansprucht, Stab 2 ein D r u c k s t a b.

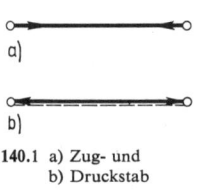

a)

b)

140.1 a) Zug- und
b) Druckstab

Allgemein ergibt sich für Zug- und Druckstäbe die in Bild **140.**1 angegebene Darstellung. Da für die Dimensionierung der Stäbe die Unterscheidung zwischen Zug- und Druckstäben wichtig ist, hebt man häufig die Druckstäbe noch besonders durch Einzeichnen einer die Stabachse begleitenden gestrichelten Linie hervor (**140.**1b und **140.**2a). Ferner werden in der Kräftetabelle die zahlenmäßigen Angaben für Zugstäbe mit positivem, für Druckstäbe mit negativem Vorzeichen versehen (s. Tabelle in Bild **140.**2c).

Wir fahren mit der Bestimmung der Stabkräfte fort. Am Knotenpunkt III lassen sich die Stabkräfte noch nicht bestimmen, da dort noch die drei Stabkräfte F_{s3}, F_{s5}, F_{s7} unbekannt sind. Daher ermitteln wir zuerst die am Knotenpunkt II angreifenden Kräfte, wo nur die zwei Stabkräfte F_{s3} und F_{s4} unbekannt sind (**140.**2b, II). Es ergibt sich, daß

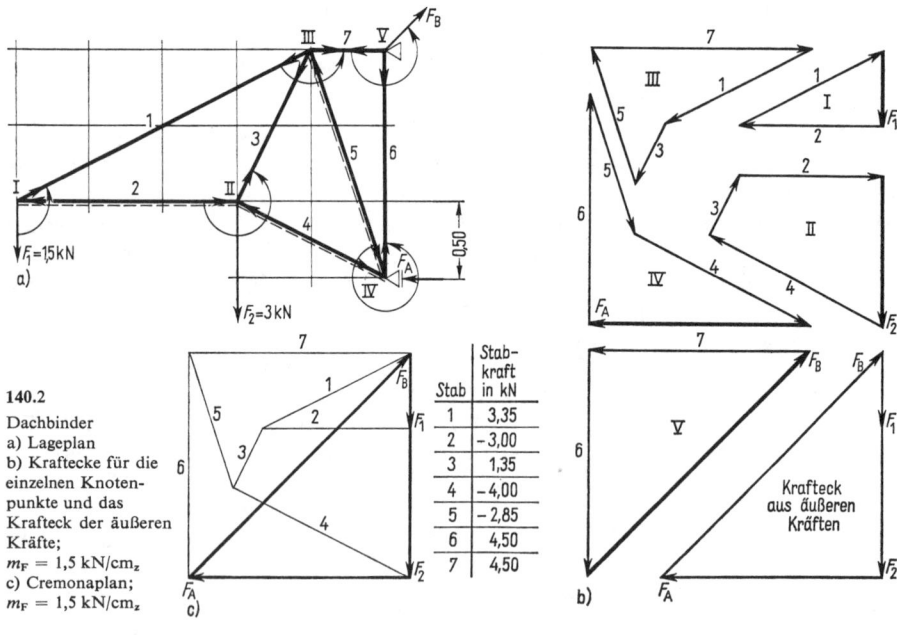

140.2
Dachbinder
a) Lageplan
b) Kraftecke für die
einzelnen Knotenpunkte und das
Krafteck der äußeren
Kräfte;
$m_F = 1,5 \text{ kN/cm}_z$
c) Cremonaplan;
$m_F = 1,5 \text{ kN/cm}_z$

Stab	Stabkraft in kN
1	3,35
2	−3,00
3	1,35
4	−4,00
5	−2,85
6	4,50
7	4,50

Stab 3 ein Zugstab und Stab 4 ein Druckstab ist. Mit den nun bekannten Stabkräften F_{s1} und F_{s3} können die Kräfte am Knotenpunkt III ermittelt werden (**140.**2b,III). Schließlich bestimmen wir die noch unbekannte Stabkraft F_{s6} durch Betrachtung des Kräftegleichgewichtes am Knotenpunkt IV (**140.**2b, IV). Damit sind alle Stabkräfte ermittelt. Um eine Kontrolle zu haben, zeichnen wir jedoch noch das Krafteck aus den Kräften am Knotenpunkt V, das sich schließen muß (**140.**2b, V).

Cremonaplan. Da jeder Stab an zwei Knotenpunkte angeschlossen ist, tritt in den Kraftecken I bis V (**140.**2b) jede Stabkraft zweimal mit entgegengesetztem Richtungssinn auf. Durch Vergleich der Bilder **140.**2b und c sieht man, daß die sechs Kraftecke in **140.**2b (das sechste Krafteck ist das Krafteck der äußeren Kräfte) zu einer Figur (**140.**2c) vereinigt werden können, so daß die entsprechenden Stabkräfte zur Deckung kommen und dadurch jede Stabkraft in der Figur nur einmal erscheint. Man nennt die Figur in **140.**2c Cremonaplan[1]). Da man bei der Zeichnung des Cremonaplanes jede Stabkraft nur einmal zu zeichnen braucht, erhöht sich die Übersichtlichkeit und die Genauigkeit der Konstruktion. Den Grundgedanken, Kraftecke für die Teile eines mechanischen Systems zu einer Krafteckfigur zusammenzuschließen, haben wir schon früher in Abschn. 5.3 benutzt. Die Angaben für den Richtungssinn der Stabkräfte werden im Cremonaplan fortgelassen (man müßte sonst jedesmal je zwei entgegengesetzt gerichtete Pfeile zeichnen), sie können für den jeweiligen Knotenpunkt aus dem Lageplan entnommen werden. Der Cremonaplan läßt sich nicht für jedes Fachwerk zeichnen, und wenn seine Konstruktion möglich ist, so müssen bei seiner Zeichnung bestimmte Regeln beachtet werden.

Es läßt sich zeigen, daß der Cremonaplan für alle statisch bestimmten Fachwerke gezeichnet werden kann, die keine sich überschneidenden Stäbe aufweisen (wie z.B. das Fachwerk in Bild 139.2a) und bei denen die äußeren Kräfte nur an Umfangsknoten angreifen, also nur solchen Knoten, die von außen ohne Überquerung von Stäben zu erreichen sind. (Die Fachwerke in Bild 139.3 haben auch innere Knoten.)

Die wichtigste Regel, die bei der Zeichnung des Cremonaplanes beachtet werden muß und die wir kurz als Umlaufregel bezeichnen wollen, ist:

Im Krafteck der äußeren Kräfte und in allen Kraftecken für die Knotenpunkte werden die Kräfte in der Reihenfolge zusammengesetzt, wie sie beim Umlaufen des Fachwerks bzw. eines Knotenpunktes in einem beliebigen, aber für alle Kraftecke gleichen Umlaufsinn aufeinander folgen. Wir wählen hier den mathematisch positiven Umlaufsinn (140.2a).

Beim Zeichnen des Cremonaplanes (**140.**2c) wurde diese Regel stillschweigend befolgt.

Es empfiehlt sich, bei der Zeichnung des Cremonaplanes wie folgt vorzugehen:

Vorbereitungen:

1. Die Auflagerkräfte werden rechnerisch oder zeichnerisch bestimmt (in Sonderfällen ist dies nicht notwendig).

2. Im Lageplan werden die Stäbe und eventuell die Knoten bezeichnet, z.B. die Stäbe mit arabischen und die Knoten mit römischen Ziffern. Die Reihenfolge ist dabei beliebig, sie soll jedoch sinnvoll und übersichtlich sein. Bei einfachen Fachwerken kann man z.B. diejenige Reihenfolge wählen, in der sie sich aus Dreiecken auf- bzw. abbauen lassen.

---

[1]) Cremona (1830–1903). Man findet diesen Kräfteplan auch bei Maxwell (1831–1879), daher wird er manchmal auch als Maxwellscher Kräfteplan bezeichnet.

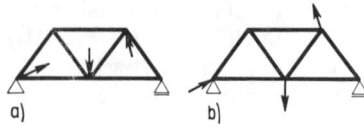

142.1 Einzeichnen der Vektoren der äußeren
Kräfte in den Lageplan beim Zeichnen
des Cremonaplanes
a) falsch   b) richtig

3. Die Vektoren der äußeren Kräfte (der gegebenen Lasten und der ermittelten Auflagerreaktionen) werden in den Lageplan (nicht maßstäblich) so eingezeichnet, daß sie außerhalb des
Fachwerkes liegen (142.1). Ist das an einem Umfangsknoten nicht unmittelbar möglich, wie z. B.
in Bild 148.3 und 4, so wird die Kraft in zwei
solche Komponenten zerlegt, die diese Bedingung erfüllen können.

Ausführung:

4. Nach Wahl eines Kräftemaßstabfaktors wird das geschlossene Krafteck der äußeren
Kräfte unter Beachtung der obigen Umlaufregel gezeichnet. (Wurden die Auflagerreaktionen graphisch bestimmt, so liegt dieses Krafteck bereits vor, manchmal jedoch ist
seine Umzeichnung erforderlich.)

5. Das Krafteck der äußeren Kräfte wird durch Einzeichnen der Kraftecke für die einzelnen Knotenpunkte unter Beachtung der Umlaufregel zum Cremonaplan ergänzt. Man
beginnt mit einem belasteten Knoten mit zwei Stäben. Jeweils nach Konstruktion
eines Teilkraftecks werden die Richtungen der Kräfte, mit denen die Stäbe auf die Knoten wirken, sofort in den Lageplan eingetragen.

6. Die Beträge der Stabkräfte werden dadurch bestimmt, daß man die entsprechenden
Strecken im Kräfteplan mißt und sie mit dem Kräftemaßstabfaktor multipliziert. Die
Ergebnisse stellt man in einer Kräftetabelle zusammen (140.2c). Druckstäbe werden besonders hervorgehoben durch negative Vorzeichen in der Tabelle und durch begleitende
gestrichelte Linien im Lageplan. Da im Cremonaplan gelegentlich Linien übereinander
gezeichnet werden, empfiehlt es sich, die Kräfte laufend, jeweils nach Konstruktion eines
Teilkraftecks abzulesen und in die Kräftetabelle einzutragen.

Als Null- oder Blindstäbe bezeichnet man Stäbe, in denen bei der gegebenen Belastung des Fachwerks keine Kräfte auftreten. Sie dienen oft nur zum Aussteifen des
wirklichen Fachwerks. Es ist zweckmäßig, die Nullstäbe vor Bestimmen der Stabkräfte
festzustellen, da sie dann bei der Behandlung des Fachwerks als ideales Fachwerk fortgelassen werden können. Bild 142.2 zeigt verschiedene Möglichkeiten für das Auftreten
der Nullstäbe.

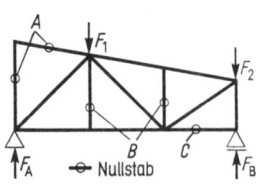

142.2 Nullstäbe

Fall A: Die Stäbe eines unbelasteten Knotenpunktes
mit zwei nicht gleichgerichteten Stäben sind Nullstäbe.

Fall B: Haben zwei Stäbe eines unbelasteten Knotenpunktes mit drei angeschlossenen Stäben dieselbe Richtung,
so ist der dritte Stab ein Nullstab.

Fall C: Hat in einem belasteten Knotenpunkt mit zwei
Stäben, deren Richtung verschieden ist, der eine Stab die
Richtung der äußeren Kraft (der Auflagerkraft oder der
gegebenen Belastung), so ist der andere Stab ein Nullstab.

In den aufgezählten Fällen ist nämlich das Kräftegleichgewicht an dem jeweiligen Knotenpunkt nur dann möglich, wenn in den genannten Stäben keine Kräfte auftreten.

Schnittverfahren nach Culmann. Interessiert man sich nur für einzelne Stabkräfte des Fachwerks, z. B. nur für F_{s5} in Bild 140.2a, so lohnt es sich nicht, den vollständigen Cremonaplan zu zeichnen. Vielmehr läßt sich die gesuchte Stabkraft oft wie folgt bestimmen.

Man zerlegt das Fachwerk durch einen Schnitt, der auch den Stab mit der gesuchten Stabkraft trifft, in zwei Teile. Jedes Teil kann als eine starre Scheibe angesehen werden, die unter der Wirkung der bekannten äußeren Kräfte[1]) und der Stabkräfte der durchschnittenen Stäbe, deren Wirkungslinien bekannt sind, im Gleichgewicht ist. Man betrachtet das Fachwerkteil mit dem einfacheren Kräftesystem[2]), faßt die an ihm angreifenden bekannten Kräfte zu einer Resultierenden zusammen und ermittelt die unbekannten Stabkräfte nach einer der Methoden des Abschn. 4.1.4 bzw. Abschn. 3.1.3.

Die Bestimmung der Stabkräfte ist nur für folgende Schnitte möglich:

1. **Schnitt durch zwei Stäbe**, deren Stabkräfte unbekannt sind (z.B. durch die Stäbe 1 und 2 in Bild **140.**2a). Dann bilden die unbekannten Stabkräfte mit der Resultierenden der am Fachwerkteil angreifenden bekannten Kräfte ein zentrales Kräftesystem. Die Stabkräfte, deren Wirkungslinien bekannt sind, können durch Konstruktion des geschlossenen Kraftdreiecks ermittelt werden (s. Abschn. 3.1.3).

2. **Schnitt durch drei Stäbe**, wobei die Verlängerungen der Achsen dieser Stäbe sich nicht in einem Punkt schneiden dürfen (z.B. durch die Stäbe 4, 5 und 7 in Bild **140.**2a). Man bezeichnet einen solchen Schnitt als den Culmannschen, oder noch häufiger als den Ritterschen Schnitt[3]). Die drei unbekannten Stabkräfte können nach dem 3. Sonderfall Abschn. 4.1.4 (eine bekannte Kraft, drei Wirkungslinien) mit Hilfe der Culmannschen Hilfsgeraden ermittelt werden. Da der vorliegende Fall am häufigsten auftritt, bezeichnet man das Schnittverfahren als Culmannsches Verfahren.

3. **Schnitt durch einen Stab und einen Knoten**, an den mehrere Stäbe anschließen (z.B. durch den Stab 4 und den Knoten III in Bild **140.**2a). Die Stabkraft kann dann nach Abschn. 4.1.4, 2. Sonderfall (eine bekannte Kraft, ein Angriffspunkt, eine Wirkungslinie), ermittelt werden.

Wird der Schnitt durch mehr als drei Stäbe, deren Stabkräfte unbekannt sind, geführt, so ist die Bestimmung der Stabkräfte nicht möglich.

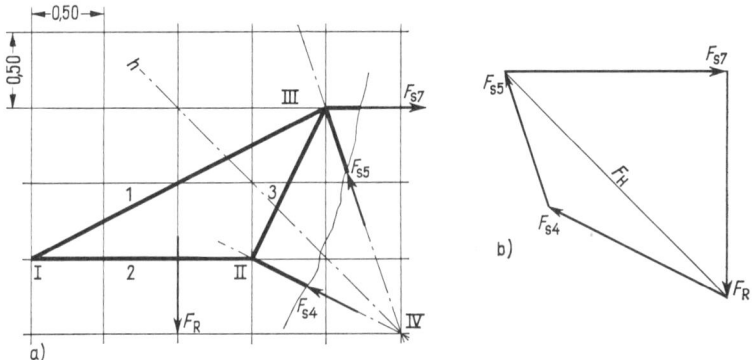

143.1 Bestimmung der Stabkräfte mit dem Schnittverfahren nach Culmann; $m_F = 1,5$ kN/cm$_z$

In Bild **143.**1 wurden die Stabkräfte F_{s4}, F_{s5} und F_{s7} nach dem Schnittverfahren durch Betrachtung des abgeschnittenen linken Fachwerkteils des Fachwerks **140.**2a bestimmt (2. Fall). Die äußeren Kräfte $\vec{F}_1$ und $\vec{F}_2$ wurden vorher zu einer Resultierenden $\vec{F}_R$ zusammengefaßt ($F_R = 4,5$ kN).

---

[1]) Auflagerkräfte müssen i.a. vorher ermittelt sein.
[2]) Besonders günstig ist es, wenn an einem Fachwerkteil nur eine äußere Kraft angreift.
[3]) S. auch Abschn. 9.3, Schnittverfahren nach Ritter.

9.3. Rechnerische Behandlung

Knotenpunktverfahren. Ist das Fachwerk statisch bestimmt, so können die Stabkräfte aus dem Gleichungssystem berechnet werden, das man aus den je zwei rechnerischen Gleichgewichtsbedingungen für das zentrale Kräftesystem Gl. (28.3) für jeden Knotenpunkt erhält. Man setzt zweckmäßig alle Stabkräfte als Z u g k r ä f t e an (also die Pfeile von dem Knotenpunkt weg gerichtet, Bild **144**.1), zerlegt sie in Komponenten bezüglich eines x, y-Koordinatensystems und schreibt die Gleichgewichtsbedingungen Gl. (28.3) für alle Knotenpunkte an. Für das Beispiel in Bild **144**.1, welches wir bereits zeichnerisch behandelt haben, erhält man:

Knotenpunkt I:

Mit $\quad F_{s1x} = \dfrac{2}{\sqrt{5}} F_{s1} \qquad F_{s1y} = \dfrac{1}{\sqrt{5}} F_{s1}$

folgt[1])

$$\sum F_{ix} = 0 = \frac{2}{\sqrt{5}} F_{s1} + F_{s2}$$

$$\sum F_{iy} = 0 = \frac{1}{\sqrt{5}} F_{s1} - F_1 \tag{144.1}$$

Knotenpunkt II:

Mit $\quad F_{s3x} = \dfrac{1}{\sqrt{5}} F_{s3} \qquad F_{s3y} = \dfrac{2}{\sqrt{5}} F_{s3}$

$$F_{s4x} = \frac{2}{\sqrt{5}} F_{s4} \qquad F_{s4y} = \frac{1}{\sqrt{5}} F_{s4}$$

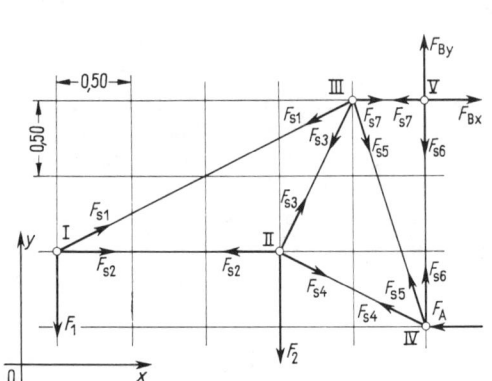

144.1 Zur Berechnung der Stabkräfte mit dem Knotenpunktverfahren

folgt $\quad \sum F_{ix} = 0 = -F_{s2} + \dfrac{1}{\sqrt{5}} F_{s3} + \dfrac{2}{\sqrt{5}} F_{s4}$

$$\sum F_{iy} = 0 = \frac{2}{\sqrt{5}} F_{s3} - \frac{1}{\sqrt{5}} F_{s4} - F_2 \tag{144.2}$$

und entsprechend für alle anderen Knotenpunkte. Wurden die Auflagerkräfte nicht vorher bestimmt, so werden sie, wie wir es in diesem Beispiel machen wollen, als zusätzliche Unbekannte eingeführt. Man schreibt nun die Gl. (144.1 und 2) usw. nicht gesondert auf, sondern trägt die Koeffizienten dieser Gleichungen sofort in das vorher vorbereitete Rechenschema nach Tafel **145**.1 ein, das anschließend durch seine Erweiterung zur Lösung des erhaltenen linearen Gleichungssystems, z. B. nach dem Gaußschen Eliminationsverfahren, verwendet werden kann, s. Abschn. 5.4. Zur K o n t r o l l e der Richtigkeit der Eintragungen in das Rechenschema beachte man: Jede S t a b k r a f t komponente kommt im Schema zweimal, jedoch mit verschiedenen Vorzeichen vor. Bei einfachen Fachwerken ist auch das Gleichungssystem sehr einfach. Oft können die Stabkräfte nacheinander bestimmt werden, indem man, wie beim Zeichnen des Cremonaplanes, von

---

[1]) F_{s1x}, F_{s1y}, ... bedeuten wieder die B e t r ä g e der Komponenten der Stabkräfte, s. Abschn. 5.4.

Knoten zu Knoten fortschreitet. Die Reihenfolge der Knoten wird dabei so gewählt, daß an jedem neuen Knoten nicht mehr als zwei Stabkräfte noch unbekannt sind, die sich jedesmal aus den Gleichgewichtsbedingungen für diesen Knoten durch Lösen von z w e i Gleichungen mit z w e i Unbekannten ermitteln lassen.

T a f e l **145**.1 Rechenschema

Kraft \ Knoten	F_{s1}	F_{s2}	F_{s3}	F_{s4}	F_{s5}	F_{s6}	F_{s7}	F_A	F_{Bx}	F_{By}	rechte Seite in kN
I	$2/\sqrt5$	1									
	$1/\sqrt5$										1,5
II		-1	$1/\sqrt5$	$2/\sqrt5$							
			$2/\sqrt5$	$-1/\sqrt5$							3
III	$-2/\sqrt5$		$-1/\sqrt5$		$1/\sqrt{10}$	1					
	$-1/\sqrt5$		$-2/\sqrt5$		$-3/\sqrt{10}$						
IV				$-2/\sqrt5$	$-1/\sqrt{10}$			-1			
				$1/\sqrt5$	$3/\sqrt{10}$		1				
V							-1		1		
							-1			1	

Die Lösung des obigen Gleichungssystems ergibt in Übereinstimmung mit der zeichnerischen Lösung in Abschn. 9.2

$$F_{s1} = 1,5 \cdot \sqrt5 \; \text{kN} = 3,35 \; \text{kN} \qquad F_{s2} = -3 \; \text{kN}$$

$$F_{s3} = (3/\sqrt5) \; \text{kN} = 1,34 \; \text{kN} \qquad F_{s4} = -1,8 \cdot \sqrt5 \; \text{kN} = -4,02 \; \text{kN}$$

$$F_{s5} = -0,9 \cdot \sqrt{10} \; \text{kN} = -2,85 \; \text{kN} \qquad F_{s6} = F_{s7} = F_A = F_{Bx} = F_{By} = 4,50 \; \text{kN}$$

Da wir alle Stabkräfte als Zugkräfte angesetzt haben, liefert die Rechnung zwangsläufig und in Übereinstimmung mit unserer Verabredung in Abschn. 9.2 für die Druckkräfte negative Vorzeichen.

Die Vorteile des Knotenpunktverfahrens liegen in der Möglichkeit eines sehr schematischen Vorgehens bei der Aufstellung und Lösung des Gleichungssystems[1].

Schnittverfahren nach Ritter. Der Grundgedanke dieses Verfahrens ist derselbe wie der des zeichnerischen Schnittverfahrens nach Culmann (Abschn. 9.2). Das Fachwerk wird durch einen Schnitt, der nicht mehr als drei Stäbe trifft, in zwei starre Teile zerlegt. Es gilt dieselbe Fallunterscheidung für die möglichen Schnitte wie beim Verfahren nach Culmann, s. Abschn. 9.2. Geht insbesondere der Schnitt durch genaue drei Stäbe, so muß es ein R i t t e rscher Schnitt sein, d.h., die Wirkungslinien der Stabkräfte der ge-

---

[1] Die Lösung von umfangreichen Gleichungssystemen kann durch elektronische Rechenanlagen erfolgen.

schnittenen Stäbe dürfen sich nicht alle in einem Punkt schneiden. Die gesuchten Stabkräfte berechnet man dann durch Betrachtung des Gleichgewichtes eines dieser Fachwerkteile mit Hilfe der rechnerischen Gleichgewichtsbedingungen für das allgemeine ebene Kräftesystem (Abschn. 4.2.5). Dabei verwendet man vorwiegend Momentengleichgewichtsbedingungen und wählt die Bezugspunkte so, daß in der jeweiligen Gleichung möglichst nur eine Stabkraft als Unbekannte auftritt. Dann kann diese Stabkraft unabhängig von den anderen Stabkräften berechnet werden. Bei einem Ritterschen Schnitt legt man den Bezugspunkt in den Schnittpunkt der Wirkungslinien von zwei Stabkräften. Dann tritt in der Gleichung für das Momentengleichgewicht nur die dritte Stabkraft als einzige Unbekannte auf.

Wir bestimmen die Stabkräfte F_{s4}, F_{s5} und F_{s7} im Fachwerk **140.**2a. Durch den Ritterschen Schnitt, der durch die Stäbe 4, 5 und 7 geht, zerlegen wir das Fachwerk in zwei Teile, setzen die gesuchten Stabkräfte wieder als Zugkräfte an und betrachten das linke Fachwerkteil (**146.**1). Die gesuchten Stabkräfte erhält man aus den für die Bezugspunkte III, VI und IV aufgestellten Momentengleichgewichtsbedingungen wie folgt

$$\sum M_{\mathrm{I,III}} = 0 = F_{s4} \cdot h_4 + F_2 \cdot a \; + F_1 \cdot 4a$$
$$\sum M_{\mathrm{I,VI}} = 0 = F_{s5} \cdot h_5 + F_2 \cdot 4a + F_1 \cdot a$$
$$\sum M_{\mathrm{I,IV}} = 0 = F_{s7} \cdot h_7 - F_2 \cdot 2a - F_1 \cdot 5a$$

Mit

$$F_1 = 1,5 \text{ kN} \qquad F_2 = 3 \text{ kN} \qquad a = 0,5 \text{ m}$$
$$h_4 = \sqrt{5} \cdot a \qquad h_5 = \tfrac{3}{2}\sqrt{10} \cdot a \qquad h_7 = 3a$$

ergibt sich aus diesen Gleichungen in Übereinstimmung mit den Ergebnissen des Knotenpunktverfahrens

$$F_{s4} = -1,8\sqrt{5} \text{ kN} = -4,02 \text{ kN}$$
$$F_{s5} = -0,9\sqrt{10} \text{ kN} = -2,85 \text{ kN} \qquad F_{s7} = 4,5 \text{ kN}$$

Die Stäbe 4 und 5 sind Druckstäbe (negative Vorzeichen!).

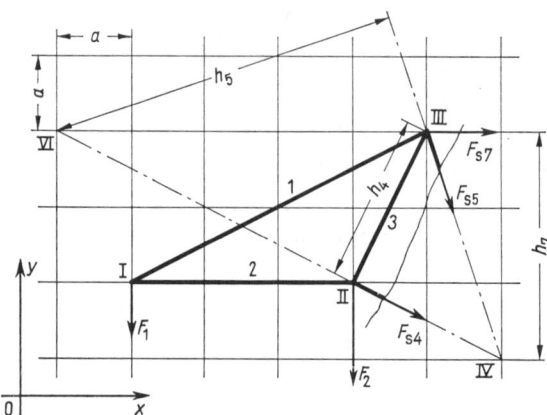

146.1 Zur Berechnung der Stabkräfte mit dem Schnittverfahren nach Ritter

Oft ist es einfacher, nicht den Hebelarm h_i der Stabkraft $\vec{F}_{si}$ zu bestimmen, sondern diese Stabkraft so in Komponenten zu zerlegen, daß die Hebelarme der Komponenten aus der Zeichnung leicht abgelesen werden können.

Die Stabkraft $\vec{F}_{s4}$ (**146.**1) kann z. B. auch wie folgt berechnet werden:

Für die Beträge der Komponenten der Kraft $\vec{F}_{s4}$ gilt

$$\frac{F_{s4y}}{F_{s4x}} = \frac{1}{2} \qquad \text{oder} \qquad 2 \cdot F_{s4y} - F_{s4x} = 0 \qquad (147.1)$$

Die Momentengleichgewichtsbedingung für den Bezugspunkt III lautet

$$\sum M_{I,III} = 0 = F_{s4y} \cdot a + F_{s4x} \cdot 2a + F_1 \cdot 4a + F_2 \cdot a \qquad (147.2)$$

Gl. (147.1) und Gl. (147.2) ergeben mit den gegebenen Werten für die Kräfte F_1 und F_2 das Gleichungssystem

$$2 \cdot F_{s4y} - F_{s4x} = 0$$

$$F_{s4y} + 2 \cdot F_{s4x} = -9 \text{ kN}$$

Seine Lösung ist

$$F_{s4x} = -3,6 \text{ kN} \qquad F_{s4y} = -1,8 \text{ kN}$$

$$|\vec{F}_{s4}| = \sqrt{F_{s4x}^2 + F_{s4y}^2} = 1,8 \cdot \sqrt{5} \text{ kN} = 4,02 \text{ kN}$$

Ein Sonderfall tritt auf, wenn zwei von den drei geschnittenen Stäben parallel verlaufen (**147.**1). Die Stabkraft des nicht parallel verlaufenden Stabes berechnet man dann aus der Kräftegleichgewichtsbedingung für die zu den beiden parallelen Stäben senkrechten Richtung. So erhält man die Stabkraft im Diagonalstab 5 des Fachwerks in Bild **147.**1 aus

147.1 Zur Berechnung der Stabkräfte mit dem Schnittverfahren in dem Fall, daß zwei geschnittene Stäbe parallel verlaufen

$$\sum F_{iy} = 0 = F_A - F_1 + F_{s5} \sin \alpha$$

$$F_{s5} = \frac{F_1 - F_A}{\sin \alpha}$$

Das Rittersche Schnittverfahren wird dann angewandt, wenn nur einzelne Stabkräfte interessieren oder einzelne der durch Zeichnung (Cremonaplan) gewonnenen Stabkräfte nachgeprüft werden sollen. Jedoch werden mit seiner Hilfe auch alle Stabkräfte eines Fachwerks berechnet. Seine Anwendung ist besonders dann vorteilhaft, wenn das Fachwerk aus vielen sich wiederholenden Teilen besteht, wie z.B. der Fachwerkträger in Bild **148.**6, und die Festlegung der günstigsten Bezugspunkte für die Momentengleichgewichtsbedingungen keine Schwierigkeiten bereitet. Im Vergleich mit dem Knotenpunktverfahren hat das Schnittverfahren den Vorteil der sehr einfachen Gleichungen, die es erlauben, die Stabkräfte unabhängig voneinander zu berechnen. Jedoch erfordert die Aufstellung dieser Gleichungen i.a. mehr Überlegung als beim Knotenpunktverfahren.

Zwischen dem Cremonaplan und dem Knotenpunktverfahren einerseits und dem Culmanschen und dem Ritterschen Verfahren andererseits besteht Analogie. Die beiden ersten Verfahren gehen von dem Gleichgewicht der Kräfte am Knotenpunkt aus und benutzen die zeichnerischen bzw. rechnerischen Gleichgewichtsbedingungen für das zentrale Kräftesystem; die beiden letzten verwenden die Schnittmethode und die Gleichgewichtsbedingungen für das allgemeine ebene Kräftesystem.

9.4. Aufgaben zu Abschnitt 9

In den Aufgaben 1 bis 6 sollen die Stabkräfte der gegebenen Fachwerke nach verschiedenen Verfahren bestimmt werden. Bei der Zeichnung des Cremonaplanes für die Fachwerke in den Aufgaben 4 und 5 beachte man ganz besonders den Punkt 3 der Anleitung zur Zeichnung des Cremonaplanes in Abschn. 9.2.

1. Kran in Bild **109**.3 (s. Abschn. 7.6, Aufgabe 4) mit der Last $F_G = 15$ kN am Lasthaken. Das Eigengewicht des Kranes wird nicht berücksichtigt.

2. Fachwerkträger (**148**.1).

3. Fachwerkbrücke (**148**.2).

4. Fachwerktragwerk (**148**.3).

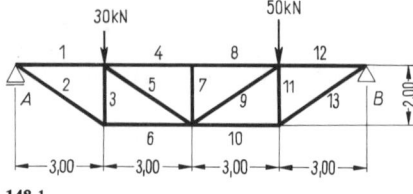

148.1

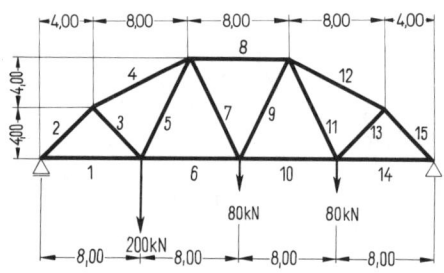

148.2

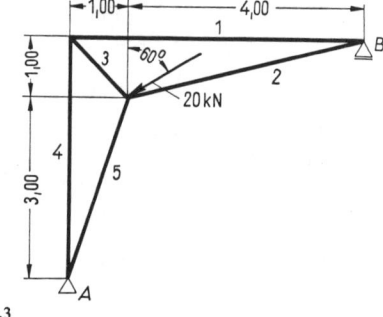

148.3

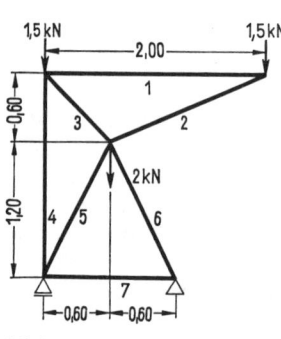

148.4

148.5

148.6

5. Fachwerktragwerk (**148**.4).

6. Dachbinder (**148**.5).

7. Man bestimme die Stabkräfte in den Stäben 1, 2 und 3 des Fachwerkträgers (**148**.6) nach den Schnittverfahren von Culman und Ritter.

10. Reibung

10.1. Allgemeines

Bei der Berührung zweier Körper werden an der Berührungsstelle Kräfte von einem Körper auf den anderen übertragen. In den vorangehenden Abschnitten haben wir stets angenommen, daß die gemeinsame Wirkungslinie dieser Kräfte mit der Flächennormale im Berührungspunkt zusammenfällt (s. Abschn. 2.3.1), d.h., wir haben die in der Tangentialebene wirkenden Komponenten dieser Kräfte gegenüber den Normalkomponenten vernachlässigt. Bei vielen praktischen Problemen ist dies nicht zulässig. Eine Leiter kann z.B. schräg an der Wand stehen ohne abzurutschen, und das Drehen einer Welle in ihren Lagern erfordert ein Moment.

Berühren sich zwei Körper in einer Fläche (**149.**1a), so ist über die Verteilung der Kräfte auf die Berührungsfläche keine genaue Aussage möglich (**149.**1b).

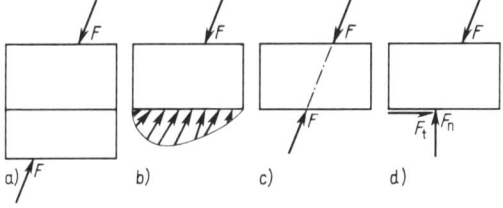

149.1 a) Berührung zweier Körper
  b) mögliche Verteilung der Berührungs-
    kräfte
  c) Resultierende der Berührungskräfte
  d) Zerlegung in Normalkraft und
    Tangentialkraft

Jedoch läßt sich die Resultierende dieser Kräfte aus den Gleichgewichtsbedingungen für den Körper bestimmen: die resultierende Berührungskraft steht mit der Resultierenden der anderen am Körper angreifenden Kräfte im Gleichgewicht (**149.**1c).

Wir zerlegen die resultierende Berührungskraft in die Normalkomponente F_n und in die Tangentialkomponente F_t (**149.**1d). Die Tangentialkomponente wird Reibungskraft genannt. Man unterscheidet Haftreibungskräfte, die als Stützkräfte zwischen zwei relativ zueinander ruhenden, und Gleitreibungskräfte, die als bewegungshemmende Kräfte zwischen zwei gegeneinander bewegten Berührungsflächen auftreten.

Im Sprachgebrauch wird das Wort „Reibung" nur dann verwendet, wenn sich die beteiligten Berührungsflächen relativ zueinander bewegen. Deshalb wollen wir hier von Haftkräften F_h bei sog. Haftreibung und von Reibungskräften F_r bei sog. Gleitreibung sprechen.

Reibungskräfte können erwünscht oder sogar notwendig sein, wenn sie als Stützkräfte oder zur relativen Fortbewegung (z.B. des Fahrzeugs auf der Straße) dienen, sie sind unerwünscht, wenn sie die Bewegung einer Maschine behindern.

10.2. Haftung

Man weiß aus Erfahrung, daß ein Körper auf waagerechter Ebene durch eine horizontale Kraft nicht in jedem Fall bewegt wird. Wenn der Körper ruht, so ist die in der Berührungsfläche auf ihn wirkende tangentiale Kraft, die Haftkraft F_h (150.1), dem Betrage nach gleich der angreifenden Zugkraft, weil nur dann die Bedingung des Kräftegleichgewichtes in horizontaler Richtung erfüllt ist. Solange der Körper ruht, ist also z.B. $F_h = 10\,\text{N}$, wenn mit $F = 10\,\text{N}$ an ihm gezogen wird und $F_h = 20\,\text{N}$, wenn die Zugkraft $F = 20\,\text{N}$ beträgt.

Auf einer schwach geneigten Ebene bleibt ein Körper liegen, obwohl eine Gewichtskraftkomponente in Richtung der schiefen Ebene wirkt (150.2). Auch hieraus schließt man auf Grund der Gleichgewichtsbedingungen, daß die geneigte Ebene auf den Körper eine Kraft ausübt, die dieselbe Wirkungslinie wie die Gewichtskraft hat. Sie kann in Komponenten parallel und senkrecht zur schiefen Ebene zerlegt werden. Die Parallelkomponente ist die Haftkraft.

Solange der Gegenstand relativ zur schiefen Ebene ruht, lauten die Gleichgewichtsbedingungen für die Kräfte parallel und senkrecht zur schiefen Ebene am freigemachten Körper

$$F_h - F_G \sin \alpha = 0$$
$$F_n - F_G \cos \alpha = 0$$

Aus der ersten dieser Gleichgewichtsbedingungen folgt für die Haftkraft

$$F_h = F_G \sin \alpha$$

Ändert man den Neigungswinkel der schiefen Ebene, wobei der Körper in Ruhe bleibt, so ändert sich auch die Größe der Haftkraft. Dabei sind die Gleichgewichtsbedingungen jedesmal erfüllt.

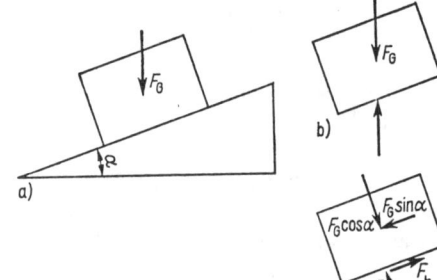

b)

c)

150.2 Kräfte an einem auf schiefer Ebene liegenden Körper

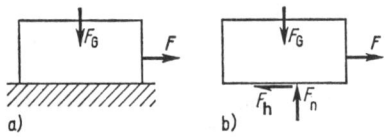

a)

b)

150.1 Freimachen des Körpers von der Unterlage

Beispiel 1. Eine Leiter steht an einer Wand (151.1). Sie trägt an ihrem oberen Ende eine Rolle und ist daher an dieser Stelle so gelagert, daß bei guter Schmierung des Rollenlagers keine Tangentialkraft übertragen werden kann und die Stützkraft senkrecht zur Wand wirkt. Man bestimme die Haftkraft an der Stelle A.

Zeichnerische Lösung. Die Gewichtskraft $\vec{F}_G$ und die beiden Auflagerkräfte $\vec{F}_A$ und $\vec{F}_B$ sind miteinander im Gleichgewicht, ihre Wirkungslinien schneiden sich also in einem Punkt (151.1b), s. Abschn. 4.1.4. Damit ist die Wirkungslinie der Kraft $\vec{F}_A$ festgelegt. Aus dem Kräfteplan (151.1c) liest man die Auflagerkräfte ab. Die waagerechte Komponente von $\vec{F}_A$ ist die Haftkraft, die senkrechte die Normalkraft.

Rechnerische Lösung. Rechnerisch bestimmt man die Haftkraft aus den Gleichgewichtsbedingungen für die freigemachte Leiter (151.1 d)

$$\sum F_{ix} = 0 = F_B - F_{Ax}$$

$$\sum F_{iy} = 0 = F_{Ay} - F_G$$

$$\sum M_{iA} = 0 = F_G(l/2)\sin\beta - F_B l\cos\beta$$

Aus der zweiten Gleichung folgt $F_{Ay} = F_G$, und mit $F_B = (F_G/2)\tan\beta$ aus der dritten Gleichung ergibt die erste Gleichung die gesuchte Haftkraft

$$F_h = F_{Ax} = (F_G/2)\tan\beta$$

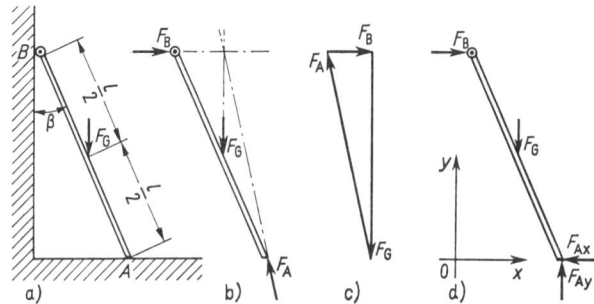

151.1 a) Leiter an der Wand
b) freigemachte Leiter
c) Kräfteplan
d) Kräfte in Komponenten

Maximum der Haftkraft

Aus Experimenten kann man nicht nur auf die Existenz einer Haftkraft, sondern auch darauf schließen, daß diese nicht beliebig groß werden kann. Steigert man nämlich die Zugkraft F (150.1) oder vergrößert den Neigungswinkel α (150.2), so wächst auch die Haftkraft, bis bei einer bestimmten Größe der Zugkraft oder der Gewichtskraftkomponente eine Gleitbewegung eintritt, d.h. die Haftkraft reicht dann nicht mehr aus, das Gleichgewicht der Kräfte aufrechtzuerhalten. Coulomb (1736—1806) fand durch Versuche, daß der Betrag der größtmöglichen Haftkraft im wesentlichen von der Beschaffenheit der Berührungsflächen, dem Werkstoff der Körper und der senkrecht zur Berührungstangentialebene wirkenden Anpreßkraft (Normalkraft) abhängt, und daß das Verhältnis F_h/F_n von Haftkraft und Normalkraft einen bestimmten Wert nicht überschreiten kann.

Coulombsches Gesetz: Die maximale Haftkraft F_{hmax} ist der Normalkraft F_n proportional

$$F_{hmax} = \mu_0 F_n \qquad F_h \leqq \mu_0 F_n \tag{151.1}$$

Der Proportionalitätsfaktor μ_0 heißt Haftzahl und ist hauptsächlich vom Werkstoff und von der Oberflächenbeschaffenheit der sich berührenden Körper abhängig. Die Größe der Berührungsfläche spielt keine wesentliche Rolle.

Werkstoffpaar	μ_0
Stahl auf Stahl (blank)	0,1 ··· 0,15
Stahl auf Stahl (rostig)	0,3 ··· 0,8
Lederriemen auf Grauguß	0,2 ··· 0,3
Lederdichtung auf Metall	0,2 ··· 0,6
Gummi auf Asphalt	0,7 ··· 0,8

Die Haftzahlen μ_0 werden durch Bestimmen der Kräfte F_{hmax} und F_n und Berechnen des Quotienten $\mu_0 = F_{hmax}/F_n$ aus dem Coulombschen Reibungsgesetz bestimmt. Da die Meßergebnisse sehr streuen, können für die Haftzahlen μ_0 nur grobe Mittelwerte angegeben werden. Die nebenstehende Tafel gibt einige Beispiele für die Größenordnung von μ_0.

In Beispiel 1, S. 150, lautet die Bedingung für das Haften mit $F_h = F_{Ax} = (F_G/2)\tan\beta$ und $F_n = F_{Ay} = F_G$

$$\frac{F_G}{2}\tan\beta \leq \mu_0 F_G$$

$$\tan\beta \leq 2\,\mu_0$$

Bei einer Stahlleiter auf Betonboden ($\mu_0 = 0,4$) ist z.B. $\tan\beta \leq 2\cdot 0,4 = 0,8$, d.h. für die angegebene Lage der Gewichtskraft rutscht die Leiter nicht, falls $\beta \leq 38,6°$ gewählt wird.

Nehmen wir $F_G = 800\,\text{N}$ an, so tritt die maximale Haftkraft bei dem Anstellwinkel $\beta = 38,6°$ auf und hat den Wert $F_{h\,max} = 400\,\text{N} \cdot 0,8 = 320\,\text{N}$, während die Haftkraft bei $\beta = 30°$ $F_h = 400\,\text{N} \cdot \tan 30° = 400\,\text{N} \cdot 0,577 = 231\,\text{N}$ und bei $\beta = 15°$ nur $F_h = 400\,\text{N} \cdot \tan 15° = 400\,\text{N} \cdot 0,268 = 107\,\text{N}$ beträgt.

Reibungswinkel. Als Haft(reibungs)winkel ϱ_0 bezeichnet man den Winkel zwischen der Normalkraft und der aus Normalkraft und maximaler Haftkraft gebildeten resultierenden Auflagerkraft (152.1). Es ist

$$\tan\varrho_0 = \frac{F_{h\,max}}{F_n} = \mu_0 \qquad\qquad (152.1)$$

Der Haftwinkel gibt anschaulich die maximal mögliche Abweichung der Wirkungslinie der Auflagerkraft von der Normalenrichtung an, bei der noch Gleichgewicht herrscht. Er kann ferner als derjenige Neigungswinkel α_{max} einer schiefen Ebene gedeutet werden, bei dem ein nur der Gewichtskraft unterworfener Gegenstand gerade noch auf dieser Ebene (150.2) liegen bleibt.

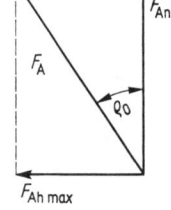

In Beispiel 1, S. 150, muß bei Gleichgewicht sowohl

$$F_h = (F_G/2)\tan\beta$$

als auch

$$F_h \leq \mu_0 F_n = F_G \tan\varrho_0$$

152.1 Zur Definiton des Haftwinkels

erfüllt sein, d.h., es ist nur dann Gleichgewicht möglich, wenn

$$\frac{F_G}{2}\tan\beta \leq F_G \tan\varrho_0$$

d.h. $$\tan\varrho_0 \geq \frac{1}{2}\tan\beta$$

ist. Um diesen Winkel ϱ_0 darf im Gleichgewichtsfall die Wirkungslinie der resultierenden Auflagerkraft $\vec{F}_A$ höchstens von der Senkrechten abweichen. Anderseits muß die Wirkungslinie der Kraft $\vec{F}_A$ durch den Schnittpunkt der Wirkungslinien der Kräfte $\vec{F}_B$ und $\vec{F}_G$ gehen (151.1b). Demnach kann nur dann Gleichgewicht herrschen, wenn dieser Schnittpunkt innerhalb des Winkels $2\varrho_0$ (152.2) liegt.

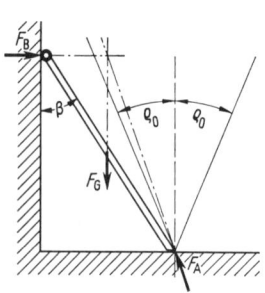

152.2 Statisch bestimmt gelagerte Leiter

Statisch unbestimmte Lagerung. Bildet man das obere Ende der Leiter (151.1) nicht als Rolle aus, sondern läßt auch hier eine Haftkraft als Stützkraftkomponente zu, so hat die Leiter vier unbekannte Auflagerkraftkomponenten (je zwei Normal- und Haftkräfte), ist also statisch unbestimmt gelagert, d.h., die Auflagerkräfte lassen sich nicht allein aus den drei Gleichgewichtsbedingungen bestimmen. Es läßt sich aber ermitteln, für welche Lagen und Belastungen die Leiter im Gleichgewicht bleibt.

Man trägt im Lager B den Haftwinkel an (153.1) und grenzt damit den Bereich für die möglichen Lagen der Wirkungslinien der Kraft $\vec{F}_B$ ab. Da sich bei Gleichgewicht die Wirkungslinien von $\vec{F}_G$, $\vec{F}_A$ und $\vec{F}_B$ in einem Punkt schneiden müssen, kann dieser Punkt nur in dem in Bild 153.1 schraffiert gezeichneten Gebiet liegen. Für jede Lage des Schnittpunktes in diesem Gebiet herrscht Gleichgewicht. Die Leiter rutscht erst ab, wenn die Wirkungslinie der Resultierenden aus Eigengewichtskraft und Belastung der Leiter außerhalb dieses Gebietes liegt.

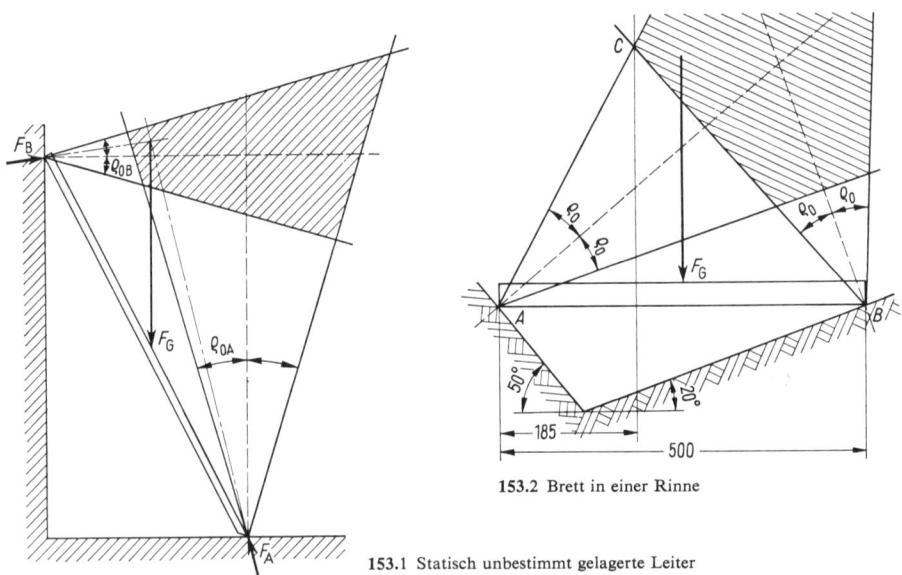

153.2 Brett in einer Rinne

153.1 Statisch unbestimmt gelagerte Leiter

Beispiel 2. Eine Rinne mit dem in Bild 153.2 dargestellten Querschnitt soll durch Einlegen eines Holzbrettes vorübergehend begehbar gemacht werden.

Welcher Bereich des Brettes darf nicht betreten werden ($\mu_0 = 0{,}4$)?

Man zeichnet in den beiden Berührungspunkten A und B die Normale und trägt nach beiden Seiten den Reibungswinkel $\varrho_0 = 21{,}8°$ an[1]). Gleichgewicht ist vorhanden, wenn die Wirkungslinie der Gewichtskraft $\vec{F}_G$ den schraffierten Bereich schneidet. Links von der durch den Punkt C gehenden Vertikalen, also im Bereich bis 185 mm rechts vom Auflager A, kann man das Brett nicht betreten.

Beispiel 3. Haftung auf der Straße. Welche Steigung kann ein hinterradgetriebener Kraftwagen mit der Gewichtskraft $F_G = 12$ kN und mit dem Radstand $l = 2{,}64$ m bei einer Haftzahl $\mu_0 = 0{,}6$ zwischen Rad und Straße höchstens mit konstanter Geschwindigkeit befahren? Schwerpunktlage: $a = 1{,}10$ m hinter dem Vorderrad und $h = 0{,}71$ m über dem Boden (154.1a).

---

[1]) S. Fußnote auf S. 25.

Die Haftkraft zwischen Treibrädern und Straße treibt den Wagen. Sie ist am Wagen nach vorn gerichtet und ergibt sich aus dem Antriebsmoment M der Treibachse (**154.**1 b) und dem Radradius r

$$F_h = \frac{M}{r}$$

Sie ist durch das Coulombsche Gesetz $F_h \leq \mu_0 F_n$ begrenzt. Bei Steigerung des Antriebsmomentes über die Größe $r F_{h\,max}$ hinaus würden die Räder durchdrehen.

Zur Berechnung der gesuchten maximalen Steigung machen wir den Kraftwagen frei und zerlegen die auftretenden Kräfte (Treibräder: Index T, Laufräder: Index L) in Komponenten parallel und senkrecht zur Bahn. Die für den freigemachten Wagen angeschriebenen Gleichgewichtsbedingungen lauten mit dem Punkt L als Momentbezugspunkt (**154.**1 a)

$$\sum F_{ix} = 0 = F_G \sin \alpha - F_{Th} \qquad (154.1)$$

$$\sum F_{iy} = 0 = F_{Ln} + F_{Tn} - F_G \cos \alpha \qquad (154.2)$$

$$\sum M_{iL} = 0 = F_G a \cos \alpha + F_G h \sin \alpha - F_{Tn} l \qquad (154.3)$$

Ferner muß nach dem Coulombschen Gesetz gelten

$$F_{Th} \leq \mu_0 F_{Tn} \qquad (154.4)$$

In diesem System von drei Gleichungen und einer Ungleichung sind die Größen F_{Ln}, F_{Tn}, F_{Th} und α unbekannt. Setzt man $F_{Th} = F_G \sin \alpha$ aus Gl. (154.1) und $F_{Tn} = F_G \left[(h/l) \sin \alpha + (a/l) \cos \alpha \right]$ in die Ungleichung (154.4) ein, so erhält man

$$F_G \sin \alpha \leq \mu_0 F_G \left(\frac{h}{l} \sin \alpha + \frac{a}{l} \cos \alpha \right)$$

Da der Fall $\cos \alpha = 0$ technisch ausgeschlossen ist, kann man durch $F_G \cos \alpha$ dividieren und erhält aus der Ungleichung

$$\tan \alpha \leq \mu_0 \left(\frac{h}{l} \tan \alpha + \frac{a}{l} \right)$$

durch Umformen

$$\tan \alpha \leq \frac{\mu_0 \dfrac{a}{l}}{1 - \mu_0 \dfrac{h}{l}} \qquad (154.5)$$

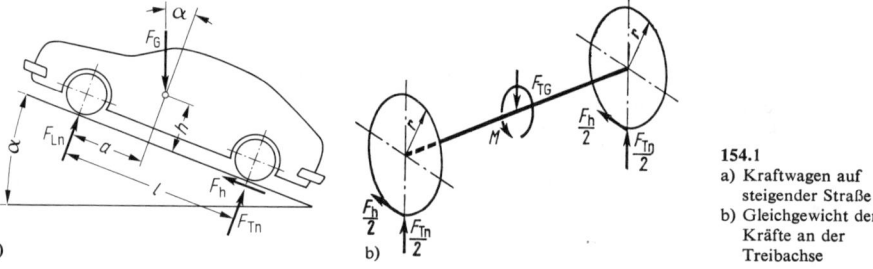

154.1
a) Kraftwagen auf steigender Straße
b) Gleichgewicht der Kräfte an der Treibachse

Mit den angegebenen Maßen ist $a/l = 1{,}1/2{,}64 = 0{,}417$ und $h/l = 0{,}269$, also $\tan \alpha = 0{,}250/0{,}839 = 0{,}298 \approx 0{,}3$. Die Steigung darf also 30% nicht überschreiten, und der Steigungswinkel darf höchstens $\alpha = 16{,}6°$ sein.

Beispiel 4. Keilreibung. Eine Last mit der Gewichtskraft $F_G = 100$ kN soll mit vier gleichzeitig eingetriebenen Keilen gehoben werden.

a) Wie groß darf der Keilwinkel α höchstens sein, wenn die Keile nach dem Einschlagen nicht wieder herausspringen sollen?

b) Welche Schlagkraft ist zum Eintreiben eines Keiles mindestens erforderlich?

Die Haftzahlen betragen zwischen Keil und Last $\mu_{01} = 0{,}04$ und zwischen Keil und Boden $\mu_{02} = 0{,}10$.

Die Lösung ergibt sich hier sehr einfach aus graphischen Überlegungen. Die auf einen der vier Keile wirkenden Kräfte werden am freigemachten Keil eingetragen (Bilder 155.1 b, c, e). Sie sind miteinander im Gleichgewicht.

a) Soll der Keil nach dem Einschlagen nicht herausspringen, so muß er allein unter der Wirkung der Kräfte $\vec{F}_1$ zwischen Last und Keil und $\vec{F}_2$ zwischen Keil und Boden im Gleichgewicht stehen. Falls zwischen Keil und Boden keine Haftkraft wirkt (z. B. bei gedachter idealer Schmierung), so ist die Kraft $\vec{F}_2$ zwischen Keil und Boden vertikal nach oben gerichtet (155.1 b). Dann kann die Kraft $\vec{F}_1$ zwischen

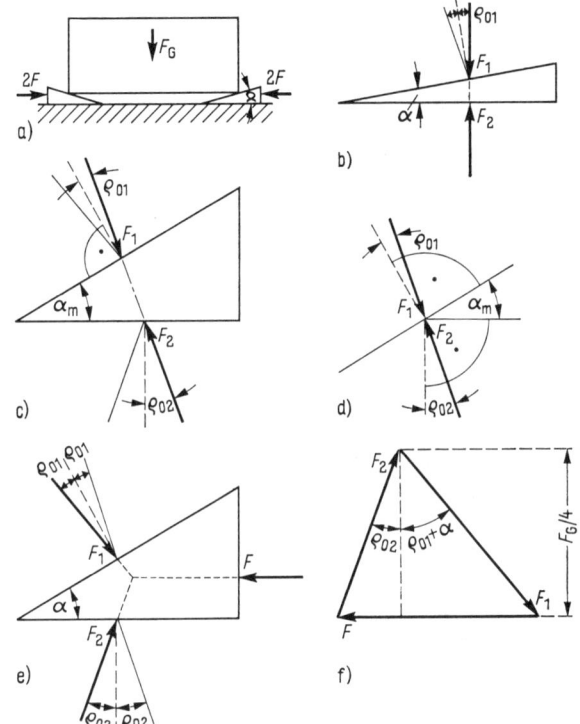

155.1

a) Heben einer Last mit Keilen
b) Ruhelage ohne Bodenhaftung
c) Ruhelage mit Bodenhaftung
d) Grenze der Ruhelage
e) Keil mit minimaler Schlagkraft
f) Kräfteplan für die Kräfte am Keil

Last und Keil bei Gleichgewicht auch nur vertikal gerichtet sein. In diesem Sonderfall ist der größte Keilwinkel $\alpha = \varrho_{01}$.

Läßt man zwischen Keil und Boden ebenfalls eine Haftkraft zu, so kann die Kraft $\vec{F}_1$ sich nach links (vgl. Bilder 155.1 b und c) neigen, d. h., der Winkel α darf größer als ϱ_{01} sein. Im Grenzfall größter Haftkräfte liest man aus Bild 155.1 d ab

$$(90° - \varrho_{01}) + \alpha_m + (90° - \varrho_{02}) = 180° \tag{155.1}$$

$$\alpha_m = \varrho_{01} + \varrho_{02}$$

Mit den Werten $\tan \varrho_{01} = \mu_{01} = 0{,}04$, $\varrho_{01} = 2{,}3°$ und $\tan \varrho_{02} = \mu_{02} = 0{,}1$, $\varrho_{02} = 5{,}7°$ ergibt sich $\alpha_m = 8{,}0°$.

b) Die zum Anheben der Last erforderliche Schlagkraft muß alle ihr entgegenstehenden Kräfte übertreffen, die Mindestkraft muß mit ihnen im Gleichgewicht stehen (Grenzfall) (155.1 e).

Aus der Gleichgewichtsbedingung für die senkrechten Kräfte am ganzen System folgt $|F_{2y}| = |F_{1y}| = F_G/4$, und aus dem Kräfteplan 155.1 f liest man ab, daß die Kraft $\vec{F}$ aus den

Horizontalkomponenten der Kräfte $\vec{F}_2$ und $\vec{F}_1$ zusammengesetzt werden kann

$$F = F_{2x} + F_{1x} = |F_{2y}| \cdot \tan \varrho_{02} + |F_{1y}| \cdot \tan (\varrho_{01} + \alpha_m)$$

$$F = \frac{F_G}{4} [\tan \varrho_{02} + \tan (\varrho_{01} + \alpha_m)] \tag{156.1}$$

Mit $\tan \varrho_{02} = 0,10$ und $\varrho_{01} + \alpha_m = 2,3° + 8,0° = 10,3°$, $\tan 10,3° = 0,182$ erhält man für den Grenzwinkel α_m

$$F = \frac{100 \text{ kN}}{4} (0,10 + 0,182) = 25 \text{ kN} \cdot 0,282 = 7,05 \text{ kN}$$

10.3. Reibung

Reicht bei der Berührung zweier Körper die maximale Haftkraft nicht aus, das System im Gleichgewicht zu halten, ist also zur Erhaltung des Gleichgewichtes eine größere Kraft als $\mu_0 F_n$ erforderlich, so tritt Gleiten ein, die Körper bewegen sich gegeneinander. Bei dieser Gleitbewegung tritt zwischen den Körpern eine Widerstandskraft auf. Sie wird R e i b u n g s k r a f t genannt. Ihr Richtungssinn ist immer d e r r e l a t i v e n B e w e - g u n g s r i c h t u n g e n t g e g e n g e s e t z t.

Gleitet z.B. ein Körper auf einer Unterlage (157.1), so wird er durch die Kraft F_{12r} in seiner Bewegung gehemmt, während auf die Unterlage eine Kraft F_{21r} in Richtung der Bewegung des Körpers, also entgegengesetzt zur Relativbewegung der Unterlage gegen den Körper, ausgeübt wird.

Körper und Unterlage bewegen sich mit konstanter Geschwindigkeit gegeneinander, wenn Reibungskraft F_{12r} und Zugkraft F gleich groß sind. Ein Kraftüberschuß der Zugkraft über die Reibungskraft würde den Körper beschleunigen. C o u l o m b fand 1781, daß bei trockenen Oberflächen die Reibungskraft von der Größe der Berührungs- fläche und bei kleinen Gleitgeschwindigkeiten $(0,5 \cdots 10 \text{ m/s})$ auch von der Geschwindig- keit unabhängig ist. Er fand für die Reibungskraft das Gesetz:

Die Reibungskraft ist der Normalkraft proportional

$$F_r = \mu F_n \tag{156.2}$$

worin F_n die Normalkraft und μ der K o e f f i z i e n t d e r R e i b u n g oder auch die R e i - b u n g s z a h l ist. Die Reibungszahl wird durch Experimente bestimmt. Sie ist etwas kleiner als die Haftzahl μ_0 für dasselbe Stoffpaar. Bei trockener Reibung von Stahl auf Stahl ist z.B. $\mu = 0,1$ und $\mu_0 = 0,15$. Reibungszahlen für verschiedene Stoffpaare findet man in den Taschenbüchern.

10.3.1. Reibung zwischen ebenen Flächen

Horizontale Bewegung. Zur gleichförmigen horizontalen Bewegung einer Last auf einer Ebene ist eine Kraft erforderlich, die mit der Reibungskraft im Gleichgewicht steht. Eine Zugkraft $F < \mu F_n$ bewegt die Last nicht, eine Kraft $F > \mu F_n$ ist Ursache für beschleunigte Bewegung.

Beispiel 5. Auf den Klotz in Bild 157.1 wirkt die Gewichtskraft $F_G = 1000 \text{ N}$, und es ist $\mu_0 = 0,15$ und $\mu = 0,12$. Zieht man mit einer Kraft $F = 120 \text{ N}$ an dem r u h e n d e n Klotz, so ist

$$F_h = F = 120 \text{ N} < F_{h \max} = \mu_0 F_n = 0,15 \cdot 1000 \text{ N} = 150 \text{ N}$$

Die Zugkraft reicht zur Überwindung der Haftkraft nicht aus, der Körper bleibt in Ruhe. Auch bei einer Zugkraft von 150 N stellt sich die Haftkraft so ein, daß die Gleichgewichtsbedingung $F = F_h$ erfüllt ist. Erst bei $F > 150$ N kommt der Klotz in Bewegung. Zur Aufrechterhaltung der Bewegung genügt dann eine kleinere Kraft. Für gleichförmige Bewegung muß die Gleichung

$$F = F_r = \mu\, F_n = 0{,}12 \cdot 1000 \text{ N} = 120 \text{ N}$$

erfüllt sein.

Beispiel 6. Welche schräg angreifende Kraft $\vec{F}$ (157.2) ist erforderlich, um eine Holzkiste mit der Länge $l = 1$ m, der Höhe $h = 0{,}4$ m und der Gewichtskraft $F_G = 400$ N mit gleichförmiger Geschwindigkeit über einen Betonfußboden zu ziehen ($\mu = 0{,}3$, $\alpha = 25°$)?

Man macht den Körper frei und setzt die Gleichgewichtsbedingungen an

157.1 Gleitreibung   157.2 Klotz mit schräger Zugkraft

$$\sum F_{ix} = 0 = F\cos\alpha - F_r \tag{157.1}$$

$$\sum F_{iy} = 0 = F_n + F\sin\alpha - F_G \tag{157.2}$$

Ferner gilt nach dem Coulombschen Reibungsgesetz

$$F_r = \mu\, F_n \tag{157.3}$$

Diese drei Gleichungen bilden zusammen ein Gleichungssystem, aus dem die drei unbekannten Kräfte F, F_n und F_r berechnet werden können.

Will man außerdem den Angriffspunkt der Normalkraft bestimmen, so fügt man diesem System als vierte Gleichung die Gleichgewichtsbedingung der Momente hinzu. Man wählt z.B. die vordere Berührungskante der Kiste als Bezugsachse und erhält

$$\sum M_l = 0 = F\cos\alpha \cdot \frac{h}{2} + F_n\, a - F_G\, \frac{l}{2} \tag{157.4}$$

Durch Einsetzen von F_r aus Gl. (157.1) und F_n aus Gl. (157.2) (man beachte, daß hier $F_n \neq F_G$ ist) in Gl. (157.3) erhält man die Bestimmungsgleichung für die Zugkraft F

$$F\cos\alpha = \mu\,(F_G - F\sin\alpha)$$

$$F = \frac{\mu\, F_G}{\cos\alpha + \mu\sin\alpha} = \frac{0{,}3 \cdot 400 \text{ N}}{\cos 25° + 0{,}3\sin 25°} = \frac{120 \text{ N}}{1{,}033} = 116 \text{ N}$$

Damit wird $F_r = 105$ N, $F_n = 351$ N aus den Gl. (157.1) und (157.2) und $a = 0{,}51$ m aus Gl. (157.4) gewonnen.

Beispiel 7. Reibung in einer Keilnut. Führungen von Werkzeugmaschinen sind häufig als Keilnuten ausgebildet, in denen der mit der Gewichtskraft F_G belastete Schlitten gleitet (157.3a). Welche Kraft F in der Bewegungsrichtung ist für eine Bewegung des Schlittens mit konstanter Geschwindigkeit notwendig?

Die Normalkraft F_n wirkt unter dem Winkel $90° - \alpha$ zur Senkrechten, die Reibungskräfte wirken in der Berührungsebene und sind der Bewegungsrichtung entgegengesetzt gerichtet (157.3 b

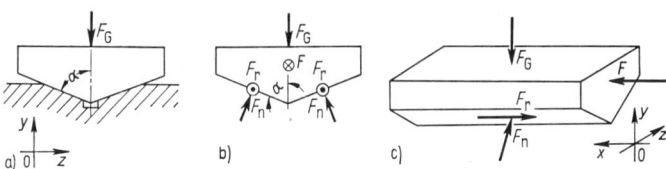

157.3 Keilnutreibung   a)   b)   c)

und c). Bewegung mit konstanter Geschwindigkeit ist nur bei Gleichgewicht der Kräfte möglich. Aus der Gleichgewichtsbedingung für die am Schlitten in der Bewegungsrichtung angreifenden Kräfte erhält man

$$\sum F_{ix} = 0 = F - 2F_r \qquad F = 2F_r \tag{158.1}$$

und aus dem Gleichgewicht der senkrechten Kräfte am Schlitten folgt

$$\sum F_{iy} = 0 = 2F_n \sin \alpha - F_G \qquad F_G = 2F_n \sin \alpha \tag{158.2}$$

Nach dem Reibungsgesetz ist ferner

$$F_r = \mu F_n \tag{158.3}$$

Mit F_r aus Gl. (158.3) und F_n aus Gl. (158.2) folgt aus Gl. (158.1)

$$F = 2F_r = 2\mu F_n = \frac{\mu F_G}{\sin \alpha} \tag{158.4}$$

Gelegentlich wird $\mu/\sin \alpha = \mu'$ gesetzt und als **Reibungszahl der Keilnut** bezeichnet. Ist z.B. $\mu = 0,04$ und $\alpha = 65°$, so ist die sogenannte Keilnutreibungszahl $\mu' = 0,04/\sin 65° = 0,044$ und mit $F_G = 10$ kN die Kraft $F = \mu' F_G = 440$ N.

Beispiel 8. B a c k e n b r e m s e. Welche Kraft $\vec{F}$ ist erforderlich, um mit der in Bild **159**.1 gezeigten Backenbremse eine Trommel, auf die ein Moment $\vec{M}$ wirkt, abzubremsen?

Man macht Hebel und Trommel frei (**159**.1 b) und berechnet die unbekannten Kräfte und Momente aus den Gleichgewichtsbedingungen.

Momentgleichgewicht um die Trommelachse 0 liefert

$$\sum M_{i0} = 0 = F_r r - M \tag{158.5}$$

Momentgleichgewicht am Hebel bezüglich des Auflagers A ergibt

$$\sum M_{iA} = 0 = F(a + b) - F_n b - F_r c \tag{158.6}$$

Als dritte Gleichung zur Bestimmung der unbekannten Kräfte F, F_n und F_r steht das Coulombsche Reibungsgesetz

$$F_r = \mu F_n \tag{158.7}$$

zur Verfügung. Man setzt $F_r = M/r$ nach Gl. (158.5) und $F_n = F_r/\mu = M/\mu r$ nach Gl. (158.7) in Gl. (158.6) ein und erhält

$$F = \frac{M}{r} \cdot \frac{b + \mu c}{\mu (a + b)} \tag{158.8}$$

Durch eine Kraft, die größer als F in Gl. (158.8) ist, wird die Trommel abgebremst.

Man braucht eine kleinere Kraft zum Abbremsen, wenn Reibungskraft und Normalkraft am Hebel entgegengesetzt drehende Momente bezüglich des Auflagers A haben, d.h., wenn entweder der Auflagerpunkt A tiefer als der Berührungspunkt liegt (**159**.1 c) oder das Moment entgegengesetzten Drehsinn und damit auch die Reibungskraft entgegengesetzte Richtung hat. Anstatt Gl. (158.8) erhält man dann

$$F = \frac{M}{r} \cdot \frac{b - \mu c}{\mu (a + b)} \tag{158.9}$$

Im Zähler dieser Gleichung steht eine Differenz. Für $b = \mu c$ wird $F = 0$. Die Resultierende $\vec{F}_w$ aus Reibungs- und Normalkraft (**159**.1 d) und die Auflagerkraft $\vec{F}_A$ sind dann miteinander im Gleichgewicht. Für $b < \mu c$ bremst die Bremse von selbst. Man spricht dann von einer s e l b s t - s p e r r e n d e n B r e m s e. Die Grenzbeziehung

$$\frac{b}{c} = \mu = \tan \varrho$$

für die selbstsperrende Bremse kann aus Bild **159**.1 d abgelesen werden.

Der zwischen dem Normalkraftvektor und dem Vektor der gesamten von der Trommel auf den Hebel übertragenen Kraft liegende Winkel ϱ heißt Reibungswinkel. Er ist kleiner als der auf S. 152 definierte Haftwinkel ϱ_0.

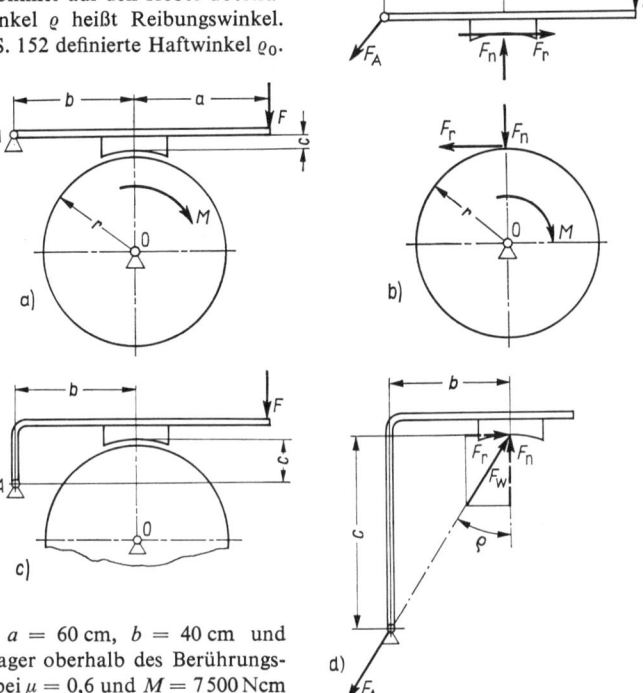

159.1
a) Backenbremse
b) Hebel und Trommel freigemacht
c, d) Selbstsperrung

Wählt man $r = 25\,\text{cm}$, $a = 60\,\text{cm}$, $b = 40\,\text{cm}$ und $c = 15\,\text{cm}$ bei einem Auflager oberhalb des Berührungspunktes (159.1 a), so kann bei $\mu = 0,6$ und $M = 7\,500\,\text{Ncm}$ die Trommel durch die Handkraft, die größer als

$$F = \frac{7\,500\ \text{Ncm}}{25\ \text{cm}} \cdot \frac{40\ \text{cm} + 0,6 \cdot 15\ \text{cm}}{0,6 \cdot 100\ \text{cm}} = 245\ \text{N}$$

ist, abgebremst werden. Für Selbstsperrung muß man den Auflagerpunkt des Hebels um den Betrag $c > b/\mu = 40\ \text{cm}/0,6 = 66,7\ \text{cm}$ unterhalb des Berührungspunktes anbringen.

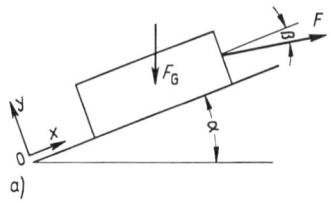

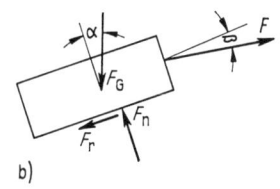

a)

b)

159.2 Schiefe Ebene

Schiefe Ebene

Welche Kraft $\vec{F}$ ist erforderlich, um einen Körper mit der Gewichtskraft F_G eine schiefe Ebene mit dem Neigungswinkel α mit konstanter Geschwindigkeit heraufzuziehen? Die Kraft greift unter einem Winkel β gegen die schiefe Ebene an (159.2).

Man macht den Körper von der Unterlage frei, setzt also Normalkraft und Reibungskraft als äußere Kräfte an und formuliert die Gleichgewichtsbedingungen für die Kräfte in den Richtungen parallel und senkrecht zur schiefen Ebene

$$\sum F_{ix} = 0 = F_r + F_G \sin \alpha - F \cos \beta \tag{160.1}$$

$$\sum F_{iy} = 0 = F_n - F_G \cos \alpha - F \sin \beta \tag{160.2}$$

Mit $F_r = \mu\, F_n$ \hfill (160.3)

aus dem Coulombschen Reibungsgesetz und F_n aus der Gleichgewichtsbedingung für die y-Richtung folgt aus der Gleichgewichtsbedingung für die x-Richtung

$$F \cos \beta - F_G \sin \alpha = \mu\, (F_G \cos \alpha + F \sin \beta)$$

Diese Gleichung wird nach der unbekannten Zugkraft F aufgelöst

$$F\, (\cos \beta - \mu \sin \beta) = F_G\, (\sin \alpha + \mu \cos \alpha)$$

$$F = F_G\, \frac{\sin \alpha + \mu \cos \alpha}{\cos \beta - \mu \sin \beta} \tag{160.4}$$

Bei bahnparalleler Kraft ist $\beta = 0$ und

$$F = F_G\, (\sin \alpha + \mu \cos \alpha) \tag{160.5}$$

Wirkt die Kraft waagerecht, so ist $\beta = \alpha$ und

$$F = F_G\, \frac{\sin \alpha + \mu \cos \alpha}{\cos \alpha - \mu \sin \alpha} = F_G\, \frac{\tan \alpha + \mu}{1 - \mu \tan \alpha} \tag{160.6}$$

Die Gleichung wird einfacher, wenn man den Reibungswinkel ϱ durch $\mu = \tan \varrho$ einführt und das Additionstheorem

$$\tan\, (\alpha + \varrho) = \frac{\tan \alpha + \tan \varrho}{1 - \tan \alpha \tan \varrho}$$

benutzt. Dann erhält Gl. (160.6) die Form

$$F = F_G \tan\, (\alpha + \varrho) \tag{160.7}$$

Bewegt sich der Körper mit konstanter Geschwindigkeit hangabwärts, so ist die Reibungskraft hangaufwärts gerichtet und unterstützt mit ihrer Wirkung die Haltekraft $\vec{F}$. Die Gleichgewichtsbedingungen für diesen Fall unterscheiden sich von den Gl. (160.1) und (160.2) nur durch das Vorzeichen der Reibungskraft in Gl. (160.1). Daher erhält man die den Gl. (160.4) und (160.7) entsprechenden Beziehungen formal aus diesen Gleichungen dadurch, daß man in ihnen μ durch $(-\mu)$ und ϱ durch $(-\varrho)$ ersetzt. Insbesondere erhält man aus Gl. (160.7) für die Haltekraft

$$F = F_G \tan\, (\alpha - \varrho) \tag{160.8}$$

Diese Haltekraft wird negativ, wenn der Neigungswinkel α kleiner als der Reibungswinkel ϱ wird. In diesem Falle ist für Abwärtsbewegung eine abwärtsgerichtete Kraftkomponente erforderlich. Ohne Zugkraft würde der Körper auf der schiefen Ebene liegen bleiben. Man spricht dann von Selbsthemmung.

10.3.2. Schraubenreibung

Eine Last wird mit Hilfe einer Flachgewindeschraube mit der Steigung
h und dem Flankendurchmesser d_2
gleichmäßig gehoben. Das dafür erforderliche Anzugsmoment $\vec{M}$ soll berechnet werden.
Wir machen die Schraube frei (161.1a).
Auf die Schraube wirken das Anzugs-
moment $\vec{M}$, die Gewichtskraft $\vec{F}_G$ und
von der Mutter her je Flächeneinheit
die Normalkraft $\Delta\vec{F}_n$ und die Reibungskraft $\Delta\vec{F}_r$. Die Resultierende dieser
Kräfte wird nach Bild 161.1 b in Komponenten parallel und senkrecht zur
Schraubenachse (z-Achse) zerlegt. Zwischen ihnen besteht die Beziehung

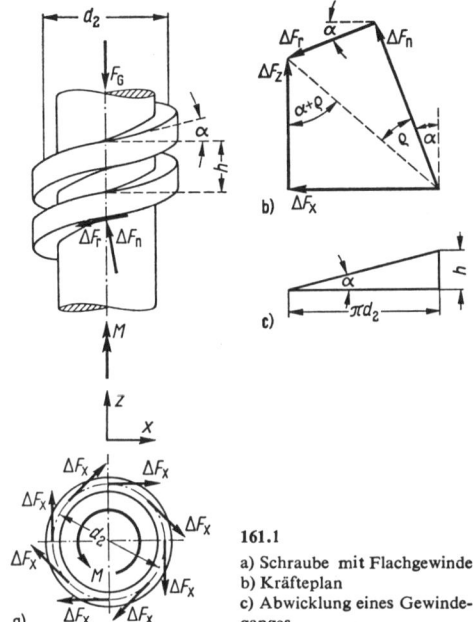

161.1
a) Schraube mit Flachgewinde
b) Kräfteplan
c) Abwicklung eines Gewinde-
ganges

$$\Delta F_x = \Delta F_z \tan(\alpha + \varrho) \quad (161.1)$$

Hierin ist ϱ der Reibungswinkel und
$\tan\varrho = \mu$.
Die Bedingungen für das Gleichgewicht
der Kräfte in Achsenrichtung und das
Gleichgewicht der Momente um die Schraubenachse lauten

$$\sum F_{iz} = 0 = F_G - \sum \Delta F_z \qquad (161.2)$$

$$\sum M_{iz} = 0 = M - \sum \Delta F_x \, d_2/2 \qquad (161.3)$$

Setzt man in Gl. (161.3) zunächst nach Gl. (161.1) $\Delta F_x = \Delta F_z \tan(\alpha + \varrho)$ und dann
nach Gl. (161.2) $\sum \Delta F_z = F_G$ ein und berücksichtigt, daß nach Bild 161.1c $\tan\alpha = h/(\pi\, d_2)$
ist, so ergibt sich

$$M = \frac{d_2}{2} F_G \tan(\alpha + \varrho) = \frac{F_G\, h}{2\pi} \frac{\tan(\alpha + \varrho)}{\tan\alpha} \qquad (161.4)$$

Die an den Enden eines Kreuzschlüssels der Länge l aufzubringenden Kräfte F müssen
bezüglich der Schraubenachse das gleiche Moment ergeben

$$F = \frac{M}{l} = \frac{F_G\, h}{2\pi\, l} \frac{\tan(\alpha + \varrho)}{\tan\alpha} \qquad (161.5)$$

Der Wirkungsgrad η ist das Verhältnis von Nutzarbeit W_n zu aufgewendeter Arbeit W_z

$$\eta = \frac{W_n}{W_z} = \frac{F_G \cdot h}{M \cdot 2\pi} = \frac{\tan\alpha}{\tan(\alpha + \varrho)} \qquad (161.6)$$

Schrauben, die sich unter Belastung nicht von selbst zurückdrehen, heißen selbst-
hemmend. Ihr Steigungswinkel α ist kleiner als der Reibungswinkel ϱ. Im Grenzfall ist
$\alpha = \varrho$.

Der Wirkungsgrad einer selbsthemmenden Schraube ist demnach kleiner als 0,5, denn im Grenzfall ist

$$\eta = \frac{\tan \alpha}{\tan (\alpha + \varrho)} = \frac{\tan \varrho}{\tan 2\varrho} = \frac{\tan \varrho (1 - \tan^2 \varrho)}{2 \tan \varrho} = \frac{1 - \tan^2 \varrho}{2} < 0,5$$

Bei Schrauben mit Spitzgewinde (**162.**1 a) ist die Normalkraft außer um den Winkel α gegen die y, z-Ebene noch um den Winkel β gegen die x, z-Ebene geneigt. Aus Bild **162.**1 b liest man die geometrischen Beziehungen

$$\Delta F_{nx}/\Delta F_{nz} = \tan \alpha \qquad \Delta F_{ny}/\Delta F_{nz} = \tan \beta$$

und

$$\Delta F_n = \sqrt{\Delta F_{nx}^2 + \Delta F_{ny}^2 + \Delta F_{nz}^2} = \Delta F_{nz} \cdot \sqrt{1 + \tan^2 \alpha + \tan^2 \beta} \tag{162.1}$$

ab.

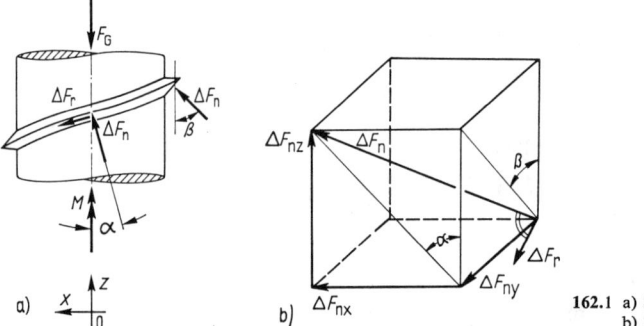

162.1 a) Schraube mit Spitzgewinde
b) Zerlegung der Normalkraft

Die Gleichgewichtsbedingungen für die Kräfte parallel zur Schraubenachse und die Momente um diese Achse ergeben mit dem Anzugsmoment M

$$\sum F_{iz} = 0 = F_G + \sum \Delta F_r \sin \alpha - \sum \Delta F_{nz} \tag{162.2}$$

$$\sum M_{iz} = 0 = M - \sum \Delta F_{nx} \frac{d_2}{2} - \sum \Delta F_r \cos \alpha \cdot \frac{d_2}{2} \tag{162.3}$$

Die Gl. (162.2 und 3) und Gl. (162.1) bilden zusammen mit dem Coulombschen Gesetz

$$\Delta F_r = \mu \Delta F_n = \mu \Delta F_{nz} \cdot \sqrt{1 + \tan^2 \alpha + \tan^2 \beta}$$

ein Gleichungssystem, aus dem nach Eliminieren von ΔF_{nx}, ΔF_{nz} und ΔF_r die Beziehung

$$M = \frac{d_2}{2} F_G \cdot \frac{\tan \alpha + \mu \cos \alpha \sqrt{1 + \tan^2 \alpha + \tan^2 \beta}}{1 - \mu \sin \alpha \sqrt{1 + \tan^2 \alpha + \tan^2 \beta}}$$

folgt. Mit $1 + \tan^2 \alpha = 1/\cos^2 \alpha$ bringt man diese Gleichung in die Form

$$M = \frac{d_2}{2} F_G \cdot \frac{\tan \alpha + \mu \sqrt{1 + \cos^2 \alpha \tan^2 \beta}}{1 - \mu \tan \alpha \sqrt{1 + \cos^2 \alpha \tan^2 \beta}} \tag{162.4}$$

Man nennt $\mu \sqrt{1 + \cos^2 \alpha \tan^2 \beta} = \mu' = \tan \varrho'$ und erhält die der Gl. (161.4) entsprechende Gleichung

$$M = \frac{d_2}{2} F_G \tan(\alpha + \varrho') = \frac{F_G h}{2\pi} \cdot \frac{\tan(\alpha + \varrho')}{\tan \alpha} \qquad (163.1)$$

Da der Winkel α häufig so klein ist, daß $\cos \alpha \approx 1$ gesetzt werden kann, gilt näherungsweise

$$\mu' = \mu \sqrt{1 + \cos^2 \alpha \tan^2 \beta} \approx \mu \sqrt{1 + \tan^2 \beta} = \frac{\mu}{\cos \beta}$$

d. h., die Reibungskräfte werden gegenüber denjenigen bei Schrauben mit Flachgewinde ungefähr um den Faktor $1/\cos \beta$ größer. Deshalb werden die scharfgängigen Schrauben als Befestigungsschrauben benutzt, während man als Bewegungsschrauben hauptsächlich flachgängige Schrauben verwendet.

Beispiel 9. Mit welchen Kräften $\vec{F}$ muß man an einem Kreuzschlüssel mit der Länge $l = 500$ mm ziehen, damit in einer Schraube M 48 eine Längskraft $F_G = 20$ kN entsteht ($\mu = 0{,}15$)?
Die Kraft am Schlüssel beträgt nach Gl. (161.5) mit ϱ' anstatt ϱ

$$F = \frac{F_G h}{2\pi l} \cdot \frac{\tan(\alpha + \varrho')}{\tan \alpha} \qquad (163.2)$$

Nach DIN 13 ist die Gewindesteigung $h = 5$ mm, der Flankendurchmesser $d_2 = 44{,}752$ mm und der Winkel $\beta = 30°$. Der Flankensteigungswinkel α ergibt sich aus

$$\tan \alpha = \frac{h}{\pi \, d_2} = \frac{5 \text{ mm}}{\pi \cdot 44{,}752 \text{ mm}} = 0{,}0356 \qquad \alpha = 2{,}04°$$

Der Reibungswinkel ϱ' für Spitzgewinde wird wegen des kleinen Winkels α aus der Gleichung

$$\tan \varrho' = \frac{\mu}{\cos \beta} = \frac{0{,}15}{\cos 30°} = 0{,}173 \qquad \varrho' = 9{,}8°$$

berechnet. Die gesuchte Kraft beträgt also nach Gl. (163.2)

$$F = \frac{20 \text{ kN} \cdot 5 \text{ mm}}{2\pi \cdot 500 \text{ mm}} \cdot \frac{\tan 11{,}84°}{\tan 2{,}04°} = 188 \text{ N}$$

10.3.3. Zapfenreibung

Bei der Drehung des Tragzapfens einer Welle im Lager treten Tangentialkräfte zwischen Zapfen und Lagerschale auf, die als Reibungskräfte die Drehung bremsen (**164.**1 a). Die Reibungskräfte üben auf die Wellenachse ein Moment (Reibungsmoment)

$$M_r = \sum r \, \Delta F_r = r \sum \Delta F_r$$

aus. Eine konstante Drehzahl kann also nur dann aufrechterhalten werden, wenn an der Welle ein zusätzliches Kräftepaar angreift, dessen Moment mit dem Reibungsmoment im Gleichgewicht ist.

Das Reibungsmoment kann nur dann aus Gleichgewichtsbedingungen bestimmt werden, wenn über die Verteilung der Normal- und Reibungskräfte Aussagen gemacht werden können. Diese Kraftverteilung hängt von der Art der Lagerschmierung ab. Bei schnellaufenden, gut geschmierten Wellen tritt Flüssigkeitsreibung auf, weil Zapfen und Lager durch einen Ölfilm voneinander getrennt sind. Die Reibungskräfte hängen von der Zähigkeit des Schmiermittels und damit von der Temperatur ab. Sie nehmen mit wachsender Temperatur ab. Die theoretische Behandlung der Flüssigkeitsreibung ist sehr kompliziert und geht über den Rahmen dieses Buches hinaus.

Bei geringer Schmierung können die Gesetze der trockenen Reibung benutzt werden. Da die Verteilung der Auflagerkräfte unbekannt ist, begnügt man sich mit der Kenntnis der resultierenden Auflagerkraft und zerlegt diese in Normalkraft und Reibungskraft (**164.**1b). Aus dem Gleichgewicht der waagerechten Kräfte, das bei konstanter Dreh-

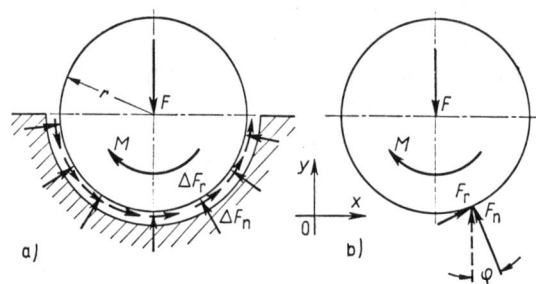

164.1 Reibungskräfte am Querlager

zahl erfüllt sein muß, ergibt sich, daß die resultierende Normalkraft eine der resultierenden Reibungskraft entgegenwirkende und gleich große waagerechte Komponente haben muß. Das ist nur möglich, wenn die Auflagerkraft nicht am tiefsten Punkt der Welle, sondern an einem der Drehung entgegen gelegenen höheren Wellenpunkt angreift. Messungen haben ergeben, daß die Lagerreibungskraft bei kleinen Drehzahlen (z.B. einigen hundert Umdrehungen in der Minute) von der Geschwindigkeit nahezu unabhängig ist und daß das Coulombsche Reibungsgesetz

$$F_r = \mu F_n \tag{164.1}$$

gilt. Die Abweichung φ der resultierenden Normalkraft von den Senkrechten ist nur sehr klein. Aus Bild **164.**1b liest man die Gleichgewichtsbedingungen ab

$$\sum F_{ix} = 0 = F_r \cos \varphi - F_n \sin \varphi \tag{164.2}$$

$$\sum F_{iy} = 0 = F_r \sin \varphi + F_n \cos \varphi - F \tag{164.3}$$

$$\sum M_i = 0 = M_r - F_r r \tag{164.4}$$

Hierbei ist $\vec{F}$ die Kraft, die der Tragzapfen im Ruhezustand auf das Lager ausübt. Das Gleichungssystem Gl. (164.1) bis Gl. (164.4) für die vier unbekannten Größen φ, F_n, F_r und M_r hat die Lösung

$$\tan \varphi = \mu \qquad \sin \varphi = \frac{\mu}{\sqrt{1 + \mu^2}} \qquad \cos \varphi = \frac{1}{\sqrt{1 + \mu^2}}$$

$$F_n = F/\sqrt{1 + \mu^2} \qquad F_r = \mu F/\sqrt{1 + \mu^2} \qquad M_r = r F_r = r F \mu/\sqrt{1 + \mu^2}$$

In dem Ausdruck für das Reibungsmoment faßt man den Faktor von $r \cdot F$ zur **Zapfenreibungszahl** $\mu_z = \mu/\sqrt{1 + \mu^2}$ zusammen und erhält für ein Lager

$$M_r = r F_r = \mu_z r F \tag{164.5}$$

Der Kreis mit dem verminderten Radius $r' = \mu_z r$ wird **Reibungskreis** genannt.

Das gesamte Reibungsmoment der Welle ist die Summe der Reibungsmomente der einzelnen Lager. Bei abgesetzten Wellen (verschiedenen Lagerdurchmessern) muß das Reibungsmoment für jedes Lager getrennt berechnet werden.

Multipliziert man die Summe der Reibungsmomente mit der Winkelgeschwindigkeit der Welle, so erhält man die zur Drehung der Welle mit konstanter Winkelgeschwindigkeit erforderliche Leistung (Verlustleistung)

$$P = \omega \sum M_{\mathrm{ri}} = 2\pi n \sum M_{\mathrm{ri}} = \mu_{\mathrm{z}} \pi n \sum d_{\mathrm{i}} F_{\mathrm{i}} \tag{165.1}$$

mit den Wellendurchmessern d_{i} und der Drehzahl n.

Beispiel 10. Das Schaufelrad einer Turbine, dessen Gewichtskraft $F_{\mathrm{G}} = 10$ kN beträgt, sitzt in der Mitte einer in Gleitlagern laufenden Welle. Die Welle hat den Durchmesser $d = 120$ mm. Die Drehzahl beträgt $n = 1\,200/\text{min}$ und die Zapfenreibungszahl $\mu_{\mathrm{z}} = 0{,}02$. Wie groß sind Reibungsmoment und Verlustleistung?
Die Summe der Auflagerkräfte ist gleich der Gewichtskraft. Aus Gl. (164.5) ergibt sich

$$M_{\mathrm{r}} = 0{,}02 \cdot 60 \text{ mm} \cdot 10 \text{ kN} = 12 \text{ kN mm} = 12 \text{ Nm}$$

und aus Gl. (165.1) mit $\omega = 2\pi n = 2\pi \cdot 1200/\text{min} = 2\pi \cdot 20/\text{s} = 125{,}7/\text{s}$

$$P = 12 \text{ Nm} \cdot 125{,}7/\text{s} = 1508 \text{ Nm/s} = 1{,}508 \text{ kW}$$

Spurzapfen. Bei senkrecht stehenden Wellen (**165.**1) überträgt das untere Lager die gesamte Wellenlängskraft. Die horizontale Kreisfläche in der Mitte wird als unbelastet angenommen. Über die Verteilung der Normalkräfte ΔF_{n} auf den konischen Teil der Welle läßt sich keine genaue Aussage machen. Vereinfachend nimmt man für sie eine gleichmäßige Verteilung an, die sich für neue Lager bestätigt.

Die in Umfangsrichtung auf die Welle wirkenden Reibungskräfte ΔF_{r} behindern die Wellendrehung. Sie haben bezüglich der Wellenachse statische Momente $\Delta M = \Delta F_{\mathrm{r}} \cdot d_{\mathrm{r}}/2$. Zur Aufrechterhaltung einer Drehung mit konstanter Winkelgeschwindigkeit ist deshalb ein Drehmoment M erforderlich, dessen Größe sich aus den Gleichgewichtsbedingungen an der freigemachten Welle (**165.**1) ergibt.

Zusammen mit dem Coulombschen Reibungsgesetz ergeben sich folgende Gleichungen

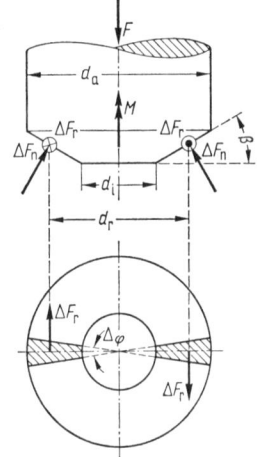

165.1
Konisches Stützlager (freigemacht)

$$\Delta F_{\mathrm{r}} = \mu \, \Delta F_{\mathrm{n}} \tag{165.2}$$

$$\sum F_{\mathrm{z}} = 0 = \sum (\Delta F_{\mathrm{n}} \cos \beta) - F \tag{165.3}$$

$$\sum M_{\mathrm{z}} = 0 = M - \sum \left(\Delta F_{\mathrm{r}} \frac{d_{\mathrm{r}}}{2} \right) \tag{165.4}$$

Hierin ist $d_{\mathrm{r}}/2$ der Abstand des Angriffspunktes der resultierenden Normalkraft ΔF_{n} und der resultierenden Reibungskraft ΔF_{r} eines Kegelstumpfmantelsektors von der Wellenachse. Bei der angenommenen gleichmäßigen Verteilung der Normalkräfte liegt dieser Angriffspunkt im Flächenschwerpunkt der genannten Fläche, der bei genügend feiner Einteilung der Flächen den gleichen Abstand von der Drehachse hat, wie der Schwerpunkt des bei der Projektion auf die Horizontalebene entstehenden Kreisringsektors.

Der Abstand des Schwerpunktes beträgt (s. Aufgabe 1e zu Abschn. 7)

$$\frac{d_r}{2} = \frac{d_a}{3} \cdot \frac{\sin(\Delta\varphi/2)}{\Delta\varphi/2} \cdot \frac{1 + \dfrac{d_i}{d_a} + \left(\dfrac{d_i}{d_a}\right)^2}{1 + \dfrac{d_i}{d_a}} \tag{166.1}$$

Läßt man in dieser Gleichung $\Delta\varphi$ gegen Null gehen, so erhält man mit

$$\lim_{\Delta\varphi \to 0} \frac{\sin(\Delta\varphi/2)}{\Delta\varphi/2} = 1$$

(Brauch, W.; Dreyer, H.-J.; Haacke, W.: Mathematik für Ingenieure. 7. Aufl. Stuttgart 1985) und $r_a = d_a/2$ sowie $r_r = \lim\limits_{\Delta\varphi \to 0} d_r/2$

$$r_r = \frac{2}{3} r_a \frac{1 + \dfrac{d_i}{d_a} + \left(\dfrac{d_i}{d_a}\right)^2}{1 + \dfrac{d_i}{d_a}} \tag{166.2}$$

Diesen Radius wollen wir den Radius der Reibungskraft nennen, weil wir uns die gesamte Reibungskraft auf einem Kreis mit dem Radius r_r verteilt denken können.

Bei der Berechnung des Drehmomentes aus Gl. (165.4) zusammen mit Gl. (166.1) kann man sich von der willkürlichen Sektorgröße freimachen, wenn man den Grenzwert bildet

$$M = \lim_{\Delta\varphi \to 0} \sum \left(\Delta F_r \frac{d_r}{2} \right) = \sum \left(\lim_{\Delta\varphi \to 0} \Delta F_r \cdot \lim_{\Delta\varphi \to 0} \frac{d_r}{2} \right) = \sum \left(\lim_{\Delta\varphi \to 0} \Delta F_r \cdot r_r \right) = r_r \sum \lim_{\Delta\varphi \to 0} \Delta F_r$$

Ersetzt man nun $\Delta F_r = \mu \, \Delta F_n$ aus Gl. (165.2) und berechnet aus Gl. (165.3)

$$\sum \Delta F_n \cos \beta = \cos \beta \sum \Delta F_n = F$$

$$\sum \Delta F_n = \frac{F}{\cos \beta}$$

so erhält man endgültig

$$M = \frac{\mu F}{\cos \beta} r_r = \frac{2}{3} \frac{\mu F r_a}{\cos \beta} \frac{1 + \dfrac{d_i}{d_a} + \left(\dfrac{d_i}{d_a}\right)^2}{1 + \dfrac{d_i}{d_a}} \tag{166.3}$$

Das Reibungsmoment wird umso kleiner, je kleiner der Flankenwinkel β ist. Bei $\beta = 0$ hat es bezüglich β ein Minimum.

Der vom Durchmesserverhältnis abhängige Faktor wird 1,5 bei $d_i = d_a$ und 1 bei $d_i = 0$. Im ersten Fall ist die Gesamtkraft auf einen schmalen Außenring verteilt, hat also mit $r_r \approx d_a/2$ einen größeren Hebelarm als bei $d_i = 0$, wo die resultierende Reibungskraft eines jeden Sektors nur den Hebelarm $r_r = d_a/3$ hat.

10.4. Seilreibung

Über einen feststehenden Zylinder mit dem Radius r ist ein Seil gelegt und an seinen Enden durch die Kräfte $\vec{F}_1$ und $\vec{F}_2$ belastet (167.1a). Das Seil soll vollkommen biegsam sein, d. h., in ihm können keine Querkrafte und Biegemomente als Schnittgrößen auftreten. Werden die zwischen Seil und Zylinder wirksamen Reibungskräfte vernachlässigt, so ist nur dann Gleichgewicht möglich, wenn $F_1 = F_2$ ist (s. Abschn. 2.3.4). Bei Berücksichtigung der Reibungskräfte kann jedoch auch dann Gleichgewicht herrschen, wenn z. B. $F_2 > F_1$ ist, wobei wir von der Vorstellung ausgehen, daß das Seil über den Zylinder in Richtung der Kraft $\vec{F}_2$ gleichförmig gezogen wird. Den Zusammenhang zwischen den Kräften F_1 und F_2 wollen wir untersuchen.

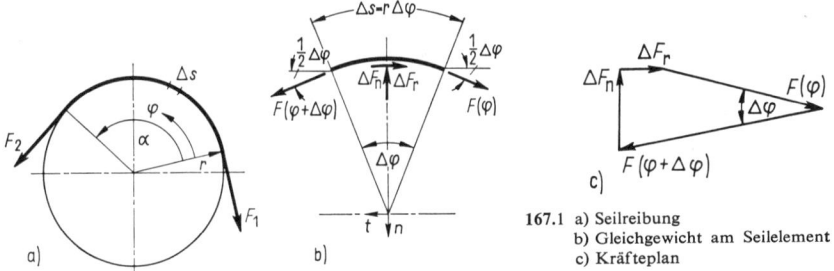

167.1 a) Seilreibung
b) Gleichgewicht am Seilelement
c) Kräfteplan

Dazu denken wir uns aus dem Seil ein Seilstück mit der Länge $r \cdot \Delta\varphi$ herausgeschnitten und freigemacht (167.1 b). ΔF_n und ΔF_r sind die von der Trommel auf das Seilstück wirkende Normalkraft und Reibungskraft, $F(\varphi)$ und $F(\varphi + \Delta\varphi)$ die Seilkräfte (Schnittkräfte) an den durch die Winkel φ und $\varphi + \Delta\varphi$ festgelegten Seilstellen. Die Kräfte am Seilstück erfüllen die folgenden für die Tangential- und Normalrichtung angeschriebenen Gleichgewichtsbedingungen

$$\sum F_{it} = 0 = F(\varphi + \Delta\varphi) \cdot \cos\frac{\Delta\varphi}{2} - F(\varphi) \cdot \cos\frac{\Delta\varphi}{2} - \Delta F_r \qquad (167.1)$$

$$\sum F_{in} = 0 = F(\varphi + \Delta\varphi) \cdot \sin\frac{\Delta\varphi}{2} + F(\varphi) \cdot \sin\frac{\Delta\varphi}{2} - \Delta F_n \qquad (167.2)$$

Ferner besteht nach dem Coulombschen Gesetz die Beziehung

$$\Delta F_r = \mu \, \Delta F_n \qquad (167.3)$$

Aus diesen drei Gleichungen werden ΔF_n und ΔF_r eliminiert, indem man in Gl. (167.1) für ΔF_r nach Gl. (167.3) $\mu \, \Delta F_n$ setzt, die Gl. (167.2) mit μ multipliziert und sie von

Gl. (167.1) subtrahiert. Die so erhaltene und durch $\Delta\varphi/2$ dividierte Beziehung lautet

$$\frac{F(\varphi + \Delta\varphi) - F(\varphi)}{\Delta\varphi/2} \cos\frac{\Delta\varphi}{2} - \mu \left[F(\varphi + \Delta\varphi) + F(\varphi)\right] \frac{\sin(\Delta\varphi/2)}{(\Delta\varphi/2)} = 0 \qquad (168.1)$$

Läßt man in dieser Beziehung $\Delta\varphi \to 0$ gehen, so strebt

$$\cos\frac{\Delta\varphi}{2} \to 1 \qquad \frac{\sin(\Delta\varphi/2)}{(\Delta\varphi/2)} \to 1 \qquad F(\varphi + \Delta\varphi) \to F(\varphi)$$

und der Grenzwert des Differenzenquotienten $\dfrac{F(\varphi + \Delta\varphi) - F(\varphi)}{\Delta\varphi}$ ist die Ableitung

$dF/d\varphi$, so daß aus Gl. (168.1) nach Dividieren durch den Faktor 2 sich die Gleichung[1]

$$\frac{dF}{d\varphi} = \mu F \qquad (168.2)$$

ergibt. Diese Gleichung wird **Differentialgleichung der Seilreibung** genannt. Die Seilkraft F ist eine Funktion der Winkelkoordinate φ und erfüllt an jeder Stelle φ diese Gleichung. Gl. (168.2) besagt, daß die Ableitung der Funktion $F(\varphi)$ der Funktion $F(\varphi)$ proportional ist. Die Funktion, die diese Eigenschaft besitzt, ist die Exponentialfunktion. Daher ist die Lösung der Gl. (168.2) nicht schwer zu erraten. Sie lautet

$$F = C\, e^{\mu\varphi} \qquad (168.3)$$

worin C eine willkürliche Konstante – die **Integrationskonstante** – ist. Ist die Seilkraft F_1 bekannt, so legt man die Integrationskonstante durch die **Randbedingung** $F = F_1$ für $\varphi = 0$ fest

$$F_1 = C\, e^{\mu 0} \qquad C = F_1$$

Damit ist auch für jede Stelle φ die Seilkraft aus

$$F(\varphi) = F_1\, e^{\mu\varphi}$$

bekannt. Insbesondere ergibt sich für $\varphi = \alpha$ die gesuchte Beziehung zwischen F_1 und F_2

$$F_2 = F_1\, e^{\mu\alpha} \qquad \textbf{bzw.} \qquad F_2 = F_1\, e^{\mu_0\alpha} \qquad (168.4)$$

an der Grenze des Haftens. Der Winkel α wird im Bogenmaß gemessen, bei einmaliger Umschlingung ist also $\alpha = 2\pi$.

Das Kräfteverhältnis $F(\varphi)/F_1$ nimmt mit dem Umschlingungswinkel exponentiell zu, d.h., bei mehrfacher Umschlingung kann man mit einer kleinen Kraft F_1 einer große Kraft F_2 entgegenwirken. Schon bei einmaliger Umschlingung, also

$$\alpha = 2\pi \qquad \text{und} \qquad \mu_0 = 0{,}4 \qquad \text{ist} \qquad F_2/F_1 = e^{0{,}8\pi} = 12{,}5$$

Man beachte ferner, daß das Kräfteverhältnis vom Zylinderradius unabhängig ist.

Beispiel 11. Ein Seil ist eineinhalbmal um einen feststehenden Zylinder geschlungen (169.1). An einem Ende hängt eine Last mit der Gewichtskraft $F_{G1} = 500$ N. In welchem Bereich darf man die Last F_{G2} variieren, damit noch Gleichgewicht möglich ist ($\mu_0 = 0{,}3$)?

Ist $F_{G2} > F_{G1}$, so unterstützen die Haftkräfte die Wirkung der Gewichtskraft F_{G1}. Gefahr des Abrutschens besteht, wenn

$$F_{G2} = F_{G1}\, e^{\mu_0\alpha} = 500\,\text{N} \cdot e^{0{,}3 \cdot 3\pi} = 500\,\text{N} \cdot 16{,}9 = 8{,}45\,\text{kN}$$

---

[1] S. Abschn. 8.4, wo eine entsprechende Umformung und Grenzwertbildung bei der Herleitung der Beziehung $dM/dx = F_q$ durchgeführt wurde, und Brauch, W.; Dreyer, H.-J.; Haacke, W.: Mathematik für Ingenieure. 7. Aufl. Stuttgart 1985.

ist. Ist die Gewichtskraft F_{G2} dagegen kleiner als die Gewichtskraft F_{G1}, so besteht die Gefahr, daß die Last 1 sich abwärts bewegt. Die Haftkräfte unterstützen die Wirkung der Gewichtskraft F_{G2}, so daß $F_{G2} < F_{G1}$ für Gleichgewicht genügt. An der Grenze des Gleichgewichtes ist

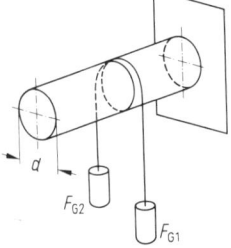

$$F_{G1} = F_{G2}\, e^{\mu_0 \alpha} \qquad F_{G2} = F_{G1}\, e^{-\mu_0 \alpha} = 500\ \text{N}/16,9 = 30\ \text{N}$$

Im Bereich 30 N $< F_{G2} <$ 8,45 kN ist also die gezeichnete Gleichgewichtslage möglich.

169.1 Seilreibung

Beispiel 12. Welches Moment darf höchstens auf die Trommel wirken, damit sie mit der skizzierten Bandbremse (**169.2**) mit einer Kraft $F = 200$ N abgebremst werden kann ($\mu = 0,6$)?

Man denkt sich das Band durchschnitten und Trommel und Bremshebel freigemacht (169.2b)
Das Momentgleichgewicht an der Trommel erfordert

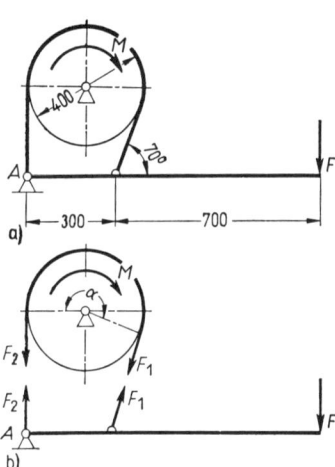

$$\sum M_{i0} = 0 = M + F_1 r - F_2 r$$

und an der Grenze des Gleichgewichtes gilt mit Gl. (168.4)

$$M = (F_2 - F_1)\,r = (F_1\, e^{\mu \alpha} - F_1)\,r = F_1\, r\,(e^{\mu \alpha} - 1)$$

Die Kraft F_1 wird aus Momentgleichgewicht am Bremshebel bezüglich des Auflagers A berechnet

$$\sum M_{iA} = 0 = F_1 \cos 20° \cdot 300\ \text{mm} - 200\ \text{N} \cdot 1000\ \text{mm}$$
$$F_1 = 709\ \text{N}$$

Der Umschlingungswinkel beträgt $180° + 20° = 200° = 3,49$. Dann ist $e^{\mu \alpha} = e^{0,6\, \cdot\, 3,49} = e^{2,09} = 8,1$ und das Moment muß kleiner sein als

$$M = 709\ \text{N} \cdot (8,1 - 1) \cdot 0,2\ \text{m} = 1,0\ \text{kNm}$$

169.2 Bandbremse

10.5. Rollwiderstand

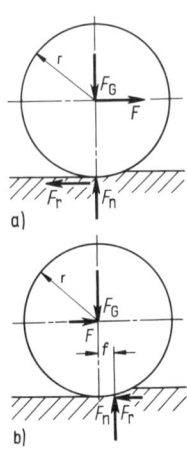

Bei der rollenden Bewegung von Rädern findet die Berührung mit der Unterlage nicht in einer Linie, sondern in einer Fläche statt, weil weder Rad noch Bahn ideal starr sind. Durch die Deformation z. B. von Autoreifen oder Sandwegen und in geringerem Maße auch von Stahlrädern und Stahlschienen wird dem rollenden System dauernd Energie entzogen, die ihm von außen wieder zugeführt werden muß. Zur Fortbewegung mit konstanter Geschwindigkeit ist eine Zugkraft $\vec{F}$ erforderlich (**169.3**). Diese hat den gleichen Betrag wie die Kraft $\vec{F}_r$ zwischen Boden und Rad, die R o l l w i d e r s t a n d genannt wird. Die Entstehung dieses Rollwiderstandes macht man sich an Bild **169.3** klar.

Für das Rollen einer Walze mit konstanter Geschwindigkeit ist Gleichgewicht der Kräfte und der Momente erforderlich. Wären

169.3 Rollwiderstand

die Kräfte nach Bild **169.**3a verteilt, so herrschte zwar Kräftegleichgewicht, nicht aber Momentgleichgewicht, weil die Kräfte $\vec{F}$ und $\vec{F}_r$ ein Kräftepaar bilden. Da die Erfahrung zeigt, daß die genannte Rollbewegung möglich ist, muß man annehmen, daß ein hemmendes Moment auftritt. Dieses Moment erklärt man durch Verlagerung der Auflagerkraft v o r die Wirkungslinie der Gewichtskraft (**169.**3b), so daß die Walze gleichsam bergauf läuft. Das Maß f nennt man H e b e l a r m   d e r   R o l l r e i b u n g und das Moment

$$M_r = F_n f = F r \tag{170.1}$$

M o m e n t   d e r   R o l l r e i b u n g. Die Zugkraft $\vec{F}$, deren Betrag bei gleichförmiger Bewegung gleich dem der Rollwiderstandskraft $\vec{F}_r$ ist, ist bei weicher Unterlage (großes f!) größer als bei harter Unterlage (Bewegung einer Straßenwalze im Sand, auf weichem Asphalt und auf Beton!). Der Hebelarm f wird experimentell ermittelt. Er hängt von der Beschaffenheit der Berührungsflächen und der Fahrgeschwindigkeit ab. Messungen des Rollwiderstandes allein sind im allgemeinen nur unter Laborbedingungen möglich. In der Praxis mißt man bei Fahrzeugen eine Kombination von Rollwiderstand und Lagerreibungswiderstand, den sog. F a h r w i d e r s t a n d, in dem allerdings bei hohen Fahrgeschwindigkeiten der Luftwiderstand enthalten ist. Messungen an Eisenbahnzügen haben für den kombinierten Widerstand je nach Fahrgeschwindigkeit

$$f = 0,03 \cdots 0,05 \text{ cm}$$

ergeben.

Dabei wird $F = F_r$ gemessen und aus Gl. (170.1) der Wert $f = r\, F/F_n$ berechnet. Durch Umformen dieser Gleichung erhält man

$$F_r = \frac{f}{r} F_n = \mu_r\, F_n \tag{170.2}$$

und nennt $\mu_r = f/r$ den Koeffizienten der Rollreibung und, wenn in der Messung auch die Lagerreibung enthalten ist, die F a h r w i d e r s t a n d s z a h l.

Bei W ä l z l a g e r n aus gehärtetem Stahl ist die Deformation geringer als bei Eisenbahnschienen und -rädern. Für Radial-Kugellager wird z. B. $\mu_r = 0,001$ angegeben (s. K ö h l e r / R ö g n i t z: Maschinenteile, Tl. 1. 7. Aufl. Stuttgart 1986). Da der Rollwiderstand erheblich kleiner als der Gleitreibungswiderstand ist, benutzt man zur Lagerung von Wellen häufig Wälzlager anstelle von Gleitlagern.

Beispiel 13. Welche Zugkraft muß eine Lokomotive mindestens aufbringen, um einen Zug aus sieben Wagen mit je $F_{GW} = 120$ kN Gewicht eine Strecke mit einer Steigung von 3 % mit konstanter Geschwindigkeit heraufzuziehen ($\mu_r = 0,004$)? Wie groß muß die Belastung der Treibräder mindestens sein, wenn man der Einfachheit halber annimmt, daß das gesamte Lokomotivgewicht F_{GL} auf die Treibräder wirkt ($\mu_0 = 0,15$)?

Die Zugkraft muß die hangabwärts gerichtete Gewichtskraftkomponente und den Fahrwiderstand überwinden. Gleichgewicht in Bahnrichtung erfordert

$$F = 7\, F_{GW} \sin \alpha + 7\, F_{GW}\, \mu_r \cos \alpha$$

Bei der geringen Steigung ist $\sin \alpha \approx \tan \alpha = 0,03$ und $\cos \alpha \approx 1$, also

$$F = 7 \cdot 120 \text{ kN} \cdot (0,03 + 0,004) = 28,6 \text{ kN}$$

Die Haftkraft muß einerseits gleich der Zugkraft zuzüglich der zur Fortbewegung der Lokomotive erforderlichen Kraft sein und ist andererseits durch die Haftbedingung $F_r < \mu_0 F_n$ begrenzt. Es gilt also die Ungleichung

$$(7\, F_{GW} + F_{GL})\,(\sin \alpha + \mu_r \cos \alpha) < \mu_0\, F_{GL}$$

$$(840 \text{ kN} + F_{GL}) \cdot 0,034 < 0,15\, F_{GL} \qquad F_{GL} > 246 \text{ kN}$$

10.6. Aufgaben zu Abschnitt 10

1. Wie groß darf der Neigungswinkel α eines Transportbandes höchstens sein, wenn Pakete mit der Gewichtskraft $F_G = 200$ N befördert werden sollen ($\mu_0 = 0,5$)?

2. Welche Kraft $\vec{F}$ ist erforderlich, um in der in Bild **171**.1 gezeichneten Anordnung den unteren Klotz herauszuziehen? $F_{G1} = 120$ N, $F_{G2} = 200$ N, $\alpha = 25°$, $\mu_{01} = 0,3$, $\mu_{02} = 0,4$.

3. Wie groß sind Mindestwert und Größtwert der Kraft $\vec{F}_2$ an einer Zange (**171**.2), damit diese an dem einseitig eingespannten Rohr nicht abrutscht? $\mu_0 = 0,15$, $F_1 = 150$ N, $d = 50$ mm, $a = 80$ mm, $l = 320$ mm.

4. Mit welcher Mindestdruckkraft muß ein Bohrer auf das zu bohrende Werkstück gedrückt werden, wenn bei einer reibschlüssigen Verbindung zwischen Bohrer und Bohrmaschine (**171**.3) ein Drehmoment von 600 Ncm übertragen werden soll? Der Bohrerschaft ist ein Kegelstumpf mit dem Kegelverhältnis $C = (D - d)/L = 2\tan(\alpha/2) = 0,16$. α Kegelwinkel, s. DIN 254, $D = d_a = 10$ mm, $d = d_i = 6$ mm, $L = 25$ mm. Die Haftzahl beträgt $\mu_0 = 0,1$.
Anleitung: Man benutze sinngemäß Gl. (166.3).

171.1 Haftreibung

171.2 Rohrzange

171.3 Bohrer im Werkzeug

171.4 Rohrschichtung

171.5 Keilreibung

171.6 Schrägaufzug

5. Wie groß müssen die Haftzahlen μ_{01} und μ_{02} (**171**.4) mindestens sein, damit die Rohrschichtung möglich ist? F_G Rohrgewicht, d Rohrdurchmesser.

6. Welche Steigung kann das in Beispiel 3, S. 153 beschriebene Fahrzeug noch befahren, wenn ein Fahrwiderstand mit $\mu_r = 0,03$ berücksichtigt wird?

7. Welche Kraft $\vec{F}$ muß auf den Keil (**171**.5) ausgeübt werden, damit die Last G, deren Gewichtskraft $F_G = 2$ kN beträgt, gehoben werden kann? $\alpha = 10°$, $\mu_{01} = 0,05$, $\mu_{02} = 0,1$, $\mu_{03} = 0,07$. Keilgewichtskraft 100 N.

8. Für die in Bild **171**.6 gezeigte Anordnung ist $F_{G1} = 600$ N, $\alpha = 20°$ und $\mu_0 = 0,3$. In welchem Bereich darf man F_{G2} variieren, damit der Klotz 1 noch in Ruhe bleibt? Die Reibung in den Rollenlagern sei vernachlässigbar klein.

9. Ein Kraftwagen, dessen Gewichtskraft 10 kN beträgt, soll mit einer Bremskraft 4 kN durch eine Vierradbremse gebremst werden. Man nehme an, daß während des Bremsvorganges Vorderachse und Hinterachse gleichmäßig belastet sind. Wie groß muß die Haftzahl μ_{02} zwischen Rad und Straße mindestens sein (**172.1**)? Welche Anpreßkraft F_{n1} ist an der Bremstrommel eines Rades mindestens erforderlich, wenn die Reibungszahl zwischen Bremstrommel und Bremsbacke $\mu_1 = 0,7$ beträgt? Trommeldurchmesser $d_1 = 240$ mm, Reifendurchmesser $d_2 = 680$ mm Hinweis: Maximale Bremskraft ist gleich maximaler Haftkraft. Rollwiderstand soll nicht berücksichtigt werden. Radanteil des Gewichtes $F_G/4$, Kraft zwischen Rad und Achse F.

10. Welche senkrecht zur Zeichenebene gerichtete Kraft $\vec{F}$ ist an der Auslegerspitze erforderlich, um den in Bild **172.2** gezeichneten Wanddrehkran mit $F_G = 5$ kN Belastung zu drehen? Man setze an allen Lagerstellen $\mu = 0,1$ und vernachlässige den Einfluß der zum Schwenken erforderlichen Kraft auf die Lagerkräfte. Maße des Spurzapfens (**165.1**): $\beta = 0$, $d_i = 0$, $d_a = 63$ mm.

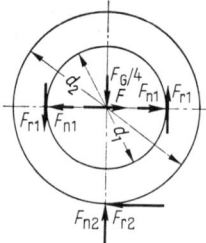

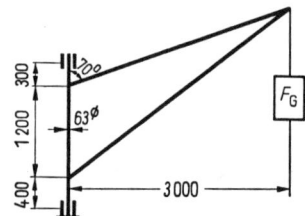

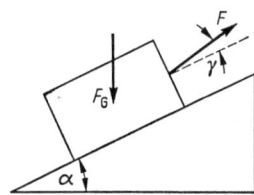

172.1 Kräfte am frei-
gemachten Rad

172.2 Wanddrehkran

172.3 Gleitender Klotz
auf schiefer Ebene

11. Ein Eisenbahnwagen wird zum Rangieren mit einem Handspill mit konstanter Geschwindigkeit verholt. Wieviele Umschlingungen des Seiles sind erforderlich, wenn die Haftzahl zwischen Seil und Spill $\mu_0 = 0,12$ beträgt und die verfügbare Zugkraft gleich 200 N ist? Der Wagen wiegt 180 kN und hat eine Fahrwiderstandszahl $\mu_r = 0,05$.

12. Welche Handkraft ist bei der in Beispiel 12, S. 169 gezeichneten Bandbremse erforderlich, um die Trommel bei einem entgegengesetzt gerichteten gleich großen Moment abzubremsen?

13. Welchen Betrag muß die Haltekraft F haben, wenn der in Bild **172.3** gezeichnete Klotz auf der schiefen Ebene mit konstanter Geschwindigkeit abwärts gleiten soll? $F_G = 1$ kN, $\mu = 0,2$, $\alpha = 25°$, $\gamma = 10°$.

14. Wieviele Wagen ($F_{GW} = 180$ kN) kann eine Lokomotive ($F_{GL} = 1000$ kN) mit konstanter Geschwindigkeit bei einer Haftzahl $\mu_0 = 0,15$ und einer Rollwiderstandszahl $\mu_r = 0,005$ höchstens

a) auf horizontaler Ebene

b) bei 2,5 % Steigung

ziehen?

Es soll angenommen werden, daß 80 % der Lokomotivgewichtskraft auf die Treibachsen wirken. Der Luftwiderstand soll in der Rollwiderstandszahl mit berücksichtigt worden sein.

Anhang

Lösungen zu den Aufgaben

Abschnitt 3

1. $F_{s1} = 19,8$ kN $F_{s2} = 24,0$ kN   **2.** $F = 6$ kN

3. $F_{s1} = 9,56$ kN $F_{s2} = 5,32$ kN $F_A = 8,31$ kN   **4.** $a = 6,55$ m

5. $x = 3,37$ m $F_s = 414$ N   **6.** $F_{G1} = 225$ N $F_A = 65,1$ N

7. $F_R = 49,6$ N $\Phi = -43,0° = 317,0°$ **8.** $F = 2,03$ kN $\varphi = -12,0° = 348,0°$

9. a) $F_A = 5,70$ N $F_B = 5,07$ N $F_C = 2,99$ N $F_D = 1,55$ N   b) $F_{G2}^* = 22,25$ N

10. $F_{12} = 653$ N $F_{23} = 648$ N $F_s = 866$ N

Abschnitt 4

1. a) $F_R = 29,6$ kN $a = 2.46$ b) $F_A = 12.1$ kN $F_B = 17,8$ kN

2. $F_B = 452$ N $F_A = 817$ N

3. a) $F_A = 2,45$ kN $F_B = 5,17$ kN   b) $F_A^* = 1,36$ kN $F_C^* = 4,76$ kN

4. $F_A = 102,0$ N $F_B = 59,5$ N $F_C = 73,6$ N $M_D = 1,104$ Nm

5. $F_A = 9,60$ kN $F_B = 7,50$ kN

6. a) $F_{s1} = 489$ N $F_{s2} = 600$ N $F_P = 813$ N

b) Nein, denn alle Kräfte würden dann ihren Richtungssinn umkehren; die Seile können aber keine Druckkräfte übertragen, und der Pfahl kann nicht am Boot ziehen.

7. $F_H = 21,5$ kN $F_A = 20,1$ kN   **8.** $F_A = 97,6$ N $F_B = 87,5$ N $F_C = 71,5$ N

9. a) $F_A = 12,91$ kN $F_B = 3,45$ kN   b) $F_A = 10,95$ kN $F_D = 2,40$ kN   c) $\alpha = 14,5°$

Abschnitt 5

1. $F_A = 15,5$ kN $F_B = F_C = 20$ kN $F_D = F_F = 37$ kN
$F_E = 19$ kN $F_H = 51$ kN $F_K = 55$ kN

2. a) $F_C = 14,23$ kN $F_D = 18,55$ kN   b) $F_A = 1,24$ kN $F_B = 4,96$ kN

3. $F_A = F_D = 3,71$ kN $F_B = F_C = 5,09$ kN $F_E = 7,20$ kN

4. $F = 1246$ N $F_A = F_B = 144,1$ N und $\vec{F}_A = -\vec{F}_B$ $F_C = 626$ N

5. $F_A = 4,9$ kN $F_B = 2,1$ kN $F_C = 4,2$ kN $F_D = 2,1$ kN $F_E = 14,4$ kN $F_H = 20,8$ kN

6. $F_A = 180$ N $F_B = 220$ N $F_C = 1433$ N $F_D = 1216$ N

7. a) 12,3 N   b) $c = 13,06$ N/mm   c) $F_B = 32,7$ N
d) Punkte A, C und E liegen auf einer Geraden, Federkraft 83,5 N
e) $F_A = 85,6$ N $F_D = 15,2$ N $F_E = 74,1$ N

8. $F_{s1} = 3,75$ kN $F_{s2} = 5,36$ kN $F_B = 8,65$ kN $F_A = 12,60$ kN $M_{EA} = 27,0$ kNm

9. a) $c/b = d/e$ b) $c/a = 1/10$

10. a) $F_A = 14{,}62$ kN $F_B = 6{,}96$ kN $F_C = 6{,}57$ kN

     b) $F_A = 40{,}2$ kN $F_B = 36$ kN $F_C = 56{,}9$ kN $F_D = F_H = 25{,}5$ kN $F_E = 18$ kN

     c) $F_A = 2{,}69$ kN $F_B = 7{,}43$ kN $F_C = 7{,}31$ kN $F_D = 3{,}01$ kN $F_E = 5{,}67$ kN

     ($\vec{F}_E$ ist die Kraft, die an der Gelenkstelle E auf den mit der Kraft 8 kN belasteten Balken wirkt.)

     d) Belastungsfall 1: $F_A = 50$ kN $F_B = 31{,}6$ kN $F_C = F_D = 42{,}4$ kN $F_E = F_H = 40$ kN

     Belastungsfall 2: $F_A = 17{,}16$ kN $F_B = 9{,}72$ kN $F_C = 7{,}07$ kN $F_D = 15{,}81$ kN

     $F_E = F_H = 13{,}33$ kN

Abschnitt 6

1. $F_{s1} = 2{,}45$ kN $F_{s2} = 1{,}00$ kN $F_{s3} = 2{,}59$ kN   **2.** $F_{s1} = 183$ N $F_{s2} = 106$ N $F_{s3} = 211$ N

3. $F_{s1} = 25{,}6$ kN $F_{s2} = 39$ kN $F_{s3} = 72$ kN $F_{s4} = 51{,}4$ kN $F_{s5} = 66{,}1$ kN $F_{s6} = 134{,}7$ kN

     Die Stäbe 3, 4 und 6 sind auf Zug, die Stäbe 1, 2 und 5 auf Druck beansprucht.

4. $\vec{F}_A = (-106 \quad ; \quad 184 \quad ; \quad -212 \quad)$ N $F_A = 300$ N

    $\vec{M}_A = (-21{,}2 \quad ; \quad 50{,}9 \quad ; \quad 54{,}7 \quad)$ Nm $M_A = 77{,}7$ Nm

5. $\vec{F}_A = (-30 \quad ; \quad 20 \quad ; \quad 10 \quad)$ kN $F_A = 37{,}4$ kN

    $\vec{F}_C = (\quad 0 \quad ; \quad 10 \quad ; \quad 0 \quad)$ kN $F_C = F_{s1} = 10$ kN

    $\vec{F}_D = (\quad 15 \quad ; \quad -30 \quad ; \quad -30 \quad)$ kN $F_D = F_{s2} = 45$ kN

6. $\vec{F}_z = (\quad 0 \quad ; \quad -2{,}93 \quad ; \quad 1{,}067)$ kN $F_z = 3{,}12$ kN

     $F_{zu} = 2{,}93$ kN

     $F_{zr} = 1{,}067$ kN

    $\vec{F}_A = (\quad 0 \quad ; \quad -2{,}83 \quad ; \quad -1{,}137)$ kN $F_A = 3{,}05$ kN

    $\vec{F}_B = (\quad 0 \quad ; \quad 1{,}401; \quad 0{,}403)$ kN $F_B = 1{,}458$ kN

7. $\vec{F}_1 = (\quad 0 \quad ; \quad 1{,}5 \quad ; \quad 0{,}546)$ kN $F_1 = 1{,}596$ kN

    $\vec{F}_2 = (\quad 1{,}400; \quad -1{,}205; \quad -3 \quad)$ kN $F_2 = 3{,}52$ kN

    $\vec{F}_A = (\quad 0 \quad ; \quad -1{,}361; \quad -0{,}778)$ kN $F_A = 1{,}567$ kN

    $\vec{F}_B = (-1{,}400; \quad 1{,}065; \quad 3{,}23 \quad)$ kN $F_B = 3{,}68$ kN

8. $\vec{F}_A = (\quad 0 \quad ; \quad 2{,}53 \quad ; \quad 4{,}43 \quad)$ kN $F_A = 5{,}10$ kN

    $\vec{F}_B = (-3{,}57 \quad ; \quad -3{,}83 \quad ; \quad 0{,}366)$ kN $F_B = 5{,}25$ kN

    $\vec{F}_C = (\quad 0 \quad ; \quad 0 \quad ; \quad -11{,}20 \quad)$ kN $F_C = 11{,}20$ kN

Abschnitt 7

1. a) $a = 8{,}7$ mm, $b = 18{,}2$ mm   b) $a = 31{,}9$ mm, $b = 63{,}7$ mm

     c) $a = 17{,}1$ mm, $b = 30{,}8$ mm   d) $a = 0{,}923$ mm

$$e) \quad y_S = \frac{2}{3} \cdot \frac{\sin \alpha}{\alpha} \cdot \frac{1 + \dfrac{r_i}{r_a} + \left(\dfrac{r_i}{r_a}\right)^2}{1 + \dfrac{r_i}{r_a}} \cdot r_a$$

2. b) $a = 34{,}6$ mm, $b = 67{,}2$ mm   c) $a = 18{,}4$ mm, $b = 24{,}8$ mm   **3.** $a = 5{,}65$ mm

4. $a = 0{,}923$ m   **5.** $a = 63{,}9$ mm   **6.** $a = 997$ mm, $b = 415$ mm

Abschnitt 8

1.

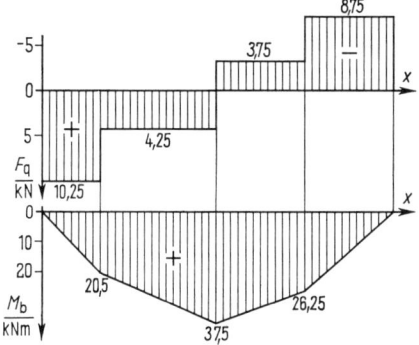

175.1

2.

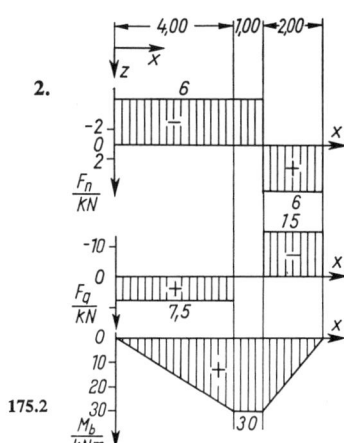

175.2

3.

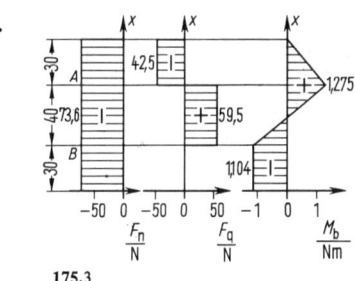

175.3

4.

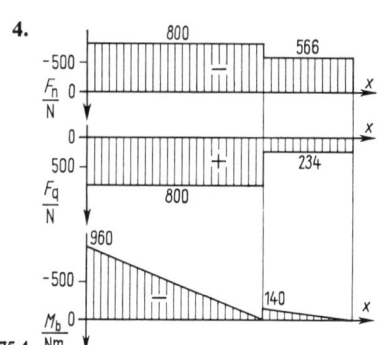

175.4

5.

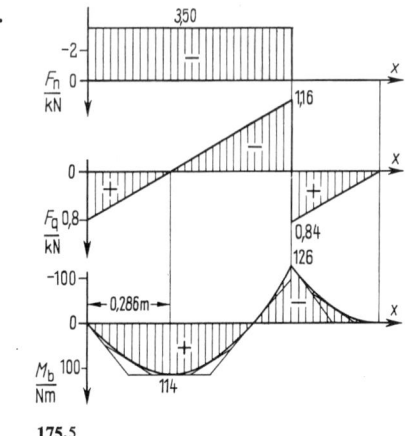

175.5

6.

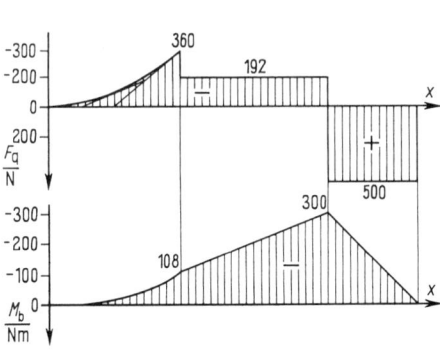

175.6

7.

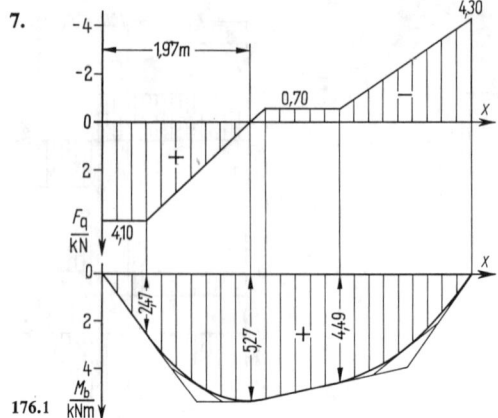

176.1

8.

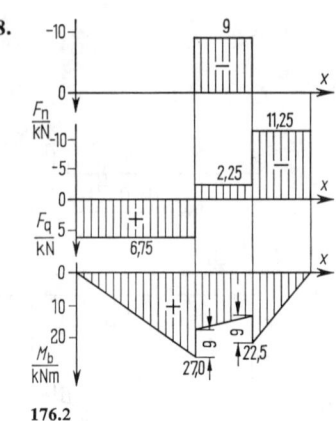

176.2

9. s. Bild **175.1** und **176.1**

10.

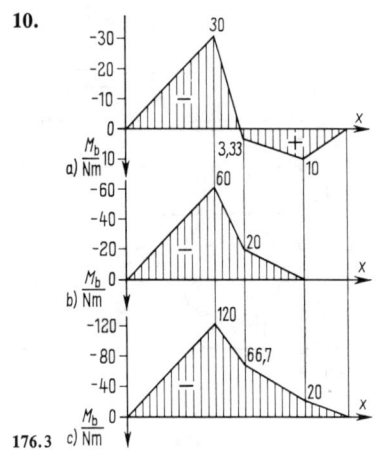

176.3

11.

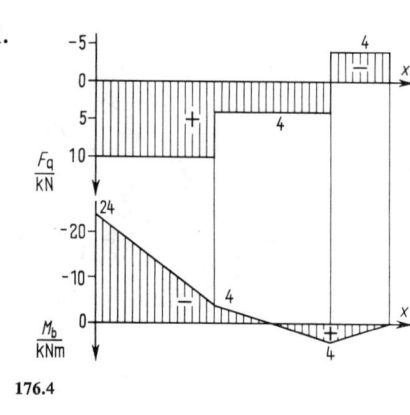

176.4

12.

13.

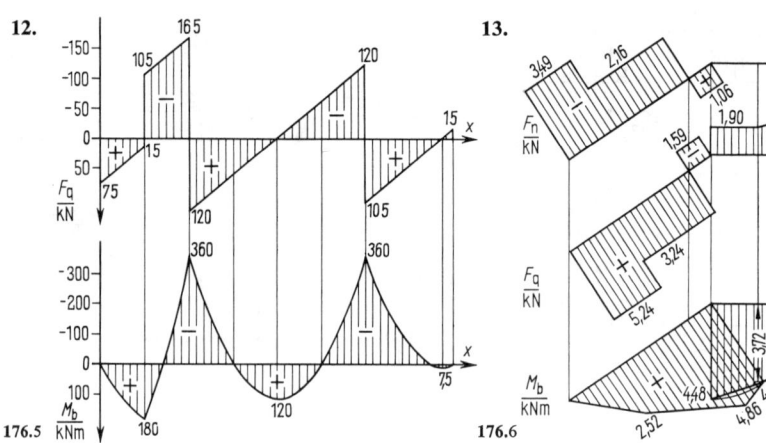

176.5   176.6

14.

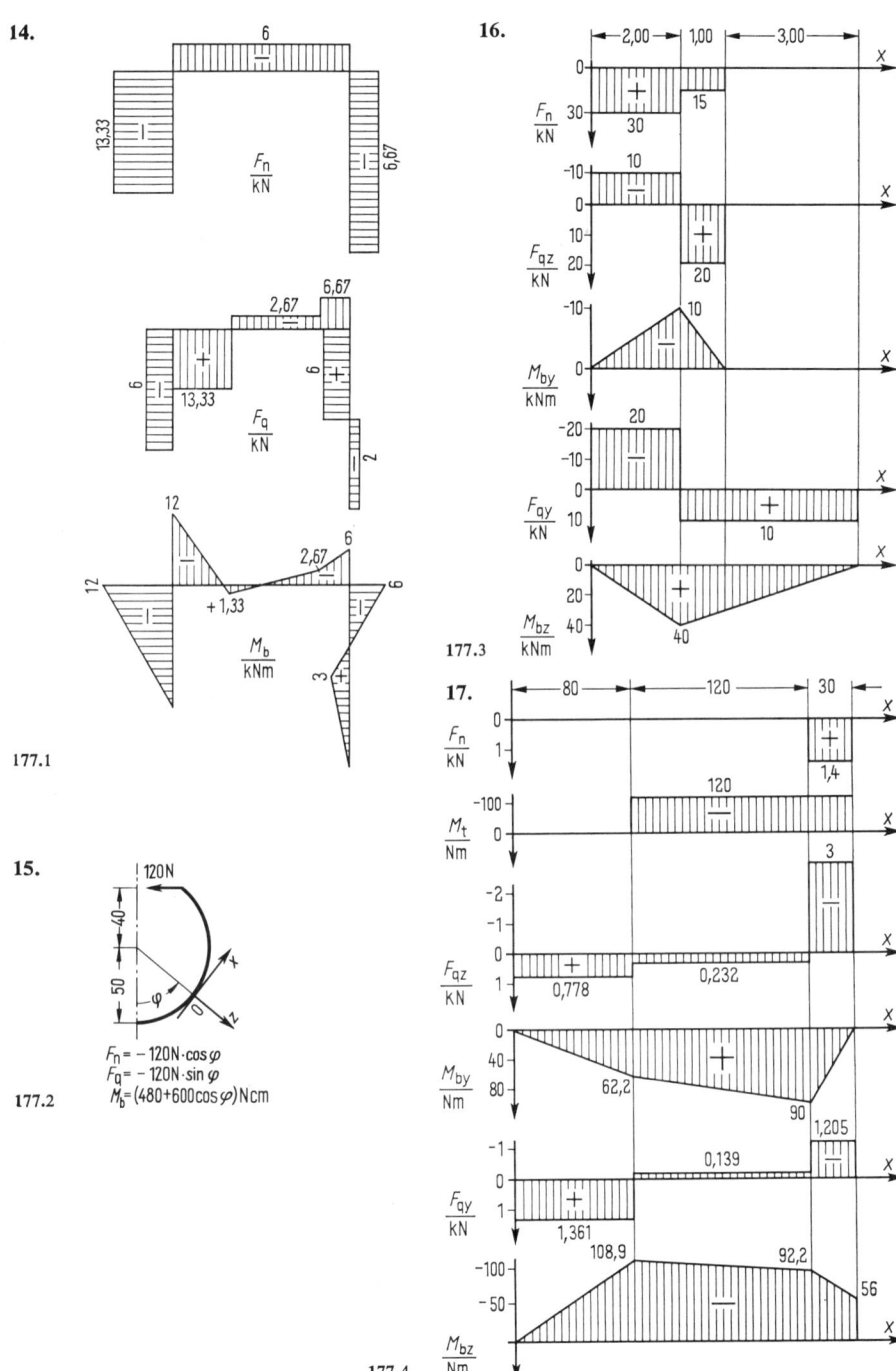

177.1

15.

$F_n = -120\,\text{N}\cdot\cos\varphi$
$F_q = -120\,\text{N}\cdot\sin\varphi$
177.2 $M_b = (480 + 600\cos\varphi)\,\text{Ncm}$

16.

177.3

17.

177.4

Abschnitt 9

Die Stabkräfte F_{si}/kN sind:

Aufgabe Nr.	1	2	3	4	5	6	7
Stab i							
1	60	−52,5	210	33,6	3,50	15,65	−3,2
2	−61,8	63,1	−297	−34,6	−3,81	−19,80	−2,0
3	−33,5	−35,0	99,0	−47,5	−4,95	− 2,83	4,8
4	−42,4	−60	−313	33,6	2,00	−16,97	
5	−16,8	9,01	145,3	−54,8	−3,91	10,06	
6	−50,3	52,5	215		−3,91	7,50	
7	30	0	11,2		1,75	12,30	
8		−60	−220			−16,97	
9		− 9,01	78,3			− 4,24	
10		67,5	185			−18,38	
11		−45	33,5			17,89	
12		−67,5	−224				
13		81,1	70,7				
14		150					
15			−212				

Abschnitt 10

1. $\alpha < \varrho = \arctan 0{,}5 = 26{,}6°$ 2. $F = 154 \text{ N}$

3. $137{,}5 \text{ N} \leqq F_2 \leqq 163{,}6 \text{ N}$ 4. $F = 1172 \text{ N}$

5. Aus $F_{r1} = \mu_{01} F_{n1} \geqq F_{r2}$ folgt $\mu_{01} \geqq \dfrac{\sin 30°}{1 + \cos 30°} = 0{,}268$

   aus $F_{r2} = \mu_{02} F_{n2} \geqq F_{r1}$ folgt $\mu_{02} \geqq \dfrac{\sin 30°}{3 (1 + \cos 30°)} = 0{,}0893$

6. $\tan \alpha < 0{,}262,\ \alpha < 14{,}7°$ 7. $F \geqq 720 \text{ N}$ 8. $108 \text{ N} \leqq F_{G2} \leqq 1123 \text{ N}$

9. $\mu_{02} = 0{,}4,\ F_{n1} = 2{,}02 \text{ kN}$ 10. $F = 20 \text{ N}$ 11. $\alpha = 1818°$, also $n = 5{,}05$

12. $F = 1{,}63 \text{ kN}$ 13. $F = 254 \text{ N}$ 14. a) $n = 127$ b) $n = 16$

Weiterführendes Schrifttum

Neuber, H.: Technische Mechanik. Methodische Einführung. 1. Teil Statik. 2. Aufl. Berlin-Heidelberg-New York 1971

Szabó, I.: Einführung in die technische Mechanik. 8. Aufl. Berlin-Heidelberg-New York 1975

Szabó, I.: Repertorium und Übungsbuch der technischen Mechanik. 3. Aufl. Berlin-Heidelberg-New York 1972

Ziegler, H.: Mechanik. Band 1 Statik der starren und flüssigen Körper sowie Festigkeitslehre. 5. Aufl. Basel-Stuttgart 1968

Sachverzeichnis

Abzählbedingung 65 f., 89, 138
Anschlußstellen, Symbole
 15, 18
Äquivalenz zweier Kräfte-
 gruppen 8
Auflager 63 f.
—kräfte 14 ff.
—reaktionen 14 f., 63 ff.
—stellen 63
—, Wertigkeit 63 f.
Ausleger 89
äußeres Produkt 47, 86
Axiome der Statik 8 ff.

Backenbremse 158
Bagger 45, 74 f.
Balken 110 f.
—achse 110 f.
—, Krag- 135 f.
—querschnitt 110 f.
Bandbremse 169, 172
Beanspruchungsgrößen 112 ff.
Belastungsintensität 115 ff.
Berührungs|kräfte 12, 149
—normale 12
—tangentialebene 12
Beschickungskübel 62
Bewegung 1
Biegemoment 110, 112 ff., 132
—fläche 115
biegesteif 111
Blindstab 142
Bogenträger 130
Boot, Kräfte am 61
Bremse, Backen- 158
—, Band 169, 172
Bremstrommel 172
Brückenwaage 79

Coulomb 151, 156
Coulombsches Gesetz 151, 156
Cremonaplan 141 f., 147

Culmann-Rittersche
 Zerlegungsaufgabe 41, 44
Culmannsche Hilfsgerade
 41, 44 f., 143
— Hilfskraft 41, 45
Culmannsches Schnittver-
 fahren 142 f., 147
— Verfahren 44 f.

Dachbinder 140, 148
Dichte 100
Drehkran 61, 109
Dreigelenkbogen 68 ff.
Druck|kraft 145
—stab 90, 140, 146
Durchlaufträger 129
Dyname 53 f., 86 ff., 112, 132
Dynamik 2

Ebene, schiefe 159 f.
Einheiten 2 f.
Einheitslänge 5
Einspannmoment 58
Einspannung, feste 13, 15, 64
Einsvektor 27, 47, 81
elastischer Körper 1
Erstarrungsmethode 15

Fachwerkbrücke 148
Fachwerke, Annahmen 137
—, äußerlich statisch
 bestimmte 137
—, ebene 137 ff.
—, einfache 139
—, ideale 137
—, innerlich statisch
 bestimmte 138
—, rechnerische Behandlung
 144 ff.
—, wirkliche 137
—, zeichnerische Behandlung
 139 ff.
—, zusammengesetzte 138

Fachwerk|träger 148
—tragwerke 148
Fahrwiderstandszahl 170
Fallbeschleunigung 99
Feder|konstante 21, 32
—kraft 21
Fernwirkung von Kräften 12
fester Körper 1
Festigkeitslehre 2
Flächennormale, äußere 112
Flachgewindeschraube 161
Flaschenzug 25
Freiheitsgrad 63 f.
Freimachen 14 ff.
Führung 63 f.

Galilei 8
Garagentür 78
Gaußsches Eliminations-
 verfahren 72, 76, 90
Gelenk|brückenträger 136
—lager, festes 15
— —, verschiebliches 15
—rahmen 69 f., 136
—träger 129, 136
—verbindung 13
— —, feste 64
— —, verschiebliche 64
Gerber-Träger 129
Getriebewelle 95
Gewicht 8
Gewichtskraft 6 ff., 98 f.
Gleichgewichts|aufgaben 16 f.
—bedingungen, rechnerische
 28, 54 ff., 88
— —, zeichnerische 23, 42 ff.
—untersuchung 11 ff.
—zustand 9
Gleichwertigkeit zweier
 Kräftegruppen 8
Gleitreibung 149

Haft|kraft 149 ff.
— —, Maximum der 151

Haftreibung 149
Haftung 150 ff.
– auf der Straße 153 f.
Haft│winkel 152 f.
–zahl 151
Hebelarm 46, 146
Hilfsgerade, Culmannsche
    41, 44 f., 143
homogener Körper 100
Hydraulikuniversalkran 77

inhomogener Körper 100

Keil│nut, Reibung in einer
    157 f.
–reibung 155
Kepler 8
Kilopond 3
Kinematik 2
Kinetik 2
Kippsprungwerk 56, 79
Kniehebelpresse 31
Knotenpunkt 137
–verfahren 144 f., 147
Komponenten, skalare 27, 81
–, vektorielle 10, 26, 81
Koordinaten 27
Körper 1
–, elastischer 1
–, fester 1
–, homogener 100
–, inhomogener 100
–, plastischer 1
–schwerpunkt 98 f.
–, starrer 1
Kraft 6 ff.
–, Angriffspunkt 7
–, äußere 14 ff.
–, Axial- 90, 95
–, Betrag 7, 27
–, Darstellung 6 f.
–, Druck- 145
–eck 20 ff.
–, Einzel 7
–, Feder 6, 21
–, Flächen- 7
–, Gewichts- 6 ff., 98 f.
–, Haft- 149 ff.
– im Raum 81 f.
–, innere 14 ff.
–, Längs- 112
–, Magnet- 6
–, Muskel- 6

Kraft, Normal- 12, 110, 112 ff.,
    132, 149 ff.
–, Null- 9, 34
–, Quer- 110, 112 ff., 132
–, Radial- 90, 95
–, Raum- 98
–, Reaktions- 11, 14 f.
–, Reibungs- 12, 149 ff., 156
–, resultierende 8, 10, 20, 22
–, Richtung 7
–, Richtungssinn 6, 29
–, Richtungswinkel 27
–, Schnitt- 108, 112
–schraube 86, 88, 97
–, Schubstangen- 50
–, Schwer- 98 f.
–, Seil- 18 f., 39, 167
–, Stab- 137 ff.
–, Tangential- 12, 149
–, Umfangs- 90, 95
–vektor 7, 81
–, Volumen- 7
–, Zug- 90, 144 ff., 150
Kräfte, Auflager- 14
–, Berührungs- 12, 141
–, Fernwirkung 12
–gruppe 8
–gruppen, Äquivalenz 8
– –, Gleichwertigkeit 8
–, Kontaktwirkung 12
–mittelpunkt 96 ff.
–paar 34 ff.
– –, Betrag 36
– –, Drehsinn 36
– – im Raum 82 ff.
– –vektor 37
– –, Versatz- 53 f.
– –, Verschieblichkeit 82 ff.
–, parallele 34 f., 40 f.
–parallelogramm 10
–plan 20 ff., 38 f.
–system 8
– –, axiales 89
– –, ebenes 20 ff., 34 ff., 89
– – mit gemeinsamem
        Angriffspunkt 20 ff.
– –, paralleles 89
– –, zentrales 20 ff., 89
–, Teil- 10, 26, 41
–übertragung 12 ff.
–zerlegung 26, 41
–zusammensetzung 20, 22,
    37 ff.

Krag│arm 121
–balken 135 f.
–teil 113
Kran 30, 148
–, Dreh- 61, 109
–säule 135

Lade│baum 31 f., 79
–raupe 67 f., 77
–vorrichtung 31 f.
Lageplan 20 ff., 38 f.
Lagerung, statisch bestimmte
    65 f., 89, 138
–, – unbestimmte 65 f., 138,
    153
–, verschiebliche 65 f.
–, wackelige 66
Längskraft 112
Last 8
–ebene 111
Lore 56 f.

Maschinen│schutzhaube 109
–welle 126
Masse 99
Massenmittelpunkt 100
Maßstab 5
Maßstabsfaktor 4 f.
Maxwell 141
Mechanik, Einteilung 1 f.
mechanisches System 15, 63
Meter 3
Moment 50
–, Biege- 110, 112 ff., 132
–eck 84
–, Einspann- 58
– 1. Ordnung 102
–, statisches 46 ff., 86, 102
–, Torsions- 132
–vektor 37, 47 f., 85 ff.
–, Versatz- 53 f., 84 ff., 123
Momentensatz 48 f.

Newton 3, 8
Normal│eingriffswinkel 90,
    94 f.
–kraft 12, 110, 112 ff., 132,
    149 ff.
– –fläche 115
Null│kraft 9, 34
–stab 142

Ortsvektor 46, 81

Parallelogrammaxiom 10
Pendelstütze 17, 67, 137
physikalische Größe 4
plastischer Körper 1
Pleuelstange 108
Pol 39 f.
−strahl 39 f.
Profile 108 f.

Querkraft 110, 112 ff., 132
−fläche 115

Radaufhängung 61, 78, 95
Rahmen 69 f., 129 ff., 136
Reaktions | axiom 11
−kraft 11, 14 f.
Rechtsschraubenregel 37, 47
Reibung 149 ff., 156 ff.
− in einer Keilnut 157 f.
−, Koeffizient der 156
Reibungs | kraft 12, 149 ff., 156
−kreis 164
−moment 163, 165
−winkel 152 f., 160
−zahl 156
− − der Keilnut 158
Reibung zwischen ebenen
    Flächen 156 ff.
Reparaturbühne,
    hydraulische 61
Resultierende 8, 10, 20, 22
Richtungs | kosinus 82
−sinn 7, 29
−winkel der Kraft 27
Ritterscher Schnitt 143, 145 f.
Rittersches Schnittverfahren
    145 ff.
Rohr | stutzen 109
−zange 44
Roll | reibung, Hebelarm der
    170
− −, Moment der 170
−widerstand 169 f.
Ruhezustand 8

Schale 101
Scheibe 63, 67
Scherenhubtisch 78
schiefe Ebene 150, 159 f.
Schleppschaufeleinrichtung 45

Schlußlinie 38
Schnitt | größen 112 ff., 132 ff.
− −, tabellarische
    Bestimmung 123, 128 f.
− −, zeichnerische
    Bestimmung 123 ff.
−kraft 108, 112
−methode 15, 63, 65, 110
−reaktionen 112
−ufer 112
−verfahren nach Culmann
    142 f., 147
− − nach Ritter 145 ff.
Schräglenkeraufhängung
    eines Rades 95
Schrägungswinkel 90, 95
Schrägverzahnung 90, 95
Schraubenreibung 161 ff.
Schraube, selbsthemmende
    161
Schub | karre 60
−kurbelgetriebe 94
−stangenkraft 50
Schwere | ebene 99, 103
−linie 99, 103
Schwerpunkt 96 ff.
−, Flächen- 101, 103 ff.
−, Körper- 98 f.
−, Linien- 101, 103 f.
− zusammengesetzter
    Gebilde 102
Schwerpunktbestimmung,
    experimentelle 99, 108
−, rechnerische 106 ff.
−, zeichnerische 106 f.
Seegerring 136
Seil 18
−eck 39 f., 42, 123 f.
− −verfahren 35, 37 ff., 44,
    123 ff.
−kraft 18 f., 39, 167
−reibung 167 ff.
−strahl 39 f.
Sekunde 3
Selbsthemmung 160
Sicherungsring 136
Skalar 7
skalare Größe 4
Spann | rolle 32
−vorrichtung 32
Spitzgewinde, Schrauben mit
    162 f.
Spurzapfen 165 f.

Stabkraft 137 ff.
starrer Körper 1
Statik 2
−, Axiome 8 ff.
statisch bestimmte Lagerung
    65 f., 89, 138
statisches Moment einer
    Fläche 102
− − − Kraft 46 ff., 86
− − − Linie 102
− − − Masse 102
− − eines Kräftepaares 48 ff.
statisch unbestimmte
    Lagerung 65 f., 138, 153
Stirnradgetriebe 90 ff., 134
Stößel 61, 135
Streckenlast 115 ff.
Superpositions | methode 69
−prinzip 59
Symmetrie | achse 103
−ebene 103
Systeme aus starren Scheiben
    63 ff.
−, mechanische 15, 63
−, statisch bestimmte 64 ff.
−, − unbestimmte 64 ff.
−, verschiebliche 65 f.

Tangentialkraft 12, 149
Tellerstößel 61
Torsionsmoment 132
Trägheitsaxiom 8 f.
Tragwerke, ebene 129 ff.

Überlagerungs | methode 59
−satz 58 f.
Umlaufregel 141 f.

Vektor 7, 37
−addition 10
−, freier 37, 83
−, Kraft- 7, 81
−, linienflüchtiger 9, 37, 83
−, Moment- 37, 46 ff., 85 ff.
−, Spalten- 27, 81
−, Zeilen- 27, 81
vektorielles Produkt 47, 86
Versatz | kräftepaar 54
−moment 53 f., 84 ff., 123
verschiebliche Lagerung 65 f.
Verschiebungsaxiom 9

Vorgelegewelle 90 ff., 134

wackelige Lagerung 66
Wandkran 31
Wechselwirkungsgesetz 11
Wertigkeit von Auflagern
　　63 f.

Wirkungs | grad einer
　　Schraube 161
—linie 7

Zapfen | reibung 163 f.
—reibungszahl 164
Zentralachse 88, 91

Zerlegen in Teilkräfte 26, 41
Zug | kraft 90, 144 ff.
—stab 140
Zusammensetzen von Kräften
　　20, 22, 37 ff.
— — Kräftepaaren 36 f., 83 f.
Zweigelenkbogen 68 f.
Zwischenreaktionen 63

Teubner-Lehrbücher zur Mechanik

Schalentheorie
Von Prof. Dr. E. Axelrad, München. 211 Seiten. Geb. DM 76,—
(Leitfäden der angewandten Mathematik und Mechanik, Bd. 58)

Technische Strömungslehre
Von Prof. Dr. rer. nat. E. Becker. 6. Aufl. 160 Seiten. Kart. DM 26,80
(Teubner Studienbücher)

Technische Thermodynamik
Von Prof. Dr. rer. nat. E. Becker. 208 Seiten. Kart. DM 29,80 (Teubner Studienbücher)

Übungen zur Technischen Strömungslehre
Von Prof. Dr. rer. nat. E. Becker, und Prof. Dr.-Ing. E. Piltz, Fachhochschule Coburg.
3. Aufl. 136 Seiten. Kart. DM 23.80 (Teubner Studienbücher)

Kontinuumsmechanik
Von Prof. Dr. rer. nat. E. Becker, und Prof. Dr. rer. nat. W. Bürger, Universität Karlsruhe.
228 Seiten. Kart. DM 36,—
(Leitfäden der angewandten Mathematik und Mechanik, Bd. 20 – Teubner Studienbücher)

Schwingungen in Natur und Technik
Von Prof. R.E.D. Bishop, Universität London. Übersetzt aus der 2. Aufl. von Prof. Dr. rer.
nat. Dr.-Ing. E.h. K. Magnus, Technische Universität München. 176 Seiten. Kart. DM 26,80
(Teubner Studienbücher)

Strömungsmechanik nicht-newtonscher Fluide
Von Prof. Dr. rer. nat. G. Böhme, Universität der Bundeswehr Hamburg. 280 Seiten. Kart.
DM 36,—
(Leitfäden der angewandten Mathematik und Mechanik, Bd. 52 – Teubner Studienbücher)

Systemanalyse und Regelkreissynthese
Von Prof. Dr.-Ing. E.D. Dickmanns, Universität der Bundeswehr München. 272 Seiten.
Geb. DM 62,— (Leitfäden der angewandten Mathematik und Mechanik, Bd. 60)

Physik für Ingenieure
Von Prof. Dr. rer. nat. P. Dobrinski, Fachhochschule Hannover, Prof. Dr. philnat. G.
Krakau, Fachhochschule Regensburg, und Prof. Dr. rer. nat. A. Vogel, Fachhochschule
München. 7. Aufl. XII, 642 Seiten. Geb. DM 58,—

Leichtbaustatik
Von Prof. Dr.-Ing. H.-J. Dreyer, Fachhochschule Hamburg. 131 Seiten. Kart. DM 32,—

Numerische Behandlung mechanischer Probleme mit BASIC-Programmen
Von Prof. Dr. rer. nat. H.H. Gloistehn, Fachhochschule Hamburg. 192 Seiten. Kart.
DM 34,—

Bruchmechanik
Von Prof. Dr. rer. nat. H.G. Hahn, Universität Kaiserslautern. 221 Seiten. Kart. DM 36,—
(Leitfäden der angewandten Mathematik und Mechanik, Bd. 30 – Teubner Studienbücher)

Elastizitätstheorie
Von Prof. Dr. rer. nat. H.G. Hahn, Universität Kaiserslautern. 332 Seiten. Geb. DM 68,—
(Leitfäden der angewandten Mathematik und Mechanik, Bd. 62)

Mechanik der Kontinua
Von Prof. Dr. G. Hamel. Hrsg. von Prof. Dr.-Ing. I. Szabó. 210 Seiten. Geb. DM 38,—

Grundkurs Theoretische Mechanik
Von Dr. rer. nat. M. Heil, Universität Marburg, und Dr. rer. nat. F. Kitzka, Universität
Marburg. 348 Seiten. Kart. DM 39,— (Teubner Studienbücher)

Methoden der analytischen Störungsrechnung und ihre Anwendungen
Von Dr. sc. math. U. Kirchgraber, Eidg. Technische Hochschule Zürich, und Prof. Dr.
math. Dr. h.c. mult. E. Stiefel. VIII, 294 Seiten. Geb. DM 88,—
(Leitfäden der angewandten Mathematik und Mechanik, Bd. 44)

Schwingungen
Von Prof. Dr. rer. nat. Dr.-Ing. E.h.K. Magnus, Technische Universität München. 4. Aufl.
251 Seiten. Kart. DM 32,—
(Leitfäden der angewandten Mathematik und Mechanik, Bd. 3 – Teubner Studienbücher)

Grundlagen der Technischen Mechanik
Von Prof. Dr. rer. nat. Dr.-Ing. E.h.K. Magnus, Technische Universität München, und
Dr.-Ing. H.H. Müller, Universität Siegen. 5. Aufl. 300 Seiten. Kart. DM 36,—
(Leitfäden der angewandten Mathematik und Mechanik, Bd. 22 – Teubner Studienbücher)

Übungen zur Technischen Mechanik
Von Dr.-Ing. H.H. Müller, Universität Siegen, und Prof. Dr. rer. nat. Dr.-Ing.
E.h.K. Magnus, Technische Universität München. 3. Aufl. 292 Seiten. Kart. DM 36,—
(Leitfäden der angewandten Mathematik und Mechanik, Bd. 23 – Teubner Studienbücher)

Turbulente Strömungen
Von Dr.-Ing. E.h.J.C. Rotta, DFVLR Aerodynamische Versuchsanstalt Göttingen.
267 Seiten. Geb. DM 78,— (Leitfäden der angewandten Mathematik und Mechanik, Bd. 15)

Technische Dynamik
Von Prof. Dr.-Ing. W. Schiehlen, Universität Stuttgart. 180 Seiten. Kart. DM 34,—
(Leitfäden der angewandten Mathematik und Mechanik, Bd. 63 – Teubner Studienbücher)

Dynamics of Systems of Rigid Bodies
By Prof. Dr.-Ing. J. Wittenburg, Universität Karlsruhe. 224 pages. Cloth DM 78,—
(Leitfäden der angewandten Mathematik und Mechanik, Bd. 33)

Preisänderungen vorbehalten

 B. G. Teubner Stuttgart